오스트레일리아가
아시아에 부딪히는 곳

조셉 뱅크스, 찰스 다윈, 앨프리드 러셀 월리스의 서사시적 항해와
종의 기원의 기원

Where Australia Collides with Asia
The Epic Voyage of Joseph Banks, Charles Darwin, Afled Russel Wallace and the Origin of The Origin of Species

Copyright©Ian Burnet, 2017
Korean Translation Copyright©AquaInfo Co., Ltd., 2025
All rights reserved.

This Korean edition is published by arrangement with Greenbook Literary Agency.
First published in Australia in 2017 by Rosenberg Publishing Pty Ltd.

오스트레일리아가
아시아 대륙에 부딪히는 곳

조셉 뱅크스, 찰스 다윈, 앨프리드 러셀 월리스의 서사시적 항해와
종의 기원의 기원

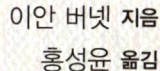

이안 버넷 **지음**
홍성윤 **옮김**

Where
Australia
Collides
with
Asia

오스트레일리아가 아시아에 부딪히는 곳
조셉 뱅크스, 찰스 다윈, 앨프리드 러셀 월리스의 서사시적 항해와
종의 기원의 기원

저자 | 이안 버네트
역자 | 홍성윤
1판 1쇄 발행 2025. 1. 10.

발행처 | 아쿠아인포㈜
발행인 | 김이운

등록번호 | 서울라11686
등록일자 | 2007. 9. 28.
서울특별시 영등포구 경인로 775 에이스하이테크시티 1동 704호
Tel. 02-774-7751 | email. aquainfo@aquainfo.co.kr | web. www.aquainfo.co.kr

이 책은 Rosenberg Publishing Pty Ltd사와 아쿠아인포㈜의 합의에 의해 출판합니다.
한국 내에서의 보호를 받는 저작물이므로 무단전재와 무단복제를 금합니다.

ISBN 979-11-88114-07-8 03470

책 값 | 24,000원
잘못된 책은 바꾸어 드립니다.

차례

서사 · 8

1 오스트레일리아 대륙의 전모 · 13
2 조셉 뱅크스 – *인데버* 호의 탐험 항해 · 29
3 오스트레일리아에서의 조셉 뱅크스 · 47
4 런던에서의 조셉 뱅크스 · 68
5 찰스 다윈의 유년기 · 80
6 찰스 다윈 – *비글* 호의 항해 · 97
7 찰스 다윈 – 오스트레일리아에서 · 124
8 찰스 다윈 – 런던에서 · 144
9 앨프리드 러셀 월리스 – 초기 활동 · 155
10 앨프리드 러셀 월리스 – 아마존강 항해 · 165
11 찰스 다윈 – 다운 하우스에서 · 181
12 앨프리드 러셀 월리스 – 싱가포르와 보르네오에서 · 193
13 오스트레일리아가 아시아에 부딪히는 곳 · 209
14 앨프리드 러셀 월리스 – 아루섬으로의 항해 · 218
15 앨프리드 러셀 월리스 – '트르나테에서의 편지' · 243
16 앨프리드 러셀 월리스 – 와이게오섬으로 항해 · 254
17 찰스 다윈 – 『종의 기원』 · 264
18 앨프리드 러셀 월리스 – 영국으로 귀환 · 281

끝맺음 · 294
저자 후기 · 301
역자 후기 · 304
참고 문헌 · 306
찾아보기 · 310

찰스 다윈의 초상화, Walter William Ouless, 1875

수많은 식물이 자라고 있고 덤불에서 노래하는 새들과 이리저리 날아다니는 곤충들 그리고 축축한 땅을 기어 다니는 벌레들로 가득 찬 다양한 종류의 식물들이 뒤덮여 서로 엉켜 있는 둔덕(entangled bank)을 찬찬히 생각해 보는 것은 대단히 흥미롭다. 서로 너무 다르고 매우 복잡한 방식으로 서로 의존하고 있는, 정교하게 구성된 이러한 형태들 모두가 우리 주위에서 작용하는 법칙들에 따라 만들어졌다. 이러한 법칙들은 넓은 의미에서 보면 번식을 동반한 성장, 번식과 거의 같은 것을 의미하는 대물림, 외부적 생활조건의 직간접적인 작용과 사용 및 불사용으로부터 생기는 변이성, 생존 투쟁을 초래하는 높은 개체 증가율, 자연선택의 결과로 나타난 형질 분기와 덜 개량된 개체들의 절멸 포함한다. 그러므로 자연계의 투쟁에서 그리고 기아와 사멸에서 우리가 상상할 수 있는 가장 고귀한 것은 즉 고등동물의 생성으로 귀결된다.

찰스 다윈, 『종의 기원』, 1859
'제14장. 요약 및 결론'의 마지막 단원

앨프리드 러셀 월리스의 초상화. J.W. Beaufort, 영국 자연사 박물관

지구본이나 세계 지도에서 동반구를 바라보면 아시아대륙과 오스트레일리아 사이에 크고 작은 섬들이 많이 있음을 알 수 있다. 이 섬들은 두 대륙과 동떨어져 하나의 연결된 무리를 형성하고 있으며 어느 대륙과도 연관성이 거의 없다. 이 지역은 적도에 자리하고 광활한 열대 바다의 따뜻한 해수에 잠겨 있어 지구상의 어느 다른 지역들보다도 기후의 변화가 없으며 덥고 습하여 다른 곳에서는 알려지지 않은 동식물들이 많이 산다. 이곳은 가장 맛 좋은 과일들과 가장 귀한 향신료들의 원산지다. 거대한 꽃을 피우는 라플레시아, 거대한 초록 날개를 가진 (나비류의 왕인) 오르소프테라 (거대 비단나비), 사람 같이 생긴 오랑우탄, 화려한 극락조가 이곳에 서식한다. 이곳에는 특이하고 흥미로운 인종인 말레이인이 살고 있는데 이들은 이 섬 지대 바깥에서는 전혀 찾아볼 수 없다. 그래서 이들이 살고 있는 이곳을 말레이제도라고 이름을 붙였다. … 수마트라, 자바, 보르네오는 수심이 얕은 바다에 의해 아시아 대륙과 연결되어 있고 이곳에 살고 있는 동식물들은 일반적으로 같다. 한편 뉴기니와 주위의 섬들도 비슷한 얕은 바다에 의해 오스트레일리아와 연결되어 있으며, 이 섬들 모두에는 특징적으로 유대류들이 서식하고 있다.

앨프리드 러셀 월리스, 『말레이제도』, 1869

Prologue

　인도네시아 발리의 아궁산과 롬복의 린자니산 화산들의 높이 3,000미터 이상인 정상들은 구름으로 덮여 있고 발리와 롬복 섬들을 분리하는 롬복 해협의 북쪽 입구를 지키는 거대한 수문장처럼 우뚝 서 있다. 롬복 해협은 그 폭이 25킬로미터 밖에 되지 않지만 수심은 2,140미터로 깊다. 해협을 건너는 것은 매우 위험할 수 있으며 해수가 요동치는 것은 태평양에서 인도양으로 많은 해수가 통과해 흘러가는 결과이다.

　1856년 6월 영국의 박물학자 앨프리드 러셀 월리스는 이 좁은 해협을 건너갔다. 발리 섬 북쪽 해안에 머무르는 수일간 그는 이미 친숙해진 아시아 새들의 특징을 나타내는 몇 종의 새들을 볼 수 있었다. 그래서 해협을 건너가면 롬복에서도 같은 새들을 볼 수 있으리라고 기대했다. 물결이 요동치는 해협을 건너서 롬복 섬 해안에 겨우 도착해 보니, 발리에서 보았던 새들을 다시 볼 수가 없었다. 그는 새들의 종 구성이 완전히 다른 것을 알았으며, 대부분의 새들이 자바 섬은 물론 보르네오와 수마트라에서도 전혀 안 알려진 종들이었다. 롬복에서 본 가장 흔한 새들은 오스트레일리아의 특징적인 새들이며 말레이 다도해의 서쪽에는 전혀 없는 흰 앵무새와 꿀빨이새들이었다. 월리스는 그의 책 『말레이 제도』에 다음과 같이 묘사하였다:

인도네시아 다도해의 두 생물분포 구역 간의 가장 큰 대조적 차이는 두 지역이 아주 가깝게 놓여 있는 발리에서 롬복으로 갈 때 갑자기 나타난다…. 북아메리카의 생물분포 구역과 유럽의 생물분포 구역은 근본적으로 다르며 또 멀리 떨어져 있어 지구상의 한 생물분포 구역에서 다른 구역으로 이동하는 것은 매우 어렵다. 그러나 이곳 롬복 해협은 폭이 15마일밖에 안 되기 때문에 선편으로 2시간이면 충분하다.

여러 번에 걸친 빙하기 동안에 해수면이 낮아져 수마트라 자바 보르네오와 같은 인도네시아의 큰 섬들은 건조한 육지로 서로 연결되어 있었으며, 깊은 롬복 해협을 기준으로 아시아 대륙붕 위에 있는 이 큰 대륙과 동쪽 다도해에 위치한 작은 섬들이 분리되었다. 롬복 해협은 아시아의 동물상과 오스트레일리아 동물상 사이의 경계의 일부를 나타내며, 이 경계는 그 후에 월리스 라인으로 불리게 된다.

월리스 라인의 아시아 측에는 아시아에만 있는 아시아 코끼리, 자바 코뿔소, 수마트라 호랑이, 보르네오 표범, 여러 종의 원숭이들, 수마트라와 보르네오의 오랑우탄이 산다. 오스트레일리아 측에는 주머니쥐와 같은 쿠스쿠스, 나무 캥거루와 같은 유대류들과 오스트레일리아의 특징적인 새들인 흰 앵무새, 꿀빨이새들과 화려한 극락조들이 산다. 이러한 것들을 관찰하여 월리스는 생물지리학 또는 동물학과 지리학을 연관시키는 새로운 과학에 크게 공헌하였다.

인도네시아 다도해의 거대한 호상열도는 수마트라 섬 북쪽에서 시작하여 남쪽, 동쪽 그리고 북쪽으로 구부러져 마침내 파푸아 뉴기니에 이른다. 이 호상열도는 오스트레일리아 해양지판이 호상열도 밑으로 섭입됨에 따라 폭발하는 수마트라, 자바, 발리, 롬복, 숨바와 플로레스에 있는 일련의 활화산들로 정의된다. 더 동쪽으로는 이 호상열도는 5,000만 년 전에 남극대륙으로부터 분리된 이래로 끊임없이 북쪽으로 이동해 온 오스트레일리아 대륙에 의하여 북쪽으로 그리고 다음에는 서쪽으로 떠밀렸다. 파푸아 뉴기니는 오스트레일리아 대륙의 일부이며 이 북쪽으로의 이동은 파푸아 뉴기니가 태평양 지판에 충돌한 2,000만년 전에 그 속도가 늦어졌다. 거대한 태평양 지판이 서쪽으로 이동하면서 생긴 충돌은 수백 킬로미터에 달하는 파푸아 뉴기니의 땅 조각들을 마치 뗏목처럼 떠다니게 했다. 파푸아 뉴기니가 태평양 판에 계속 충돌하여 생기는 지체응력은 파푸아 뉴기니의 산들을 남위 4°에 위치한 열대의 빙하가 상존하는 해발 5,000미터까지 융기시켰다.

동부 인도네시아는 지구상에서 기이한 형태의 지역이다. 왜냐하면 여기에서 4개의 지판인 – 유라시아 지판, 인도-오스트레일리아 지판, 필리핀 지판, 태평양 지판이 서로 충돌하는 지역이기 때문이다. 말루쿠 지역에서의 이러한 충돌하는 힘들로 인하여 화산섬 호상열도, 파푸아 뉴기니에서 떨어져 나온 대륙 파편들, 해저 퇴적물, 산호초 등이 융합되어 새로운 땅을 만들어 냈으며, 술라웨시와 할마헤라와 같은 기이한 모양의 섬을 형성하였다. 할마헤라 서쪽에 형성된 섭입대로 인하여 바닷속에서 화산이 폭발하여 인근의 섬들에 두꺼운 화산재 층이 퍼져나가게 되었다.

자연은 생물들이 없는 무생물의 진공 지대를 싫어하여 그대로 있게 두지 않는다. 새롭게 생겨난 이런 섬들의 비옥한 화산재 토양은 – 해안에 떠밀려온 코코넛에서 자라난 코코넛 나무들과 바람에 불려 온 씨앗들에서 자란 식물들과 섬에서 섬으로 날아 올 수 있는 새들 및 나비들과 떠다니는 나무들과 나뭇가지들에 붙어 표류하는 동물들과 곤충들에 의하여 생물들이 빠르게 들어차게 된다. 열대의 높은 기온과 몬순의 강우는 다양한 식물, 조류 그리고 다른 동물들이 생존하여 특이한 방법으로 진화할 수 있도록 환경을 제공하였다. 섬들에는 생물들이 풍성하여 다른 종들로 진화하여 분화할 수 있도록 해 주었으며 과학

연구를 위한 이상적인 자연 실험실이 되었다. 앨프리드 러셀 월리스는 말루쿠의 열대림을 탐험하면서 동부 인도네시아의 조류 나비류 곤충과 그 외의 다른 동물들을 채집하고 연구하며 5년을 지냈다.

이들 이질적인 세계들을 연결시켜준 것은 바로 지판들의 움직임이었다. 이 책에서 우리는 오스트레일리아 대륙이 남극대륙에서 분리된 후에 아시아대륙과 충돌할 때까지 앨프리드 러셀 월리스가 처음으로 발견하고 월리스의 이름을 딴 생물지리학적 구역이 만들어지는 과정을 따라갈 것이다.

이것은 나의 왈라시아에 관한 연구이며, 자연계에서 왈라시아의 특이한 위치는 나로 하여금 조셉 뱅크스, 찰스 다윈 그리고 앨프리드 러셀 월리스가 행한 자연사의 서사시적 항해들 간의 연관성에 대하여 글을 쓰게 하였다. 여기에서 우리는 세계 일주 항해를 한 '*인데버* 호의 항해'의 과정을 따라가며 조셉 뱅크스와 대니엘 솔랜더가 보터니 만까지 가서 오스트레일리아 대륙의 특이한 동식물상을 기재한 최초의 연구자들이 된 이야기를 서술한다. 또한 세계 일주 항해를 한 『*비글* 호의 항해』 과정을 따라가며 젊은 자연 연구자인 찰스 다윈이 오스트레일리아에 도착하기 전 남아메리카, 갈라파고스 제도까지 가게 된 이야기를 하게 된다. 오스트레일리아에서 다윈은 뉴 사우스 웨일스의 콕스강 언덕에 앉아서 처음으로 그가 발견한 것들의 중요성을 이해하려는 시도를 시작했다. 앨프리드 러셀 월리스가 발리와 롬복 사이의 좁은 해협을 건널 때 우리는 극락조들을 찾아가는 그의 '아루섬의 항해'와 거기에서 그가 발견한 오스트레일리아의 유대류들의 중요성을 인식하게 되는 과정도 이야기하게 된다. 그리고 1858년 2월에 앨프리드 러셀 월리스가 찰스 다윈에게 보낸 그 유명한 '트르나테에서의 편지' 이야기를 하게 된다. 그 편지는 다윈이 그의 기념비적인 업적 『종의 기원』을 마침내 발행하도록 하게 하였다.

1

오스트레일리아 대륙의 전모
The Voyage of Continent Austalia

조각 그림 맞추기 퍼즐처럼 지구 표면을 형성하고 있는 대륙지판과 해양지판은 지구의 맨틀 내부에 있는 액체 상태의 연약권asthenosphere의 순환을 만드는 용융상태의 지구 중심 핵core에 의하여 계속 움직이고 있다. 지판들은 일 년에 불과 몇 센티미터 정도 움직이지만 이러한 지판들이 갈라져 나가고 서로 충돌하고 또 서로 부딪쳐 지나감에 따라 지구에는 문자 그대로 지진이 나타난다. 지판들이 충돌할 때, 해양 퇴적층을 지구 내부로 깊이 섭입하며, 무거운 해양지판이 가벼운 대륙지판 아래로 잠입한다. 이때 해수를 포함하고 있는 해양 퇴적층은 고온으로 가열되어 증기 가스 용암이 지구 표면으로 폭발적으로 분출된다. 인도네시아는 지구상에서 지각변동이 가장 활발한 지역이며, 인도네시아의 화산들은 이곳의 사람들과 환경에 지진으로 인한 파괴를 가져오지만 이와 동시에 미네랄이 풍부한 화산재가 전 지역에 널리 퍼져 화산들은 비옥한 땅이 되게 하였다.

| 지구의 구조지질학적 지판들의 경계

　200년 전, 인도 남부 지역에서 연구하고 있던 두 명의 영국 박물학자들은 텔쳐Talcher 지역에서 조사한 암석들이 빙하에서 기원하였다고 선언하였다. 동료들은 비웃었으며 다른 과학자도 조롱했으나, 20년이 지나 빙하가 지나가며 줄무늬를 만든 암석 노면이 발견되면서 그들의 주장이 받아들여졌다. 1872년에 발간된 한 논문에서는 페름기–석탄기Permian-Carboniferous period에 형성된 지층을, 현재에도 후손들이 살고 있는 인도의 드라비드Dravid 지역에서 유래한 고대의 곤드 왕국The Kingdom of the Gonds의 이름을 따서, 곤드와나Gondwana 대륙이라고 제안하고 있다. 오스트레일리아, 남미, 남아프리카에서 발견된 이와 유사한 페름기–석탄기에 형성된 암석들에는 모두 널리 분포하였던 고사리류Glossopteris의 화석들을 가지고 있다. 이에 따라 1885년 가상인 고대의 초거대 대륙을 나타내는 곤드와나랜드Gondwanaland라는 이름으로 불리게 되었다.

앨프리드 베게너 Alfred Wegener는 극지 연구 천문학과 기상학을 전공하는 독일 과학자였다. 그는 32세까지 그의 형과 함께 52시간의 기구 연속비행 기록을 세웠다. 천문학 연구 결과를 발간하여 천문학 박사학위를 받았으며 두 번에 걸친 덴마크의 그린란드 과학탐험대에서 기상학자로 참여하여 1마일 두께의 그린란드의 빙원을 걸어서 횡단하였다. 그 자신의 현장 경험에 근거하여 빙하에 관한 수개의 과학논문을 썼으며 독일 프랑크푸르트 인근에 있는 마르부르크 Marburg 대학의 기상학 교수가 되었다. 1911년 그의 친구와 함께 새로운 세계지도를 검토하고 있을 때 아프리카 서쪽 해안과 남아메리카 동쪽 해안의 해안선들이 분명히 잘 맞추어지는 것에 놀랐다:

> 몇 시간 동안이나 거대한 지도들을 관찰하고 감탄하며 바라 보았다. 그 순간 한 생각이 떠올랐다. 남아메리카의 동쪽 해안이, 옛날에 한 번 맞붙었던 것처럼, 아프리카의 서쪽 해안에 정확하게 맞지 않는가? 대서양 해저의 지도를 보며 대양분지로 향하는 대륙붕 급경사면의 연변을 서로 비교해 보면, 현재 이 두 대륙의 연변들보다, 두 대륙은 한층 더 잘 맞았다. 나는 이 아이디어를 계속 한다.

1912년 베게너는 이들 두 대륙 덩어리들이 한때 서로 붙어 있었다고 제안한 논문을 썼다. 그의 모델에 따르면 모든 대륙 덩어리들이 한때 판게아 Pangea 라는 하나의 거대 대륙으로 합쳐져 있었으며, 판게아 초거대 대륙은 로라시아 Laurasia 라는 북쪽의 땅덩이와 곤드와나 Gondwana 라는 남쪽의 땅덩어리로 나중에 갈라졌다. 판게아가 분리됨에 따라 지구상의 식물상과 동물상에 두 개의 서로 다른 진화경로가 생기게 하였다. 그 후 곤드와나는 남극대륙, 오스트레일리아, 남아메리카, 아프리카로 분리되고, 인도는 빠르게 북쪽으로 이동하여 북쪽의 로라시아 Laurasia 대륙으로 다시 붙게 되었다.

1915년에 발행된 『대륙과 해양의 기원The Origin of Continents and Oceans』이라는 베게너의 책은 회의적이며 심지어는 과학계의 적대적인 반응을 받았다. 그러나 그의 발상은 결국 1900년대의 가장 위대한 지질학적 통찰력의 하나임이 증명되었다. 베게너는 그의 학설을 남아메리카와 아프리카 대륙들이 대륙붕 연변을 따라서 딱 들어맞는 사실에 근거하였을 뿐만 아니라, 암석의 종류, 지질학적 구조, 모든 남반구의 대륙들에서 널리 발견되는 고사리류Glossopteris와 같은 화석들도 서로 일치하는 사실에도 근거하였다. 남아메리카, 남아프리카, 오스트레일리아 인도에서 발견된 암반에 페름기 초기에 빙하의 찰흔에 의하여 생긴 줄무늬의 방향들은 빙하가 불가능해 보이는 기원으로부터 움직여져 왔음을 보여주었는데, 즉 해양으로부터 남쪽으로 움직인 것이다. 베게너는 2억 7,000만 년 전에 이 대륙들은 서로 합쳐져서 남극대륙에 중심을 둔 초거대 대륙이 형성되었을 것이라고 결론지었다. 그는 그의 혁신적인 학설을 '대륙이동설Continental Drift'이라고 불렀으며, 이러한 대륙의 이동 메커니즘을 지구 자전에 의한 원심력일 것이라고 가정하였다.

베게너의 '대륙이동설'은 많은 지질학자들에 의하여 받아들여지지 않았다. 대륙들이 해양을 가로질러 이동하려면 대륙이 이동할 수 있는 확실한 메커니즘이 없이는 불가능하였기 때문이다. 해저의 자력계 측정 결과들이 대서양의 대양저 산맥에 자기 스트립magnetic strips들이 나란히 배열되어 대양저 산맥의 양쪽으로 완벽한 거울상을 이루며 좌우대칭구조로 배열되어 있음을 보여 주는 것이 발견된 1960년대에야 비로소 베게너의 학설은 완전히 인정되었다.

지구 맨틀 내부에서 생기는 맨틀 물질의 대류는 대서양의 대양저 산맥을 따라서 대류작용을 일으키며 마그마가 위로 솟아올라 오래된 해양저 지각 물질들을 대양저 산맥 양쪽으로 밀어낸다. 용암이 굳어지면서 철분 입자들은 그 시기의 지구 자장의 방향을 저장하며 이 자장은 수십만 년마다 뒤바뀐다. 해양저 산맥으로부터 양쪽으로 분리되는 운동이 대륙들을 아주 천천히 움직이는 해양 지각 위에 뗏목처럼 떠서 이동하도록 한다. 베게너는 1930년 50세에 기상조사 기지에 보급품을 재보급하기 위해 그린란드의 빙원을 트래킹하다가 세상을 떠났기 때문에 그의 학설이 증명되는 것을 보지 못하였다.

1억 6,000만 년 전에 초거대 대륙 곤드와나는 남극 부근에 놓여 있어 현재의 오스트레일

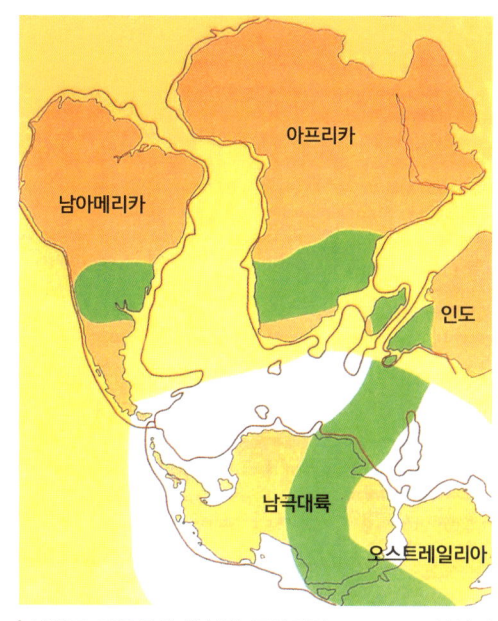

남반구 대륙들에 걸쳐진 고사리류 Glossopteris 화석의 분포

리아, 인도, 아프리카, 남아메리카는 모두 남극대륙에 연결되어 붙어 있었으며 이때에는 남극대륙에는 얼음이 없었다. 이곳의 온화한 기후 때문에 곤드와나랜드 특유의 식물상과 동물상이 발달하여 지금은 분리되어 있는 대륙들에서 아직도 생존해 있다. 약 1억 3,000만 년 전에 지구 맨틀 상부 내 대류의 순환이 변하여 곤드와나랜드가 분리되기 시작하였다. 해저산맥들은 달걀 껍질의 갈라진 금들처럼 지각에 균열을 만들기 시작하였다. 해저산맥을 따라서 용암들이 암석들 사이로 솟아올라 천천히 식어 파이프 모양의 흑색 조립현무암 돌기둥들을 형성하였다. 이들 해저 산맥들을 따라서 용암들이 암석들 속으로 관입하여 들어가 서서히 냉각되어 파이프 모양의 흑색 조립현무암 돌기둥들이 형성되었고 수백만 년간 침식되어 마침내 조립현무암이 노출되었다. 예를 들면 태즈메이니아 반도의 케이프 라울 Cape Raoul 해안에는 조립현무암 기둥들이 있는데, 이것들은

1. 오스트레일리아 대륙의 전모 | 17

오스트레일리아 태즈메이니아 반도 케이프 라울Cape Raoul의 조립현무암 돌기둥들

남극해를 가로 질러 남극대륙 해안의 이와 똑같은 조립현무암 절벽을 가리키고 있다. 이것은 한때 오스트레일리아가 남극대륙이 붙어 있었다는 하나의 증거가 된다.

마그마 또는 새로운 해양 물질들이 지각을 뚫고 솟아올라 새롭게 형성된 대양저를 이루며 양쪽으로 확장됨에 따라 곤드와나랜드는 해저산맥들을 따라서 깨어지기 시작하였다. 약 6,000만 년 전 남오스트레일리아와 남극대륙 사이에 대양균열이 생겨 서쪽에서 동쪽으로 통로가 생겼으며, 5,000만 년 전까지 마지막까지 남아 있던 태즈메이니아와 남극대륙 사이의 연결 지역이 분리되었다.

남극으로부터 남반부의 대륙들이 분리됨에 따라 해류들이 남극대륙을 순회하여 흐르게 되었다. 남극대륙이 차가워지고 얼음에 갇히게 되고, 오스트레일리아는 '노호하는 40°대'Roaring Forties의 바람이 가져오는 구름과 비가 많은 지역을 벗어나 북쪽으로 이동하여 점점 더워지고 건조해졌다. 한때 오스트레일리아-뉴기니가 붙어 있어 이 대륙 뗏목이 적도를 향하여 5,000만 년간 이동을 시작하였고, 그 곤드와나대륙 뗏목에 실려 있던 화물들인 곤드와나의 동물상과 식물상들은 다른 남반구의 대륙들에서 독립적으로 진화하기 시작하였다. 이 대륙 뗏목에는, 지구상 어디엔가에서 화석들로 알려져 있는, 원시 생물들이 아직도 잘 살고 있다. 가장 오래된 꽃식물flowering plants(현화식물)들이 열대 우림들에서 여전히 생존해 있으며, 유대류 동물들은 그 대륙을 그들의 영토로 점령하고 있다.

본래의 곤드와나랜드의 식물상은 쥬라기의 겉씨식물gymnosperms 숲과 아주 같았다. 이 숲은, 고사리류와 많은 이끼류들을 하부식생으로 가지고 있는, 휴온 파인huon pines, 후프 파인hoop pines 그리고 최근에 발견된 올레미 파인wollemi pines과 같은 소나무류의 침엽수들이 우점하였다. 그러나 이러한 식물들은 꽃식물(현화식물)들의 발전과 함께 변하여 꽃가루들을 널리 퍼트리는 곤충들을 유인하는 꽃들과 꿀들을 가진 새로운 종류의 식물들로 대체되었다. 오스트레일리아 동부 연안의 고립된 '섬'과 같은 높은 섬들에 있는 서늘하고 축축한 어두운 남방 너도밤나무beech 또는 남극 너도밤나무 숲을 걷는 것은 먼 옛날의 곤드와나랜드의 숲속을 걸어 들어가는 것과 같다. 태양 빛은 무성한 숲의 캐노피canopy를 통하여 썩고 있는 통나무들, 이끼들, 고사리들로 덮힌 숲 바닥으로 새어 들어온다. 넓은 잎을 가진 거대한 나무들 중 몇 종들은 가장 최초의 꽃식물들이다. 이들의 꽃들은 곤충들을 유인하고 나중에는 새들과 유대류 동물들을 유인하여 그들의 꽃가루들을 널리 퍼지게 한다. 이 새로운 생식 방법은 식물 세계를 완전히 바꾸어 놓았으며 꽃식물들이 영역을 넓혀 감에 따라서 피그미 주머니쥐 pigmy possum와 같은 초기의 유대류 동물들도 영역을 넓혀 갔다. 이러한 식물의 꽃들은 숲 바닥에 사는 곤충들과 곤충 유충들이 먹는 식단에 에너지가 높은 꿀, 새싹, 과일들을 먹을 수 있게 해주었다.

대륙이 북쪽으로 이동하면서 원시 곤드와나의 숲들은 후퇴하여 건조하고 개활지의 산림이나 초원으로 대체되었다. 또한 오래된 곤드와나의 숲들은 현재 오스트레일리아 동해안의 서늘하고 습한 고지대를 따라서 격리된 '섬'들처럼 겨우 살아남아 있다. 군데군데에 살아남은 우림에 물이 부족해지면 증산작용으로 인한 수분의 손실을 줄이기 위하여 나무들이 잎들을 떨어지게 한다. 이후 더 많은 햇빛이 숲 바닥에 비침으로써 햇빛이 적은 곳에서 오랫동안 살아온 고사리류, 이끼류와 같은 숲의 하부식생들을 죽게 한다. 우림의 수목들이 죽고 유칼리나무eucalypts, 아카시아들 그리고 목마황 속casuarinas의 나무들이 들어와서 그들을 대체해 버린다. 이러한 식생의 변화는 오스트레일리아 전역에서 점차적으로 일어나 우림에서 폐쇄된 숲으로, 다음에는 산림지대로, 다음에는 건조한 유칼리나무 관목지로 마지막에는 초원으로 변한다. 유칼리나무들은 산림과 관목 지대에서 자라며 아카시아acasias, family Fabaceae들은 산림지대의 와틀wattle, genus *Acasia*나무들은 강둑의 목마황 속 나무들처럼 황야의 방크시아banksias 관목처럼 자라며, 스페니펙스spenifex들은 오스트레일리아의 오지의 넓은 건조한 평원에서 자란다. 오스트레일리아산 아카시아의 일종인 멀가mulga, *Acasia anemura*는 건조한 지역에서 흔한 아카시아인데 아주 적은 양이 공급된 수분을 아껴 쓰기 위하여 잎들을 전부 없애 버렸다. 잎들처럼 보이는 것은, 지방 분비선들과 소수의 증발 소공들을 가진 납작해진 줄기인, 가엽phyllodes들이다. 멀가의 가지들은, 빗물이 나무둥치를 타고 내려가 흙 속 깊게 배어들기 전에 흔히 증발해 버리는 수분을 흡수할 수 있는, 머리카락과 같은 가는 뿌리 뭉치에까지 이르도록 배열되어 있다.

| 남서 오스트레일리아산 주머니쥐, *Cercartetus nanus*

오스트레일리아산 유칼립투스 속 genus *Eucalyptus*의 나무들은 매우 적응성이 뛰어나서 몸통, 잎, 꽃, 열매 서식지들이 매우 다양하게 진화되었다. 이러한 다양성은 유칼리나무들이 한랭한 고

산지대로부터 오스트레일리아 대륙에 널려있는 건조한 사막까지 번창할 수 있게 하였다. 오스트레일리아와 뉴기니에는 약 700종의 유칼리나무 종들과 약 1,000종의 와틀wattles들이 살고 있다.

　프로테아과 family Proteaceae의 식물들은 아프리카 남부, 오스트레일리아, 남아메리카에서 사는 곤드와나랜드의 종들이다. 이들은 초기의 꽃식물들이며 그들 중 방크시아banksias, family Proteaceae와 그레빌레아grevilleas, family Proteaceae와 같이 잘 알려진 종들은 메마르고 산불이 났던 서식지들에 적응하였다. 수많은 방크시아 종들이 서부 오스트레일리아 남부에 살고 있으며, 그 종들이 대륙이 분리되기 이전에 남부 아프리카에 살았던 지역 매우 가까이에 살고 있는 것은 매우 중요하다. 많은 조상 종들이 아직도 열대 우림 지역들에서 발견되고 있으며, 열대 종인 방크시아 덴타타 *Banksia dentata*는 북부 오스트레일리아 뉴기니 그리고 인도네시아의 아루Aru 섬에서 살고 있다.

　곤드와나랜드의 식물상 중 우세한 또 다른 무리는 아카시아acasias들과 와틀wattles들인데, 오스트레일리아에서는 어떤 다른 속들의 식물들보다도 이들의 종들이 더 많다. 아카시아 종들은 북반구의 아열대 지역까지 분포가 확대되었다. 그러나 약 1,300종 중에서 약 1,000종이 오스트레일리아의 토종이다. 꽃들은 다양하여 구형 또는 침상형이며 꽃 색깔도 다양하여 거의 흰색에서 연황색, 진황색까지 여러 가지이다. 오스트레일리아 어느 곳에서는 일 년 내내 꽃을 피우는 한 그루의 와틀이 있다고 한다. 아카시아 종들의 진황색 꽃들은 모든 오스트레일리아 사람들의 마음을 기쁘게 하고, 황색 꽃이 핀 한 무리의 와틀들을 보는 것 보다도 호주인의 애국심을 북돋는 것은 없다.

　멜라루카melaleuca, genus *Melaleuca*는 paperbarks, honey myrtles, 차 나무tea trees를 포함하는 식물 속이다. 이 꽃들은 일반적으로 무리 지어 피는데, 80개 정도의 개개의 작은 낱 꽃들을 가진, 병을 닦을 때 쓰는 솔같이 생긴 '머리' 또는

'이삭' 모양을 한다. 이들은 겉으로는 이삭에 개개의 낱 꽃들을 가지는 방크시아 종들을 닮았으나, 이 두 속에 속하는 종들의 낱 꽃들의 구조는 매우 다르다.

오스트레일리아의 토양은 다른 어느 대륙의 토양들보다도 가장 척박하다. 강우량은 매우 변화가 많고 강들도 오래 가지 않는다. 토양은 척박한 땅이 되었으며 수분을 보전하는 것이 오스트레일리아의 식물과 동물들의 특징이 되었다. 곤드와나랜드에 살았던 원래의 식물들은 수분을 보전하기 위하여 단단하고 가시가 많고 또는 가죽질의 잎들과 같은 방어체세를 신화시켰다. 건조한 조건과 영양이 빈약한 토양에 가장 잘 적응한 식물은 유칼리나무들이다. 어디에도 이러한 지역이 없으며, 이 경우 대륙 전체에 오직 단일 속의 식물들만이 사는 곳은 없다. 오스트레일리아의 수목들과 관목들의 거의 반이 오로지 두 과family에만 속해 있는데 ― 그 두 과는 유칼리나무들, 차나무들, 쇠뜨기류bottlebrushes를 포함하는 도금양 과family Myrtaceae와 그리고 아카시아들과 와틀들을 포함하는 콩 과family Fabaceae 식물들이다. 풀들은 오스트레일리아 내부의 평원들에서 무성하게 자란다. 탐험가인 토마스 미첼Thomas Mitchell은 광대한 초원들을 처음으로 보았을 때 아름답다고 생각하였으며 수많은 양들이 머지않아 초원 위에서 풀을 뜯고 있는 광경을 상상하였다. 찰스 다윈Charles Darwin이 비글 호HMS Beagles 탐험으로 1836년 1월 오스트레일리아 방문 시에 배서스트Bathurst에 왔을 때 그 광경을 다음과 같이 서술하였다.

뉴 사우스 웨일스New South Wales 대부분 지역의 풍경 중 가장 주목할 만한 특징은 획일적인 식생이다. 확 트인 산림지대가 있는 곳 어디에서나 땅은 짧은 풀들로 된 초원으로 부분적으로 덮여 있었다. 나무들은 거의 모두 한 과에 속하는 종들이며, 유럽에서는 나뭇잎들이 거의 수평으로 달려 있지만 이곳의 나뭇잎들은 주로 수직으로 달려있어 잎이 광택이 없이 이상한 옅은 담록색을 띠고 있다. 그러므로 숲은 색깔이 연하고 그늘이 없어 보인다:

오스트레일리아의 식물들은 또한 벼락이 쳐 생긴 산불과 그 후에는 원주민들이 식량을 얻으려고 동물들을 잡기 위하여 지른 불들에 단련되어 있었다. 유칼리나무들은 잎에 휘발성 기름 성분을 많이 갖고 있기 때문에 산불이 잘 나도록 도와주었다. 그러나 이들은 뜨거운 산불에서 살아남는 회복력이 높아서 수개월 내에 나무둥치와 가지들에서 새 잎들이 돋아난다. 나무둥치에서 싹이 트고 다시 자라나 산불로부터 회복하는 능력은 유칼리나무들에서 매우 독특하게 나타난다. 원주민들은 부젓가락에 불을 붙여 숲을 태워 유대류 동물들이 좋아하는 새싹들이 돋아나도록 하였으며 새싹들을 먹기 위해 모여든 동물들을 한층 수월하게 사냥할 수 있었다. 산불은 또한 원주민들의 주식을 이루는 얌yams과 같은 구근식물들의 성장에도 도움이 되었다. 산불에 타버린 많은 식물들은 씨앗들을 가지고 살고 있던 곳에서 다시 살아난다. 예를 들면 방크시아는 씨앗이 목질의 열매를 가지고 있어 모체가 불에 타야 씨앗이 터져 싹이 나오고, 와틀의 씨앗은 흙 속에 묻혀 수년 동안 휴면하고 있다가 산불의 열을 받으면 발아한다.

포유동물이 세 갈래로 나누어진 것은 곤드와나랜드가 분리되는 시기이다. 첫째 무리는 가장 원시적 포유동물인 오스트레일리아에서만 발견되는 오리너구리platipus와 오스트레일리아와 뉴기니에서만 발견되는 가시두더지echidna와 같은 알을 낳는 포유류인 단공류monotremes들이다. 둘째 무리는 새끼를 육아낭 안에 넣어 젖꼭지를 빨려 새끼를 기르는 유대류marsupials이며 오스트레일리아에서만 발견된다. 셋째 무리는 우리 인간들과 같이 어미의 자궁 안에서만 태아들이 발생하는 태반 포유동물이며 이들은 주로 북반구에서 발견된다. 이 세 무리들은 지구 전역에서 발견되는 주요 포유동물들이지만 어떤 이유에서인지 유대류들은 오스트레일리아에서만 번창하였다.

오리너구리와 가시두더지는 동물계의 수수께끼이다. 이들의 화석이 발견되었더라면 그들은 현존하는 동물로서 보다도 그렇게 놀랄만하지 못하였을 것이

| 오리너구리 platypus, 존 루인,1808, 뉴사우스웨일스 주립도서관

다. 알을 낳고 오리 주둥이와 비버의 납작한 꼬리를 가지며 수달의 물갈퀴 발을 가진 특이한 모습의 포유동물 오리너구리는 유럽의 동식물 연구자들이 이 무리들을 처음 보았을 때 완전히 당황하게 하였다. 1799년 오리너구리의 가죽 표본이 처음 영국으로 보내졌는데 사람들은 이 가죽이 몇몇 동물들의 가죽을 이어 붙여 만든 정교한 가짜라고 생각하였다. 오리너구리가 속한 단공류는 모든 포유류들 중에서 가장 원시적 동물이다. 단공류는 모피를 가지고 있으며 새끼들이 젖을 빨고 자라지만 새들과 같이 알을 낳고 파충류와 많은 공통의 특징을 가진다. 곤드와나랜드에 살았던 오스트레일리아에서만 발견되는 종들의 가장 오래된 화석은 1억 1,000만 년 된 뉴 사우스 웨일스의 라이팅 럿지Lighting Ridge에서 발견된 단공류 또는 오리너구리 형 동물의 단백석 턱뼈 화석이다.

　오스트레일리아의 특이한 유대류 동물들은 극단적으로 변화된 기후와 점점 더 커지는 환경 스트레스를 이겨내기 위하여 진화하였다. 현재 개활지의 숲에 사는 캥거루는 우림의 나무 위에서 사는 피그미 주머니쥐pygmy possums로 시작되는 혈통으로부터 진화하였을 것이다. 이 작은 유대류 조상들은 아마도 캥거루 왈라비wallaby, 웸뱃wombat, 반디쿠트bandicoot, 주머니쥐possum, 코알라koala와 같이 현재 오스트레일리아에서 사는 다양한 유대류들로 진화하였다. 이들은 이용할 수 있는 거의 모든 생태학적 지위를 차지하며 널리 퍼져서 오스트레일리아 대륙을 그들만의 영토로 만들었다.

1894년 스코틀랜드의 의사인 로버트 브룸Robert Broom은 뉴 사우스 웨일스의 웸베얀 동굴Wombeyan caves들에서 수개의 화석들을 발견하였는데, 그는 이것들이 아마도 1,500만~2,000만 년 전에 살았던 주머니쥐류 유대류의 2개 신종이라고 믿었다. 그가 부라미스 파부스Buramys parvus라고 학명을 붙인 이 작은 주머니쥐류는 과학적 흥미를 불러 일으켰다. 이 종은 주머니쥐와 비슷하였으나 턱에 캥거루의 특징처럼 잘 발달된 어금니들을 갖고 있었다. 지금은 마운틴 피그미 주머니쥐로 알려진 부라미스 한 마리가 1966년 빅토리아의 마운트 호섬Mount Hotham에 있는 한 스키장 오두막에서 발견되었다. 주머니쥐류들은 주로 나무들 위에서 살지만 마운틴 피그미 주머니쥐는 높은 산의 상부사면에 바위들이 있는 땅에 살며 거기에서 겨울에 동면한다. 오랫동안 멸종되었다고 생각되었던 오스트레일리아의 땅에서 사는 초기 유대류의 조상이 현존하는 동물로 재발견된 것이다.

퀸즐랜드의 마운트 아이사Mount Isa 북서쪽에 있는 소목장 리버스레이Riversleigh에서 발견된 놀라운 화석들은 500만~2,500만 년 전의 우림에 살았던 생물들의 모습을 보여준다. 원시의 포유류, 조류, 파충류의 화석 잔해들이 강바닥에서 생성된 무른 석회암에서 발견되었는데, 석회암이 단단히 압축되지 않아서 동물들의 잔해들이 삼차원의 입체적 구조를 유지하고 있었다. 현재까지 200만 마리에 달하는 포유동물의 잔해가 남극산 너도밤나무(참나무과)가 무성히 자란 숲에 둘러싸인 물웅덩이들에 축적된 저질에 파묻힌 채로 발견되기도 했다. 이 놀라운 발견은 2,000만 년 이상의 기간에 걸쳐 포유동물들이 진화되어 왔음을 보여준다. 이 기간 동안 주위의 생태계들은 무성한 우림에서 반 건조의 초원 군집으로 변하고 있었다.

오스트레일리아의 금조lyrebird: family Menuridae는 리버스레이 지역에서 마이오세Miocene 중기까지 낙엽들을 파헤쳐 먹이를 먹으며 살고 있었다. 이 가장 큰 명금류songbirds 수컷은 암컷을 유혹하려는 동안 수 시간을 노래할 수 있는데, 이 명금류는 세계에서 가장 '정교하고 복잡하면서도 아름다운 울음소리'를 내기로 으뜸이다. 오스트레일리아는 유대류의 대륙이라고 불리지만, 까마귀과(Corvidae: 까마귀, 큰 까마귀, 까치, 피리까마귀, 극락조, 기타)새들이 약 5,500만~6,000만 년 전에 오스트레일리아에서 진화하였기 때문에 오스트레일리아는 명금류의 대륙이기도 하며, 세계의 명금류들은 남반구에서 기원하여 그중 몇 개의 무리들이 세계의 나머지 지역으로 퍼져나갔다고 생각된다.

아프리카산 타조, 남아메리카산 레아rhea, 오스트레일리아산 에뮤emu, 지금은 멸종된 뉴질랜드산 모아moa와 같은 대형의 날지 못하는 새들은 오직 남반구의 대륙들에만 사는데, 이러한 사실은 곤드와나랜드의 기원을 나타낸다. 오스트레일리아산 화식조cassowary는 현재 북방 퀸즐랜드 북부와 뉴기니의 우림에 제한되어 있지만 아직도 곤드와나랜드에 살았던 조상들과 매우 같은 모습으로 살고 있다. 화식조들은 침입자들을 공격적으로 방어하는 개개의 역세권 숲 땅바닥에 떨어진 과일들을 찾아 먹는다. 이들의 후손들은, 초지평원에 적응하고 곤드와나랜드 기원의 대형 날지 못하는 다른 새들과 공통의 조상을 가진, 에뮤이다. 새들 중에서 특이한 새는 수컷 에뮤이다. 이 새는 암컷이 낳은 알을 수컷이 품으며, 부화할 때까지 알을 품는 8주간 둥지를 거의 떠나지 않는다. 부화 후에도 어린 것들은 어디가 가장 좋은 먹이터인지를 배우며 일 년간 더 아비 새와 같이 산다.

　오스트레일리아에 사는 다른 새들은 다른 곳들에서 기원하여 날아들어왔다고 추정되었다. 그러나 현대적 DNA 연관 분석 결과 오스트레일리아의 명금류들이 세계의 다른 곳들에 사는 명금류들과의 연관보다 오스트레일리아의 명금류들끼리 더 가깝게 연관되어 있음을 보여준다. 이러한 사실은 초기 명금류의 토착 선조들이 곤드와나랜드에 살았음을 암시하는 것이다. 깃털을 가진 새들의 화석이 발견된 이래, 조류는 오스트레일리아가 아직도 곤드와나랜드의 일부였으며 처음의 꽃식물들이 출현하기도 전인 1억 2,000만 년 전에 오스트레일리아에 살고 있었다. 오스트레일리아의 특이성을 보여주는 화려한 앵무새들은 일찍부터 살았던 무리이며, 그들의 부리는 방크시아의 솔방울과 유칼리나무들의 견과들을 까먹을 수 있도록 진화하였다. 극락조는 분명히 오스트랄라시아Australasia의 새이며 휘황찬란한 깃털과 암컷을 유혹하도록 짜여진 소리를 낼 수 있도록 진화하였다. 이러한 특징을 가지는 무리들은 우성의 유전인자를 가지고 있음을 나타낸다. 극락조과에는 39종이 있는데 대부분 파푸아 뉴기니의 우림에 산다. 그러나 흥미롭게도 3종이 북부 오스트레일리아의 우림에 산다. 이 무리에는 빅토리아의 라이플버드Victoria's riflebird가 있는데 이 새는 무지개 빛의 초록색 무늬가 있는 벨벳 흑색 깃털을 가지고 있으며, 번식기에는 지나가는 암컷들을 유혹하려고 몸을 고정하고 있거나 기우뚱거리며 날개를 치켜들고 전망이 좋은 자리에 앉아 있다. 오스트레일리아산 새들의 또 다른 무리인 바우어새bower birds에서도 깃털의 디스플레이는 매우 중요하다. 수컷은 일 년 정도 화려한 집을 보수하고 개조하며 장식을 하며 경비하고 보살핀다. 번식기에 암컷이 눈에 띄면 수컷은 구애하는 울음소리를 내며 암컷을 집으로 유인하기 위하여 춤을 춘다. 또 다른 특이한 오스트랄라시아의 새 무리는 흙무더기새brush turkey와 같은 흙더미를 만드는 새무리 또는 흙무덤새megapodes들이다. 수컷들은 큰 발로 숲 바닥에 흙과 썩은 나무들을 쌓아 흙더미를 만들며, 흙더미의 온도가 어느 정도 올라가면 수컷은 흙더미 안에 특별히 만든 구멍들에 암컷이 알을 낳게 하여 부화하도록 한다. 최상의 금조류는 우림에서 그 조상을 찾을 수 있으며 동일 무리에서 자손들이 유래하였다. 수컷들은 또 다른 목적으로 흙더미들을 만든다. 이러한 흙더미들은 수컷이 리라 현금처럼 생긴 꼬리 깃털을 펼쳐 적당한 암컷을 유혹하기 위하여 노래하기 시작할 때 구애를 위한 무대로 쓰인다.

유칼립투스 나무의 잎이 타는 특이한 냄새는 3,500만 년이나 오래된 것이며, 유칼립투스의 잎을 태우는 의식은 모든 것을 정화하는 특징이 있고 악령을 물리치는 힘이 있다고 믿어지고 있다. 때문에 오스트레일리아 원주민들이 출산, 사망, '원주민의 땅에 오는 것을 환영하는 의식'과 같은 중요한 전통적 문화 행사들에서 아직도 행해지고 있다. 오스트레일리아 사람들은 유칼립투스 잎의 냄새를 좋아하며, 그들은 이 대륙의 구성원이기 때문에 이 특이한 환경에서 그들의 근원을 생각나게 하는 유칼립투스 잎을 가끔 으깨어 냄새 맡기를 주저하지 않는다.

오스트레일리아에 와서 3,000만 년 동안 격리된 기간에 이 대륙에서 진화해온 특이한 식물상과 동물상을 기재한 최초의 전문 박물학자들은 조셉 뱅크스Joseph Banks와 대니엘 솔랜더Daniel Solander였다. 그들은 영국 여왕 폐하의 해군함 바크형 범선 인데버 호HMS Barque *Endeavour* 승선하여 제임스 쿡James Cook 선장과 함께 탐험 항해하여 오스트레일리아의 동해안을 발견하고 그들은 1770년 보터니 만Botany Bay이라고 알맞게 이름을 붙인 해안에 상륙하였다.

2

조셉 뱅크스 – 인데버 호의 탐험 항해
Joseph Banks – The Voyage of the *Endeavour*

　　조셉 뱅크스Joseph Banks는 잉글랜드 중동부의 링컨셔에 14개 이상의 영지를 가진 부유한 지주의 가정에서 1743년에 태어났다. 그는 레베스비에 있는 340에이커의 숲과 정원에 둘러싸인 영주의 저택에서 자랐다. 어린 소년으로 그는 낚시와 여러 가지 전원생활을 좋아하게 되었다. 그가 아홉 살 때 해로우에 있는 학교에 입학하기 전, 개인 교사에게 배울 수도 있었다. 이곳의 교장 선생님은 그를 놀기를 좋아하는 아주 활동적인 학생으로 서술하였지만, 공부를 하도록 설득하지는 못하였다. 그의 아버지는 그를 13세 때 이튼 스쿨Eton School에 입학시켰는데 이곳은 감수성이 강한 어린 소년에게는 학교생활이 혹독하였으나 다행히 뱅크스는 나이에 비하여 키가 크며 힘이 세고 활동적이었다. 책 읽기는 아직도 문제였지만 개인 교사의 지도로 라틴어를 배울 수 있었다. 레베스비에 사는 그의 아버지께 개인 교사는 다음과 같은 편지를 써 보내기도 하였다:

뱅크스 군 아버님께

귀하께서 뱅크스 군이 발전했다고 생각하신다니 크게 기쁩니다. 라틴어 작품들을 영어로 적절하게 해석할 수 있는 능력은 영어 작품들을 라틴어로 번역할 수 있는 것 못지않게 필요한 능력임이 분명합니다. 이 두 가지 능력은 나란히 병행해야 합니다.

저희가 점차 뱅크스 군의 라틴어를 영어로 옮기는 능력을 어느 정도 완벽하게 끌어올릴 수 있을 것으로 기대합니다만, 뱅크스 군이 여기 왔을 당시에는 그의 라틴어 실력이 매우 부족했습니다. 따라서 저는 지금까지 그가 영어 작품을 라틴어로 옮기는 능력을 향상하는 데 주로 공을 들여왔습니다.

조셉 뱅크스는 15살 때 게임과 스포츠를 좋아하던 소년에서 자연에 강렬한 흥미를 가진 사람으로 극적인 전환을 하였다. 여름날 친구들과 함께 강에서 목욕하고 저무는 햇빛을 받아 빛나는 야생화들로 덮인 강둑의 시골길을 걸어서 혼자 집으로 오던 이야기를 한다. 자연의 아름다움과 완벽함에 매우 감명을 받아 그 순간 자연사를 공부하는 학생이 될 것을 결심하였다. "그리스어나 라틴어보다 자연의 이 모든 산물들을 공부하는 것이 분명히 한층 더 자연적이다"라고 자신에게 말하였다. 시골길을 더 걸어가다가 그는 도시에 있는 약제상에 팔려고 약초들을 채집하고 있는 할머니들을 발견하였다. 그는 여러 가지 꽃들의 이름들을 그들에게 물어보았더니, 그들이 알고 있는 꽃들의 종류, 꽃 피는 시기 등과 그것들을 채취할 수 있는 장소를 그에게 알려주면 6펜스를 주기로 합의를 보았다. 그의 인생은 이제 하나의 목적을 가지게 되었다. 그것은 바로 박물학 natural history이였으며 찾을 수 있는 한 더 많은 야생화, 나비, 딱정벌레, 곤충들을 채집하기 시작하였다.

조셉 뱅크스는 옥스퍼드 대학에서 식물학 공부를 계속하였고, 여기에서 유럽에서 가장 선도적인 식물학자인, 위대한 스웨덴의 박물학자 칼 린네우스Carl Linnaeus의 제자가 되었다. 그 당시에 옥스퍼드 대학에는 식물학을 강의하는 린네 학파의 강사들이 없음을 알고는, 본인이 경비를 부담하여 케임브리지 대학에서 그와 그의 동료들에게 식물학 강의를 해줄 수 있도록 교수 한 명을 특별히 모셔 왔다. 1764년 그는 학위를 끝내지 않고 옥스퍼드 대학을 나왔다. 이러한 것은 상류층 사람들에게는 흔히 있는 일이었고, 흔히 그렇듯이 그 해는 특히 그가 아버지로부터 상속을 받은 해이기도 했다. 유산은 링컨셔에 있는 그의 가족 소유의 모든 토지 부동산들이었으며, 농사는 응용식물학의 한 수단으로 생각되었기 때문에 이 유산은 그의 삶에서 가장 중요한 것이었다. 새로 생긴 재산과 높아진 사회적 위치로 인하여 조셉 뱅크스는 일생 동안 계속하여 즐길 수 있는 방종과 아울러 기이한 행동을 할 수도 있음을 알았다. 아버지가 돌아가신 후 그의 어머니는 런던의 첼시 피지크 가든 부근에 집을 한 채 샀다. 이곳의 오래된 이웃인 존 몬터규John Montagu는 젊은 뱅크스와 변치 않는 친구가 되었다. 존 몬터규는 제4대 샌드위치 백작Lord Sandwich으로서 해군 장관의 직을 얻었을 때 이들의 우정은 뱅크스에게 많은 도움을 주었다.

조셉 뱅크스의 귀족 혈통에는 모험 정신이 흐르고 있었고, 1766년 그는 박물학자로 군함 *니제르* 호HMS *Niger*를 타고 영국해군 탐험대에 참가하여 래브라도와 뉴펀들랜드의 해안을 탐험하였다. 그는 여러 번 해안으로 채집을 나갔으며, 그가 채집해온 식물들은 그의 식물표본실의 시작이 되었다. 그는 식물학자인 대니엘 솔랜더Daniel Solander를 고용하여 그의 탐험에서 채집한 표본들의 분류를 돕도록 하였으며 식물 화가 시드니 파킨슨Sydney Parkinson으로 하여금 식물표본들을 그리게 하였다.

대니엘 솔랜더는 1733년 스웨덴에서 태어나 처음에는 고전학과 법학을 전공하였고 그 후 자연사에 흥미를 가지기 전에는 의학을 공부하였다. 그는 칼 린네

칼 린네우스의 초상화, 알렉산더 로즐린, 1775, 스톡홀름 국립박물관

우스의 제자가 되었는데, 린네우스는 현재에 사용되는 계, 문, 강, 목, 과, 속, 종의 분류 단계를 가지는 생물 분류 체계를 고안하였다. 린네우스는 생식기관에 의하여 식물들을 분류하는 이명법 체계Binomial System를 고안하였다. 1735년에 발행한 『자연의 체계 Systema Naturae』에서 그는 모든 종에 라틴어로 된 속의 이름과 종의 이름을 부여하였다. 그의 분류 체계는 식물 분류의 새로운 방법을 도입하였으며 경험주의의 승리였다. 린네우스는 『자연의 체계』 권두 삽화에 이명법이 천지창조의 모든 생물들에 적용된다는 에덴동산에 있는 그의 모습을 보여주고 있으며, 그는 "신이 창조하고 린네우스가 체계화 하였다"고 말하기를 좋아하였다. 린네우스는 모든 식물과 동물이 그들이 사는 환경에 맞게 완전하게 만들어진 법칙을 창조한 것은 신이라고 믿었다. 솔랜더를 포함하는 그의 '추종자'들은 그가 새로운 종들을 게재할 수 있도록 신종들을 채집하기 위하여 아주 먼 곳까지 여행 하였으며, 린네우스는 일생 동안 식물 5,600종의 신종에 이름을 짓고 표본목록을 작성하는 기념비적 임무를 완성하였다.

18세기 영국에서는 많은 사람들이 자연사 표본들을 수집하는데 집착했다. 수집광들은 새로운 화석이나 생물 표본을 채집해 그들의 컬렉션에 추가하려고 시골 지역까지 샅샅이 뒤지고 다녔다. 대니엘 솔랜더는 1760년 잉글랜드의 한 개인의 식물 수집품을 린네의 분류체계에 따라 목록을 만들기 위하여 스웨덴에서 발탁되었으며, 몇 년 지나지 않아 대영박물관의 준사서가 되었다.

영국의 탐험가들이 아프리카, 남아메리카, 아시아에 진출하자 그들은 곤충, 조류, 나비류, 식물들을 채집하여 영국으로 보내는 것을 의무라고 생각하였다. 확장하는 대영제국 내의 아주 멀리 떨어진 주둔지 어디에서나 아직도 이름이 알려져 있지 않은 종들을 찾아 그들의 이름을 따서 신종으로 이름을 붙여 역사에 남기려는 아마추어 수집가들이 많았다. 시골의 저택, 박물관, 대학, 그리고 개인 화실은 '호기심의 캐비닛cabinets of curiosity'이라고 알려진 보관함에 정성들여 포장되어 세계 각지에서 보내온 표본들로 가득 차게 되었다.

1768년 조셉 뱅크스는 영국 왕립학회의 회원이 되었다. 그는 금성을 관찰하기 위하여 남방 해역으로 탐험을 계획하고 있다는 것을 왕립학회에서 들었다. 천문학자인 에드먼드 핼리[1]는 금성이 지구와 태양 사이를 지나가는 금성의 통과가 1769년에 일어날 것을 예측하였으며, 지구상의 멀리 떨어진 여러 지점들에서 금성의 통과를 주의 깊게 관찰한다면 과학자들로 하여금 지구와 태양과의 거리를 계산할 수 있게 할 것이며, 아울러 태양계의 크기를 한층 더 잘 이해하리라고 설득력 있게 주장하였다. 그러한 탐험 항해를 왕이 지원해 줄 것을 간청하는 왕립학회의 서한은 다음과 같다:

위대한 대왕 전하에게

런던 왕립학회의 회장, 평의회, 회원들은 자연의 지식을 향상시키기 위하여 황송하게 아뢰옵니다.

1769년 6월 3일 태양 면 위로 금성이 통과하는 것은, 적절한 여러 곳에서 동

---

[1] 에드먼드 핼리(Edmund Halley: 1656-1742), 영국의 천문학자, 지구물리학자, 기상학자, 물리학자, 수학자. 핼리 혜성을 발견함.

일하게 정확히 측정한다면 항해술에 많은 도움을 주는 천문학 발전에 크게 공헌할 것입니다…. 1769년 6월 3일 이후에는 이와 같은 현상은 100년 후에도 일어나지 않을 것입니다…. 남반구에서 행할 정확한 금성의 관측은 북반구에서의 어떤 많은 관측들보다 한층 중요할 것입니다.

탐험대장으로는 선원으로서 뛰어난 자질을 지닌 제임스 쿡 James Cook 중위가 임명되었다. 그는 뉴펀들랜드 연안 조사 시 이 곳의 경도를 정확히 확정할 수 있도록 일식을 정밀하게 관측하고 기록하는 등 선원, 항해사, 지도제작사로서의 우수한 역량을 갖고 있었다. 쿡의 추천으로 견고한 석탄 운반선 *백작 펨브로크 호*는 *인데버 호* HMS Endeavour로 개명되어 쿡의 항해에 탐사선으로 결정되었다. 그는 저장고 용량을 크게 만들고 배 밑바닥에 물이 적게 고이도록 배 밑창

제임스 쿡 선장의 초상화. 조지 너새니얼 댄스 작. 런던 국립해양박물관 소장

을 평평하고 견고하게 건조된 석탄 운반선에서 근무하며 상선 선원으로서의 전문지식을 배웠다. 그는 이런 배들의 경우 수심이 아주 얕은 연안 가까이까지 항해할 수 있으며 필요한 경우 외국에서도 뭍에 올려 쉽게 배를 기울여 수리할 수 있다는 것을 알았다. 쿡 중위는 왕립학회에 출두하여 '금성 통과 관측사'로, 그리고 그리니치 천문대의 천문학 조수인 찰스 그린 Charles Green은 '제2 관측사'로 정식 임명되었다. 인데

버 호 대부분의 항해사들은 최근 존 해리슨John Harrison이 고안한 항해용 크로노미터를 가지고 가지는 않았지만, 이 중 관측사 그린은 쿡 선장을 제외하곤 달과 별들만을 관측하여 바다에서 경도를 계산해 낼 수 있는 몇 안 되는 사람 중 한 명이었다. 관측사 그린은 항해 관측을 점검하여 쿡 선장을 적극적으로 조력하였으며, 탐사 항해에는 반사식 망원경 두 개, 천문관측용 사분의, 놋쇠로 만든 해들리 육분의, 기압계, 여행자시계 하나, 온도계 두 대 등 각종 장비들을 갖추었다. 왕립학회 평의회는 *인데버* 호가 남반구에서 금성을 관측할 수 있는 최적지인 타히티로 항해할 것을 추천하였으며, 탐험에 동승할 왕립학회 회원 한 명을 지명하였다. 그 서한은:

> 본 학회 회원이며 자연사에 조예가 깊은 큰 재력가인 조셉 뱅크스 님은 본 항해에 참여를 열망하기 때문에 학회 평의회는 뱅크스 씨의 개인적인 장점과 유용한 지식의 발전을 위하여 7명(전부 8명)을 대동하여 그들의 수하물들과 함께 쿡 선장의 지휘하에 승선할 수 있도록 청원합니다.

뱅크스의 샌드위치 백작과의 오랜 우정은 그와 여러 명의 동료들이, 비록 그가 비용을 부담하였지만, 탐사 항해에 참가할 수 있도록 해군청에 아마도 영향을 미쳤을 것이다. 뱅크스는 탐험 경비의 자기부담금 1만 파운드를 냈으며, 대니엘 솔랜더와 핀란드의 식물학자 허만 스푀링Herman Spöring이 그의 개인 탐사팀의 일원으로 참가할 수 있도록 설득하였다. 뱅크스는 가능한 한 많은 동식물 신종들을 발견하고 분류하는 것이 목적이었으며 그에게 이 탐사 항해는 절호의 기회였다. 존 엘리스가 린네우스에게 쓴 편지에서 다음과 같이 묘사하고 있다:

> 뱅크스의 팀보다 자연사 연구를 목적으로 바다에 나갈 수 있는 더 적합한 사람들은 아무도 없었다. 그들은 훌륭한 자연사 도서관을 확보하였고, 곤충을 채집하고 고정할 수 있는 온갖 기구들과 채집망, 트롤, 산호채집용 갈고리 등

피트비 항을 출항하는 펨브로크 백작호의 상세화, 토마스 루니, 오스트레일리아 국립도서관

을 구비하였으며, 물이 맑은 곳에서 물속에 넣어 깊은 수심의 바닥을 볼 수 있는 기묘한 장치들도 장만하였다. 동물 샘플을 주정에 고정하기 위하여 여러 크기의 입구와 마개를 갈아서 만든 샘플용 유리병 여러 상자를 준비하였다. 이외에도 바로 이러한 일들을 위하여 그들을 돕는 일만을 할 많은 사람들이 있었다. 탐사팀에는 두 명의 화가와 여러 명의 제도사들 그리고 자연사 연구를 견뎌낼 수 있는 수 명의 자원봉사자들도 있었다.

두 명의 화가는 방문하는 곳의 풍경과 사람들의 그림을 그릴 숙련된 풍경 화가인 알렉산더 부찬과 뉴펀들랜드에서 뱅크스가 채집한 자연사 표본들을 그렸던 우수한 젊은 소묘 화가인 시드니 파킨슨Sydney Parkinson이었다. 품위 있는 신사로서 뱅크스는 또한 두 명의 개인 조수와 필요한 것을 도와주는 두 명의 하인, 아울러 두 마리의 사냥개가 필요하였다.

1768년 8월 26일 *인데버* 호는(94명을 태우고) 플리머스에서 출항했다. 돛에 바람을 맞아 *인데버* 호는 선미의 흰 항적파와 갈매기들의 울음소리를 뒤로 하고 대서양으로 내려가 태평양으로 들어가는 항해를 시작했다. 제임스 쿡 선장은 그의 항해 일지에 그 항해 명령을 다음과 같이 적었다:

그러므로 천문관측이 종료된 후, 나는 멀리 남위 40°까지 항해하여 남태평양에서 많은 것을 발견하기 위하여 오타하이테(Otaheite, 타히티의 옛 이름)를 향하여 항해하라고 명령하였다. 그러면 남위 40°에서 35° 사이를 서쪽으로 항해하여 육지를 발견하지 못한다면 뉴질랜드를 만날 것이며, 그곳을 탐험하고 내가 적절하다고 생각한 대로 같은 항적을 따라서 영국으로 돌아오려 하였다.

[2](*인데버* 호는 플리머스를 출항하여, 9월 중순 포루투갈 영 마데이라 섬에 5일 간 정박하여 뱅크스와 솔랜더는 처음으로 동식물들을 채집하였다. 10월 26일 적도를 통과하여 아프리카 서해안을 따라 이동, 대서양을 건너) 남대서양으로 두 달간 항해하여 내려간 *인데버* 호는 재보급을 받기 위하여 1768년 11월 13일 (당시 포루투갈 영이던) 리우데자네이루에 도착하였다. 현지의 포루투갈 총독은 태양면을 지나가는 금성을 관측하기 위하여 남태평양으로 항해하려는 쿡 선장의 터무니없는 이야기를 믿지 않아서 놀랍게도 쿡 선장은 적대적인 대우를 받았다. 쿡 선장은 *인데버* 호가 영국해군 함정이며 분명히 상선이라고 주장하였지만 포루투갈인들은 아마도 어떤 사악한 목적의 의도가 있다고 생각하였다. 결국 뱅크스와 솔랜더를 포함한 선원들은 감시 없이는 아무도 상륙이 허가되지 않았으며, 물건을 가져가고 가져오는 모든 보트들에 포르투갈 병사 한 명씩 배치시켰다.(이곳에서 뱅크스는 지금은 흔한 정원수가 된 부겐빌레아 bougainvillea 를 처음으로 과학적으로 기재하였다.)

인데버 호는 남아메리카 남단의 스타텐 아일랜드 Staten Island 와 티에라 델 푸에고 Tierra del Fuego 사이의 해협을 항해하여 케이프 혼 Cape Horn 을 돌았다. 뱅크스와 솔랜더가 처음으로 상륙하여, 쿡 선장에 따르면 아직도 유럽에 알려지지 않은, 식물들을 채집할 수 있었던 곳이 스타텐 아일랜드였다. 그들이 채집 원정

2　괄호 안의 이 부분은 원서에는 없는 내용이지만 항적의 연속기록을 위하여 역자가 삽입한 부분임.

에서 돌아올 때 그들은 곤경에 처했는데, 갑자기 일기가 변하여 영하의 기온에서 밤새 야영을 해야만 했다. 뱅크스의 개인 조수들은 표본 '고정용 알코올'을 가지고 가야만 했었는데 알코올을 마시면 몸이 더워지리라 잘못 믿고 고정용 알코올을 마시고 저체온증으로 사망하였다.

박물학자들은 쿡 선장과 함께 *인데버* 호의 큰 선실을 사용하였는데 뱅크스는 어떻게 일하였는지 적고 있다:

> 드물지만 강풍이 하도 강하게 불어서 우리들의 일상적인 연구들을 못하게 하였다. 강풍은 대략 아침 8시경서부터 오후 2시까지 지속되었고 오후 4시 또는 5시부터 조리하는 냄새가 사라졌다. 우리들은 어두워질 때까지 선실의 큰 테이블에 소묘 화가를 마주 보며 같이 앉아 그에게 표본들을 그려야만 한다는 태도를 보였으며, 채집물들이 아직도 싱싱할 때 서둘러 표본들을 기술하였다.

잔잔한 태평양을 10주간 항해한 후 *인데버* 호는(1769년 4월 13일) 타히티에 도착하여 마타바이 만에 닻을 내렸다. 그들의 머리 위에 화산 봉우리들이 솟아 있었고 무성한 초록색 열대 식물들이 해안까지 내려와 있었다. 그들 둘레에 열대 석호의 푸른 바다는 호기심 많은 타히티인들을 가득 실은 원주민의 배들로 생기가 넘쳐 있었다. *인데버* 호는 타히티의 해안에 도착한 세 번째 외국 배에 불과했지만 타히티 여인들의 매력은 이미 전설이 되어 있었다. *인데버* 호는 '금성(Venus)의 통과'를 관측하러 여기에 왔지만, 사랑의 여신 비너스는 이미 이 섬들에 도착해 있었고, 뱅크스는 그가 이 섬의 사람들이 좋아하는 일이라고 믿는 바를 묘사했다:

> 사랑이 주된 일로서, 주민들이 애호하는, 아니 주민들의 유일한 사치이다. 여성들의 몸과 마음은 사랑의 신이 여기서 거의 아무런 방해를 받지 않고 쉽사

리 지배하는 부드러운 과학, 게으름의 여유를 위해 가장 완벽하게 빚어졌다. 반면에 변화무쌍한 기후의(영국의) 주민인 우리들은 밭을 갈고 씨를 뿌리고 땅을 고르고 추수하고 타작하고 방아 찧고 반죽하고 매일 먹을 빵을 굽고, 매년 이를 되풀이해야 한다. 그러나 타히티인들은 그저 빵나무에 기어오르기 만하면 먹는 것이 해결되고 이 여유를 오직 사랑에만 전념하는 것이다.

인데버 호의 선원들에게도 사랑의 여신이 찾아왔다. 그리고 타히티에 도착하는 것에 대하여 쿡 선장의 첫 번째의 관심은 선원들이 현지인들과 개인적 물물교환을 금하는 일습의 규칙을 작성하는 것이었다. 사랑의 대가로 쇠못을 줄 수 있었고 쿡 선장은 선원들의 행동 지침을 만들었다. 다섯 번째와 마지막 지침은: '식량을 제외하고 어떤 종류의 쇠붙이나 철제 물건, 옷가지들 또는 유용한 물건들 또는 필수품들은 어떤 것들과도 교환으로 줄 수 없다'였다.

쿡 선장은 식품과 공급품의 물물교환의 경우 한 사람이 통제해야 한다고 생각하여, 오래전부터 뱅크스에 대하여 이미 가지고 있었던 존경심으로 그를 타히티인들과의 모든 접촉을 책임지도록 하였다. 뱅크스는 단시일 내에 그들의 말을 배워 알아들을 수 있었고 곧 매일 그들을 만나 *인데버* 호의 재보급을 준비하였다. 쿡 선장이 쓴 바로는:

> 우리들의 거래는 잘 통제된 유럽의 시장과 같이 아주 질서 있게 진행되었다. 주로 뱅크스 씨가 운영하였는데 필요한 식량, 부식, 음료들을 조달하는데 지칠 줄 몰랐다.

뱅크스는 그 자신이 발간한 저널에 쓴 바와 같이, 까무잡잡한 현지 여인들을 보는 눈이 있었다. 비너스 여신의 삼각지대가 주는 즐거움에 빠져 그는 타이티어 재주를 연습하며 많은 밤을 상륙하여 보냈다. 젊은 소묘 화가 시드니 파킨슨

은 그런 것에 빠지지 않고 그의 보스와 선원 친구들의 행동을 못마땅하게 묘사하였다:

> 우리 배의 선원들은 거의 모두 현지인들에서 임시 처를 구하였고 그들은 가끔 동거하였다. 평판 좋은 도덕적인 유럽인들조차도 이 미개 지역에서 처벌받지 않고 그들 스스로 방종을 범하였다. 장소가 변하면 간음의 부도덕한 행위가 달라지는 것처럼, 유럽에서는 죄인 것이 아메리카에서는 오직 단순한, 아무런 죄가 없는 육체적 만족이 된다. 순결의 의무는 지역적인 것이며 지구상의 오직 특정 지역에만 국한되어 있는 것과 같이 생각된다.

집중을 방해하는 많은 일에도 불구하고 선원들은 그들이 포인트 비너스라고 이름을 붙인 곳에 관측용 방책을 세웠다. 천체관측사인 그린 씨는 그의 천문관측 장비들을 설치하고 '금성 통과' 시에 해야 하는 모든 중요한 관측을 준비하였다. 선원들에 의한 좀도둑질은 *인데버 호*의 계속 되는 문제였는데, 특히 금속으로 만들어진 물건들이었다. 보초들이 방책을 계속 감시하였으나 경도를 측정하는 데 쓰는 놋쇠로 만든 사분의가 도난당했고 여분의 사분의도 없었다.

이것은 탐사 항해의 전체 목적 달성을 위태롭게 할 수 있었다.

| 시드니 파킨슨의 자화상, 자연사박물관, 런던

'금성 통과'를 관측하지 못하면 해군성과 왕립학회는 몹시 당황할 것이고, 공식적인 해군의 심문이 있어야 할 것이며, 틀림없이 많은 사람들이 참수당할 것이 분명했다.

뱅크스, 그린, 장교 후보생 한 명 그리고 타이티어 통역관 한 명이 도난에 책임이 있다고 생각되는 사람들을 찾으러 즉시 섬의 내부로 출발하였다. 그들의 마을에 도착하니 그들은 적대적이었다. 타히티 관습에 따라서 뱅크스는 땅바닥에 원을 하나 잽싸게 그리고 그 원의 중간에 앉았다. 그리고 조용히 협상하기 위하여 상황을 설명하기 시작했고 잠시 후에 그 사분의가 나타났다. 다행히도 사분의 목제 삼각대를 제외하고 모든 부분들을 되찾았다:

> 그린 씨는 부속들이 손실되지 않았는지 확인하기 위하여 그 사분의를 훑어보았다…… 삼각대는 없었고, 훔친 사람이 현장에 떨어뜨리고 온 것을 알았다. 배로 돌아가면 찾을 것이었다.

1769년 6월 3일 날이 밝았다. '금성의 통과'가 예측된 날이다. 날씨는 더할 나위 없이 좋았다. 쿡 선장과 그린 그리고 솔랜더는 '금성의 통과'를 한 시간 이상 측정하였는데, 태양면을 가로질러 소형 흑색 물체가 움직였다. 그러나 망원경은 그 행성 주위에 흐릿한 가장자리를 보였는데 이것은 금성이 태양면 안으로 들어왔다가 통과해 나가는 정확한 시간을 관측자들이 판정할 수 없음을 의미했다. 쿡 선장은 다음과 같이 썼다:

> 우리들은 행성 주위에 후광 또는 희미한 그늘을 아주 분명히 보았는데, 이것은 특히 두 행성이 만나는 기간 측정을 크게 방해하였다. 솔랜더 박사는 물론 그린 씨와 나 자신도 관측하였고 두 행성이 만나는 기간을 예상보다도 훨씬 더 길고 서로 다르게 관측하였다.

이러한 다른 일들이 일어나고 있는 동안에 뱅크스와 솔랜더는 타히티에 머무르는 3개월간 채집하고 고정하고 많아지는 식물 종들의 목록을 만들며 섬에 사는 식물들을 대대적으로 조사할 수 있었다. 애석하게도 풍경 화가인 알렉산더 부찬은 섬에서 간질 발작으로 사망하였다. 그의 죽음은 이 탐험에서 가장 큰 손실이었으나 소묘 화가인 시드니 파킨슨이 고인의 임무에 도전하였고, 그의 풍경 스케치는 아주 정밀하고 흥미로웠다.

타히티에 머무는 동안 *인데버* 호의 선원들은 섬 어디에서나 자라며 이 섬사람들의 주식인 빵나무 열매를 자주 먹었다. 빵나무 열매는 탄수화물, 비타민 씨, 그리고 티아민과 칼륨이 풍부한 식품 재료였다. 대니엘 솔랜더는 다음과 같이 묘사하고 있다:

> 수개월간 우리들이 빵 대신에 매일 먹은 열대 남태평양의 빵나무 열매는 빵과 같이 맛이 있고 자양분이 많아 어디에서나 호평을 받았다. 비스킷 대신에 빵나무 열매를 주면 선원들의 아무도 불평하지 않았다. 이것을 주식으로 먹는 모든 사람들의 건강은 물론 내구력에도 세계에서 가장 유용한 식물이다…. 빵나무가 자랄 수 있는 곳은 세계 어디든지 그곳에 가는 모든 사람들에게 권장하여 적당히 뿌리가 내린 묘목을 가져가거나 적합한 계절에 수확한 열매들을 항해기간에 씨를 뿌려 기후가 알맞은 나라에 이 소중한 빵나무를 가져간다면 분명히 좋은 결과를 가져올 것이다. 일반 대중들에게 아주 흥미로운 이 사업을 하는 것은 별로 경비가 들지 않으리고 확신한다.

약 20년 후 1787년 이제는 작위를 받은 조셉 뱅크스 경은 빵나무 묘목을 채취하여 농장의 노예들에게 먹일 수 있도록 재배할 수 있는 동인도제도로 수송할 수 있도록 타히티로 해군함 한 척을 보낼 것을 제안하였다. 이것이 바로 군함 *바운티* 호 HMS Bounty[3]와 선장인 윌리엄 블라이 대위의 비운의 탐험 목적이었다.

화분에 심은 빵나무 묘목 1,000그루를 실을 수 있도록 배의 큰 선실을 개조하였다. 그러나 1789년 그들이 타히티에 도착했을 때는 묘목을 구할 수 있는 적절한 계절이 아니어서 5개월 후에야 빵나무 열매 묘목들을 모두 화분에 심어 수송할 채비를 차렸다. 불행하게도 정박기간 동안에 사랑의 여신 비너스가 *바운티* 호에도 방문하여, 블라이 선장은 이 오랜 정박기간 동안에 해이해진 선원들의 기강을 잡으려 하였으나 선원들과의 문제를 일으켜 동인도 제도로 가던 중에 결국 선상반란을 맞았다.

'금성 통과'를 관측한 후 쿡 선장은 해군성의 지시를 따라서 *인데버* 호는 그곳에 있으리라고 믿어지는 미지의 대륙을 찾아 남위 40°까지 남하하였다. 육지를 하나도 보지 못하고 계속되는 돌풍과 산더미 같은 파도와 점점 추어지는 날씨를 무릅쓰고 2,000킬로미터를 항해한 후 드디어 *인데버* 호는 서편의 땅을 찾아서 서쪽으로 방향을 돌렸다. 1769년 10월 마침내 그들은 육지를 발견하고 기대감이 일었다. 이것이 발견하라고 명을 받은 '거대한 남쪽 땅'의 북쪽 끝인가? *인데버* 호의 선원들은 그렇다고 생각하는 것 같았다. 조셉 뱅크스는 다음과 같이 적고 있다:

> 해 질 녘에 모든 사람들은 돛대 꼭대기에 올라가 있었는데 육지는 아직도 7 또는 8리그[4] 멀리에 있고 어느 육지보다 큰 것 같고 3, 4, 5개의 언덕들이 너머 너머로 보였고 그 위로 산들이 줄지어 있는데 그중 몇몇은 굉장히 높았다. 의견들이 매우 달랐으며, 섬이다, 강이다, 작은 만이다 등등의 추측이 많

---

[3] '*바운티* 호의 반란(Mutiny on the Bounty)', 뱅크스의 제안에 따라서 1787년 영국군함 *바운티* 호가 영국을 떠나 1789년 타히티에서 빵나무 묘목을 싣고 서인도제도로 가던 중 선상반란이 일어나 선장을 포함하여 18명의 선원이 퇴출된 사건.

[4] 리그(League), 고대 켈틱의 길이 단위: 한 사람이 약 한 시간 동안 걷는 거리, 육지에서는 약 4.8킬로미터, 바다에서는 약 3해리(약 5.6킬로미터).

았으나 모두 이 육지가 틀림없이 우리가 찾고 있는 대륙이라고 의견이 일치하는 것처럼 보였다.

쿡 선장은 매우 조심하였는데 왜냐하면 네덜란드의 탐험가 아벨 타스만Abel Tasman[5]이 뉴질랜드를 명명하기 수년 전에 발견한 대륙의 동쪽 해안일 수 있었기 때문이다. 타스만은 뉴질랜드 사람들이 대단히 험악하고 호전적임을 알았다. 그가 처음으로 마오리Maori족을 접촉한 것은 1642년 그가 마오리족들의 배들 사이로 항해할 때 전투가 벌어져 네 명의 선원이 죽임을 당한 곳을 머더러스만Murderers' Bay이라고 이름을 붙였다. 이 첫 만남 후에 타스만은 더 이상 상륙하지 않고 북쪽으로 항해하였다. 쿡 선장은 그의 저널에 마오리족과의 심각한 첫만남을 다음과 같이 묘사하고 있다:

> 나는 뱅크스 씨, 솔랜더와 함께 섬에 상륙하였다. … 우리가 주변을 제대로 둘러보기도 전에 이삼백 명의 사람들이 우리들을 둘러쌌다. 비록 그들은 모두 무장 했지만 매우 혼란스럽고 무질서한 방식으로 우리에게 다가왔으므로 그들이 우리를 해치려는 의도를 가졌다고 의심하지 않았다. 그러나 이점에 관해서 우리는 곧 착각에서 벗어나고 말았다…. 그들은 다음으로 우리들을 가로막으려 하였다. 나는 머스키트 장총에 산탄을 장전하여 맨 앞에 있는 사람에게 총을 쏘았으며 곧바로 후에 뱅크스씨와 두 명이 사격하였다. 이것이 그들을 약간 물러나게 하였으나, 곧바로 추장들 중의 하나가 그들을 다시 집결시켰다. 이것을 보고 솔랜더 박사가 그에게 산탄을 쏘아 물리치고 마침내 그들을 물러나게 하였다.

---

5 아벨 타스만(Abel Tasman), 네덜란드의 탐험가, 1642-1644년간 해양탐사 시 태즈메이니아(Van Diemen's Land) 뉴질랜드, 피지 섬에 상륙한 최초의 유럽인.

쿡 선장은 현재 뉴질랜드의 북섬과 남섬 모두를 배로 일주한 후, 이 섬이 그들이 발견하라는 임무를 받고 파견된 섬이 아니라는 것을 알았다. 뱅크스는 어떻게 쿡 선장이 '대륙이라 불리는 우리의 공기로 짠 구조물이 완전히 붕괴되었음'을 입증했는지 묘사한다. 지금 그 미지의 남쪽 대륙은 실재하는 현실이라기보다 신화에 더 가까웠다. 뱅크스에게 이것은 그들이 추구하는 바를 포기함을 의미하였다. 그는 이렇게 썼다:

> 나로서는 많은 후회를 하지 않고서는 이렇게 포기할 수 없음을 고백한다. 나는 남방 대륙이 존재한다고 굳게 믿는다. 그러나 내가 왜 그렇게 믿느냐고 묻는다면, 나의 근거가 약함을 고백한다. 나는 설명하기 어려운 사실을 지지하는 선입견을 가지고 있다.

해군청이 내린 명령을 완수한 지금, 쿡 선장은 어떻게 영국으로 돌아갈지를 결정해야 했다. 영원한 탐험가인 쿡 선장은, 1642년 아벨 타스만이 명명한 태즈메이니아 또는 어느 곳도 알려지지 않은 반 디멘스 랜드Van Diemen's Land의 북쪽, 뉴홀랜드New Holland: Australia의 아직도 발견되지 않은 동해안을 탐험하기를 원했다. 서인도제도를 거쳐 회항하는 것은, 스페인 탐험가 루이 바스 드 토레스Luis Vas de Torres가 거의 200년 전 1606년에 분명히 뉴기니와 뉴홀랜드 사이를 항해한, 해도에 없는 해협을 통과하여 하는 것을 의미했다. 쿡 선장은 이렇게 썼다:

> 이 지역을 떠나, 나의 임무에 한층 도움이 될 수 있는 항로로 귀항하기로 결정하였다. 나는 가장 적절히 항해할 수 있는 항로에 대하여 사관들과 상의하였다. 케이프 혼Cape Horn을 거쳐 귀항하는 것이 내가 가장 원하는 것이었다. 왜냐하면 이 항로로 가면 아직도 의문으로 남아 있는 남방 대륙Southern Continent의 존재 여부를 증명할 수 있었기 때문이었다. 그러나 이것을 증명

하기 위하여 우리는 고위도 해역을 매우 추운 한겨울에 항해를 해야만 했다. 그러나 여러 점으로 보아 함선의 상태는 그렇게 하기에는 충분해 보이지 않았다. 같은 이유로, 특히 이 항로에서는 어떠한 대륙도 발견할 희망이 없었기 때문에, 곧바로 희망봉으로 항해해 간다는 생각은 제쳐 놓았다. 그러므로 동인도제도 East Indies를 거쳐 영국으로 돌아가기로 결정하였다.

동인도 제도를 거쳐 돌아가는 것은 다음과 같은 항로였다: 이 해안을 떠나자마자 서쪽으로 선수를 돌려 뉴홀랜드의 동해안에 이르기까지 항해하여 동해안을 따라서 북쪽으로 항해하거나 또는 다른 방향으로 뉴홀랜드의 북단에 이르기까지 항해하는 것이다.

3

오스트레일리아에서의 조셉 뱅크스
Joseph Banks – In Australia

3개월간 서쪽으로 항해하여 1770년 4월, 그 당시에는 알려지지 않았던 오스트레일리아의 동쪽 해안 빅토리아의 동쪽 끝 부근 포인트 힉스Point Hicks가 보였다. 뱅크스는 이렇게 썼다:

> 오늘 아침, 날이 밝자 육지가 보였다. 10시에 아주 분명하게 보였다. 경사진 언덕들이 나무들 또는 관목들로 덮여 있었으나 그들 사이로 큰 모래 지대들이 산재해 있었다.

오후에는 선원들이 이 지역이 사람들이 사는 곳이라고 믿게 해주는 연기가 여러 곳에서 나는 것을 보았다. 약 10일간 북쪽으로 항해하였으나 *인데버* 호는 상륙할 수 있는 항구나 적당한 장소를 찾지 못하였다. 현재의 울런공Wollongong 부근에 상륙하려 하였으나 해변으로 밀려오는 큰 파도가 상륙을 너무 위험하게 하여 실패하였다. 마침내 가까이에 있는 곳을 돌아가서 안정한 정박지를 찾았다:

오늘 아침 육지는 절벽으로 험준하고 숲이 없이 황량하였다. 항구처럼 보이는 입구가 보여 우리는 곧바로 들어갔다. 황량한 곳으로부터 작은 연기가 피어올라 우리는 그쪽을 망원경으로 보았다. 약 10명의 사람들이 보였고 우리가 다가가자 불 피운 곳을 떠나서 우리 배를 잘 볼 수 있는 작은 언덕으로 물러났다.

쿡 선장 일행이 처음으로 상륙하자 두 명의 토착민과 싸움이 벌어졌는데 그들은 창을 던졌고 마침내 총격으로 부상을 당하였다. 그 후 며칠간 토착민들과 맞닥뜨렸다. 그들은 가끔 위협하고 우리에게 창을 흔들었으나 직접적인 접촉은 피하였다. 움막에 몸을 숨긴 애들에게는 목걸이 리본 옷가지와 같은 장신구들을 던져 주었으나 못 본 척하였다. 옷과 목걸이는 실용성이 없는 것으로 보였으며, 그것들은 그다음 날에도 여전히 땅바닥에 그대로 놓여 있었다. '그들이 원하는 바는 우리들이 가버리는 것'이라는 생각이 쿡 선장에게 들게 하였다. 뱅크스는 이 새로운 땅의 풍경과 먹기에 좋은 형형색색의 새들을 다음과 같이 묘사하고 있다:

> 이 지역은 평평하고 비옥하고, 회색 모래의 일종인 토양이며, 기후는 온화하다. 우리가 도착하였을 때는 초겨울이었으나 모든 것이 완벽하였다. 꽃 피는 관목들이 다양하고, 수지를 생산하는 나무 한 종, 야자나무 한 종…… 우리는 아름다운 깃털을 가진 수많은 새들을 보았는데, 그중에는 두 종류의 앵무새, 아름다운 브리케트*briquet* 한 마리가 있었다. 우리는 그중 몇 마리를 잡아 만두를 만들었는데 모두들 잘 먹었다.

다양한 꽃이 피는 상록 관목들은 당연히 방크시아류들이었고, 한 속에 속하는 식물들이 우점하는 식물상은 세계 어디에도 없다. 해안 방크시아*Banksia*

| 쿡 선장, 뱅크스, 솔랜더 보터니 만에 상륙, E. 필립스 폭스, 1902, 빅토리아주 국립미술관

*integrifolia*는 그들이 상륙하였을 때 처음으로 본 나무 중 하나였을 것이다. 부근에서 그들은 꽃을 피우고 커다란 솔방울 열매를 가지고 있는 강인하게 생긴 방크시아 세라타*Banksia serrata*와 작고 좁은 잎새와 황록색 꽃들을 가진 히스잎 방크시아*Banksia ericifolia*를 발견하였다.

선원들은 인데버 호의 식량 재공급을 위하여 상륙하였는데, 땔감용 화목을 자르다가 유칼립투스의 단단한 목재에 도끼의 날이 무뎌졌고, 배에 싣고 키우는 동물들에게 줄 풀을 베고, 작은 시내에서 담수를 떠서 물통을 채우고, 만 내의 얕은 물에 많은 고기들과 가오리들을 잡기 위하여 그물을 쳤다. 수지를 생산하는 나무 형태의 목재는 풍부하였으며 쿡 선장은 그 목재를 다음과 같이 묘사한다:

양이 엄청나게 많으나 다양하지는 않다. 가장 큰 나무들이 영국의 참나무 정도거나 좀 더 크며, 참나무들처럼 잘 자라며, 적색의 수지를 분비하며, 목재 자체가 무겁고 단단하며 흑색이다.

곧바로 뱅크스와 솔랜더는 동식물 표본들을 채집하기 위하여 상륙하였다. 그들은 이 대륙의 해안에 상륙한 최초의 훈련된 박물학자들이었다. 아주 오래되고 기이한 생물들이 가득하였다. 그들은 한 번도 보지 못한 아주 다양한 식물들을 발견하였다. 뱅크스는 이렇게 썼다:

> 쿡 선장, 솔랜더 박사, 나 그리고 몇 사람이 열 자루의 머스킷 총을 가지고 이 지역 내부로 유람하기로 하였다. 그래서 우리는 소풍하며 완전히 지칠 때까지 걸었다. 저녁때였다. 오는 길에 단 한 명의 토착민을 보았는데 우리를 보자마자 달아나 버렸다. 땅은 어디를 보나 습지 아니면 매우 적은 수종들이 자라는 연한 모래 토양이었다. 그들 중의 한 수종은(종려과의) 혈갈목*Sanguis draconis*과 매우 흡사하게 적색 수지를 분비하는 큰 나무였다. 그러나 모든 곳이 엄청나게 많은 풀들로 덮여있었다…. 우리 머리 위의 나무들에는 다양한 종의 새들이 많았고 그 중 많은 종들이 매우 아름다웠다.

뱅크스와 솔랜더가 발견한 식물들은 특별한 의미가 있었다. 과학계에 아직 알려지지 않은 새로운 식물 속들이었기 때문이다. 그래서 그들은 이 새로운 식물들을 어떻게 분류할 것인가를 열심히 연구하였다. 그들은 방크시아 세라타*Banksia serrata*의 쭈글쭈글하고 울퉁불퉁한 수피와 수염 달린 속대를 처음 본 사람들이었다. 이 대륙의 특이한 식물상의 전형인 빨간 꽃이 피는 병브러시나무 bottlebrush 에 감탄하였고, 방크시아 나무 세 종을 채집하였다. 뱅크스는 다음과 같이 썼다:

> 우리들의 식물 채집품은 지금 엄청나게 많아져서 책갈피 속에서 상하지 않도록 특별하게 주의해야만 했다. 그래서 나는 오늘 그 일을 했는데, 거의 200첩

머리에 닭 볏 모양의 황색 깃털이 나 있는 앵무새 석판화, 에드워드 레알

의 마른 종이 모두를 해안가로 옮겨서 햇볕이 쪼이는 돛 위에 펼치고 하루 종일 햇볕에 노출해, 자주 종이를 뒤집고 때때로 식물표본들을 안팎이 뒤집히도록 종이 첩들을 뒤집었다.

파킨슨은 거의 백여 종의 식물 신종을 스케치하였는데 가능하면 많은 종의 줄기잎 꽃의 윤곽을 그리고, 색깔은 나중에 색을 칠하려고 수지를 분비하는 나무들은 대단히 중요하였으나 유칼립투스나무의 모든 것을 식물기재학적 그림으로 그리지는 않았다. 왜냐하면 1770년 식물학 기재의 규약은 식물 표본은 반드시 꽃과 함께 묘화되어야만 했기 때문이었고, 일 년 중 이 시기는 수지를 분비하는 나무들의 개화기가 아니었다.

인데버 호는 일주일간 그 만에 머물렀다. 영국 국기가 매일 휘날렸으며, 인데버 호의 이름과 도착 날짜를 나무에 새겼다. 쿡 선장은 처음 이 만에 가오리 만이라는 이름을 붙이려고 하였다. 그러나 이곳을 떠나는 마지막 날 다음과 같이 썼다:

6일, 일요일. 저녁에 노 젓는 보트가 약 600파운드 무게의 가오리 두 마리를 잡아서 본선으로 돌아왔다. 뱅크스 씨와 솔랜더 박사가 이곳에서 채집한 식물 신종들과 기타의 발견들이 엄청나게 많아서 이런 이유로 이 만을 보터니 만Botany Bay이라고 이름을 붙였다.

보터니 만에서 일주일간을 머문 후 *인데버* 호는 지금은 케이에프 뱅크스Cape Banks와 케이프 솔랜더Cape Solander라고 알려진 두 곳 사이를 항해하여 나가서 해안을 따라 북쪽으로 돌았다. 다음의 수개월간 쿡 선장과 선원들은 해안선의 지도를 만드는 동안 식물학자들은 엄청나게 많은 식물 신종들을 묘사하고 기술하기에 바빴다. 지도 제작을 하기 위하여 *인데버* 호는 해안에서 약 2마일 떨어진 좋은 장소에 정박하였다. 고정된 정박지에서 보이는 모든 산, 곶 그리고 다른 지형지물들의 방위를 측정하였으며, 다음의 좋은 관측 장소로 항해하기 전에, 아울러 위도와 경도를 산출하기 위하여 태양과 별들의 위치도 측정하였다.

수백만 년 전에 화산들은 주위의 토양을 비옥하게 만든 화산재와 현무암을 분출하며 오스트레일리아 동부 해안으로 폭발하여 내려갔다. 쿡 선장이 마운트 워닝이라고 이름을 붙인 잔여 화산전은 트위드 강의 북쪽 끝에서 뻗어 나온 돌들을 피하라고 경고하는 듯하였다. 퀸즐랜드 남부에는 쿡 선장이 글래스하우스 마운틴Glasshouse Mountains이라고 이름을 붙인 대지 위에 화산 코어들이 서 있다. 그것들은 요크셔의 그가 아는 유리 주조공장의 원추형 굴뚝을 연상시켜 주었다. 더 북쪽에서 그들은 인근의 모래톱 근처에 정박하기 좋은 만 하나를 발견했으며, 칠면조만큼 큰 느시새bustard 한 마리를 쏘아 잡았는데, 이 새는 나중에 좋은 먹거리로 드러났으며, 그리고 이곳을 버스터드 베이Bustard Bay라고 부르기로 하였다. 남회귀선을 지나 그들은 친숙한 열대식물 종들을 발견하였으며 뱅크스는 다음과 같이 썼다:

우리는 육지 안으로 멀리 들어가 조류 유출이 큰 석호의 입구 근처에 상륙하였는데 여기에서 매우 다양한 식물들을 발견하였다. 그러나 몇몇 종들은 열대 지역의 섬들과 동인도 제도의 토종으로 알려진, 전에 우리들이 직접 보았던 종들과 동일해서 이러한 사실로 볼 때, 현재 우리는 남반구 온대지역을 떠나는 지점에 있다는 것이 확실했으며(북쪽으로 가고 있기 때문에), 유럽인들이 조금이라도 보아온 식물들과 기타의 새로운 것들을 앞으로 틀림없이 만나리라는 기대를 하게 하였다.

그들이 북쪽으로 항해를 계속함에 따라서 *인데버* 호와 선원들은 자신들도 모르게 고난 속으로 들어가고 있었다. 대보초Great Barrier Reef는 타운스빌 부근의 남회귀선에서부터 오스트레일리아의 북단의 케이프 요크 끝까지 2,300킬로미터 이상 뻗어 있다. 해안과 보초 사이의 간격은 남쪽에서 가장 넓었으며 북쪽으로 항해하여 감에 따라 점차 좁아졌다. 6월 9일 쿡 선장은 보름달 아래서 위험을 무릅쓰고 야간 항해를 하였으며, 11시에 *인데버* 호는 마침내 좌초하였다. 쿡 선장은 다음과 같이 설명하였다:

> 순풍이 불고 달빛이 환한 밤의 이점을 이용하여…. 우리는 14패덤에서 21패덤 수심을 유지하며 항해하였으나, 갑자기 12, 10, 8패덤으로 수심이 점점 낮아졌다. 이때 나는 명령을 하면 바로 닻을 내릴 수 있도록 모든 사람들이 정위치에 있도록 하였으나, 이곳에서 나는 불행하게도 좌초의 위험이 없는 수심이 깊은 곳을 다시 만나지 못하였다. 10시 이전에는 수심이 20, 21패덤이어서 11시가 되기 불과 수 분 전까지 그 수심을 유지하며 항해를 계속하였으나, 17패덤이 되자 수심을 재던 선원이 다음 수심을 재기도 전에 배는 바닥에 부딪쳐 빠르게 좌초되었다.

인데버 호는 용골판에 구멍이 나서 산호초에 좌초되어 해수가 선체 안으로 빠르게 들어왔다. 뱅크스와 그의 팀원들을 포함한 선원들이 그날 밤새도록 그

다음 날도 하루 종일 그리고 다시 그날 밤도 배를 다시 띄우려고 펌프로 물을 퍼냈다. 뱅크스는 그들의 시련을 다음과 같이 묘사하였다:

> 밤중에 조수가 밀려와서 배를 거의 띄웠으나, 배에 물이 너무 빠르게 차서 펌프 세 대가 열심히 작동해도 수위는 그대로였으며, 네 번째 펌프에서는 해수가 한 방울도 나오지 않았다. 지금 내 생각은 배를 완전히 포기하고 최악의 경우에 나 자신을 구해 줄 수 있다고 생각되는 짐들을 싸는 것이다…… 만약 뱃머리를 돌려서 배에 물이 더 차오르면 배는 틀림없이 침몰한다. 그리고 함선에 싣고 다니는 작은 두 척의 보트도 우리를 모두 육지로 데려가지 못한다는 것을 우리는 잘 알고 있었다. 그래서 아마도 우리들 대부분은 익사할 것이 틀림없다.

바닥에 실은 짐, 대포들과 다른 물건들을 버려서 배를 가볍게 한 후 *인데버* 호는 다음 대조 시에 떠올랐으며, 정말 안심되게도 펌프들은 아직도 새어들어 오는 물을 퍼내 균형을 유지하고 있었다. 다음 날 선원 몇 명이 여분으로 남아 있던 돛을 배 밑으로 넣어 펼쳐서, 여러 종류의 누수 막음 재료(낡은 로프 줄을 푼 뱃밥, 양털, 양의 똥)들을 넣어서 배가 새는 것을 막도록 선체에 물차는 부분을 메꾸는 작업을 하였다. 이 방법은 매우 효과가 있어서 한 시간 안에 *인데버* 호의 침수 수위가 거의 완전히 내려갔다. 뱅크스는 아주 안도하였으며 선장 사관들 그리고 선원들의 조치에 깊이 감명을 받아 다음과 같이 썼다:

> 배가 절망의 사태에 빠지자마자 흔히 약탈을 시작하는 선원들의 행태들에 대해 일반적으로 들은 것과는 정반대로, 이 곤경을 겪는 동안 모든 사람들이 배를 구출하려고 최선을 다하였다고 믿었으며, 모든 사람들의 공로를 칭찬해야만 하겠다. 모든 것은 분명히 사관들의 냉철하고 침착한 행동 때문이었다. 사관들은 절망적인 상황에서도 절대로 경솔한 명령을 내리지 않았다.

함선을 점검하고 수리할 수 있는 적당한 장소를 찾기 위하여 쿡 선장은 함선에 싣고 다니는 작은 배를 앞으로 내보냈다. 필요하면 도움을 청하러 선원 수명을 동인도 제도로 싣고 갈 배를 건조하기 위해서였다. 바람은 불기 시작했으며 침몰했었을 배는 하루 더 버텼기 때문에 뱅크스는 인데버 강의 발견을 천우신조라고 표현하였는데:

> 선장과 나는 항구를 보기 위하여 상륙하였는데 항구는 우리들이 희망했던 것보다 그 이상으로 좋았다. 그곳은 강의 어귀로 분명히 강 폭이 충분히 좁고 수심이 낮았다. 배를 해안 아주 가까이에 물에 띄워 계류할 것 같았다…. 아주 짧은 시간에 배에 실은 모든 짐들을 다시 실었다.

인데버 호를 기울인 후 배의 용골판을 점검해 보니 배를 침몰시키기에 충분히 큰 구멍 하나를 발견하였다. 그러나 그 구멍을 사람의 주먹만큼 큰 산호 덩어리 하나로 틀어막아 신의 섭리가 유리하게 작용하도록 하였다. 시드니 파킨슨은 이렇게 썼다: 그러므로 우리들을 위험에 빠뜨린 똑같은 돌덩이들이 우리를 구해 주었다. 왜냐하면 이 돌덩이가 물이 새는 구멍 안으로 빠져 들어왔다면 배는 아마도 침몰하였을 것이다.

배를 수리하는데 짧아도 일주일은 걸릴 것이었다, 그래서 취침용 텐트들, 물건 보관용 텐트들, 대장간, 목수들의 작업장, 동물들을 가두는 우리들이 해안에 설치되었다. 뱅크스와 솔랜더는 생물 채집을 시작했다. 다행히도 수지를 분비하는 나무들이 현재 꽃을 피워서 파킨슨은 유칼립투스 두 종, 매끈한 백색 수피를 가진 유칼립투스 알바*Eucalyptus alba*와 좁은 잎과 붉은 철색 수피를 가진 유칼립투스 크레브라*Eucalyptus crebra*를 스케치하였다. 처음 보는 수많은 곳에 상륙했음에도 많았음에도 그 그림들은 오스트레일리아에 머무는 동안에 그들이 그린 유칼립투스의 유일한 스케치들이었다. 그러나 파킨슨은 또한 불타는 유칼

인데버 강에서 *인데버* 호 수리, 시드니 파킨슨, 피츠버그대학교도서관

립투스의 산불에서 나오는 '매우 쾌적한 향기'에 대해 서술하였다:

강의 다른쪽으로 사냥을 나간 사람들은 쥐색을 띠면서 매우 빠르게 뛰어가는 그레이하운드 정도 크기의 특이한 동물들과 만났다. 뱅크스는 그 다음 사냥에서 더 특이한 동물을 다시 만나 다음과 같이 묘사하였다.

날이 밝자 우리는 사냥감을 찾아 나섰다. 우리는 평지를 수 마일을 걸어가서 네 마리의 동물들을 보았는데 그 중 두 마리는 나의 그레이하운드처럼 잘 달렸다. 그러나 뛰어가는 것을 막는 풀들이 길고 두껍게 깔려 있었기 때문에 그들은 총잡이를 따돌리고 달아났다. 그들은 뛰어오를 때마다 더 높이 뛰어올랐다. 매우 놀랍게도 네 다리로 가는 대신에, 이 동물은 높이 뛰어오르며 두 다리만으로 달려간다.

다음에 뱅크스는 어느 날 사냥을 나갔던 소위가 오랫동안 추측해 왔던 동물 하나를 죽여 어떻게 행운을 얻었는지를 서술하고 있다. 뱅크스는 그의 일기에 원주민 단어 '가누루ganurru'의 영어식 번역인 '캉구루kanguru라고 적었다. 그 동물은 무게가 28파운드였으며, 저녁 식사로 먹었는데 매우 훌륭한 음식으로 평을 받았다. 그러나 뼈들을 모아 잘 보존해 두라고 조수들에게 말하는 것을 잊

었다. 그래서 애석하게도 뱅크스는 캥거루의 뼈를 수집하지 못했다:

그 동물을 유럽의 어떤 다른 동물들과 비교하는 것은 불가능하였다. 그 동물은 내가 지금까지 보아온 어떤 동물들과도 조금도 닮지 않았다. 앞발들은 매우 짧아서 걷는데 하나도 쓰이지 않았다. 뒷다리는 앞발에 비해 불균형하게 크고 길어, 이 뒷발로 한 번 깡충 뛸 때 7 또는 8피트를 뛰어오른다.

파킨슨 역시 뱅크스가 숲에서 똑같은 특이한 동물들을 어떻게 발견하였는지를 서술한다. 그것은 복부 가까이 막질의 주머니 안에 어미의 젖을 빨고 있는 두 마리의 어린 새끼들을 감추어서 다니는 유대류였다. 그래서 우리는 오스트레일리아 동물상을 특징 짓는 주머니를 가진 유대류를 최초로 상세히 기술하였다.

| 뉴홀랜드의 Kongouro, 죠지 스타브스, 1772, 국립해양박물관, 런던

인데버 강 하구에 머무르는 동안 선원들은 거의 매일 지역에 사는 원주민들과 접촉하였다. 그러나 그들은 대체로 서로 멀리하였다. 이곳의 원주민들은 현외 장치가 붙은 아우트리거 카누를 사용하였는데 보터니 만에서 원주민들이 사용한 수피로 만든 카누보다 개량된 것이었다. 그들은 주로 물고기, 가오리, 거북을 잡으려고 바다로 나가고 있었으며, 그것들은 또한 좌초된 배의 우리 선원들에 의하여 잡혀서 주 식재료가 되었다. *인데버* 호의 선원들은 200 또는 300파운드 정도 무겁고 그 수가 많아 보이는 거북들을 잡는데 가장 성공적이었다. 원주민들은 선원들이 그들의 주식원인 거북을 그렇게 많이 잡는 것에 격분하였다. 뱅크스는 10명의 원주민들이 창으로 무장하고 어떻게 그들에게 왔는지를 묘사하고 있다:

> 그들은 우리가 갑판 위에 놓아둔 8, 9마리의 거북 중의 한 마리를 어떤 수단으로든 가져가기 위하여 심부름을 왔음을 곧 우리에게 알렸다. 처음에는 손짓으로 한 마리를 달라고 요구하였으나 거절당하자 크게 분개하였다. 거절당한 사람은 발을 굴리며 심히 무시하는 얼굴을 보이며 나를 밀어내고 다른 사람에게 부탁하였다. 하지만 승낙받지도 않았음에도 불구하고 그들은 거북 한 마리를 그들의 카누가 대여 져 있는 우리 배 옆으로 잡아끌고 갔다. 그러나 거북은 우리 선원들이 회수하여 다시 제자리에 놓았다. 그럼에도 불구하고 그들은 이런 시도를 두세 번 반복하였다. 여러 번 격퇴된 후에 그들은 한꺼번에 그들의 카누로 뛰어 들어가, 전에 내가 그들의 바로 앞에서 식물 수집을 준비하려고 하였던, 바닷가로 나갔다. 즉시 그들은 무기들을 들고 물이 끓고 있는 새까만 주전자 밑으로부터 불을 붙여 바람이 불어오는 쪽으로 풀에 불을 지르기 시작했다…. 4, 5피트 높이 크기이며 나무 그루터기처럼 마른 풀들이 아주 맹렬하게 타올랐다.

거북들은 원주민들에게 소중한 계절 음식이었으며, 선원들은 많은 거북들을 잡아서 그들에게 단 한 마리도 주기를 거부한 것은 원주민들에게는 참지못할 모욕이었다. 그들은 거북 말고는 선원들이 가진 어떤 것도 귀중하게 여기지 않는 것처럼 보였다. 그들은 생존을 위해서 최소한의 거북을 필요로 하기 때문이라고 뱅크스는 설명하였다. *인데버* 호는 수리 중이어서 저장소와 탄약 모두가 바닷가에 있었으므로 그 불은 참사가 될 수 있었으나, 바로 그날 아침에 저장고 텐트와 환자 텐트는 떠날 준비를 위해 선상에 실었었다.

오스트레일리아 원주민들은 지구상에서 가장 오래 지속된 문명이다. 그들은 약 7만 5,000년 전에 아프리카로부터 이주하여 해수면이 낮아진 기간에 인도네시아 군도를 가로질러 섬들을 건너고 건너서 오스트레일리아에 도착하였으며 적어도 5만 년 동안 살아오고 있다. 제임스 쿡 선장은 그가 만난 원주민에게 감탄하였으며, 그들의 생활양식에 대하여 다음과 같이 적고 있다:

> 뉴홀랜드 원주민들에 대해 내가 언급한 것을 놓고 봤을 때 그들은 어떤 이들에게는 지구상에서 가장 가련한 인간들인 것처럼 비쳐질지도 모른다. 그러나 실제로는 그들은 우리 유럽인들보다 훨씬 더 행복하다. 유럽에서는 그렇게 갈망하는 필수적이고 필요한 편리함들은 그들과 전혀 상관이 없고 그런 것들의 용도를 몰라도 행복하다…. 다르게 말하자면, 그들은 우리가 준 것들에 아무런 가치를 부여하지 않고, 우리가 어떤 물건을 제시하여도 그들의 물건과 맞바꾸려 하지 않는다. 내 생각에 그들은 삶에 필요한 모든 것을 스스로 갖추고 있고 아쉬운 것이 없다고 여기기 때문이다.

배의 수리를 끝내고 상륙한 지 47일 후에 *인데버* 호와 선원들은 북쪽으로 항해를 계속할 준비가 되었다. 그들을 둘러싸고 있는 모래톱들과 암초들 밖으로 나가는 길을 발견할 수 있다면…, 뱅크스는 그의 저널에 다음과 같이 썼다: '모

오스트레일리아 원주민들, 시드니 파킨슨, 오스트레일리아 국립도서관

처럼 바람이 좋아서 우리는 항해할 준비가 되었다. 그러나 어디로 가야 하나? … 바람이 불어오는 방향으로는 불가능하다. 바람이 불어가는 방향으로는 모래톱들의 미로였다. 그러므로 곧바로 배를 다시 수리해야 할 것이며, 또는 배를 잃을 수도 있다. 어느 누구도 말을 할 수 없었다.'

그다음 일 주일 간 인데버 호는 작은 배를 앞세워 수심을 재도록 하며 암초들의 미로를 통과하여 나갔다. 드디어 그들은 리자드 아일랜드에 도착하였다. 여기에서 쿡 선장은 섬의 가장 높은 지점에 올라가서 앞에 전개된 광경을 관측할 수 있었다:

> 즉시 나는 섬의 가장 높은 언덕까지 올라갔다. 당황스럽게도 섬은 하나도 없이 바위 암초들이 2, 3리그에 걸쳐 있는 것을 발견하였다. 암초들은 내가 볼 수 있는 곳보다 훨씬 멀리까지 북서와 남동 방향으로 일자로 뻗어 있었고, 나는 멀리 맨 끝에서 파도가 아주 높게 부서지는 것을 볼 수 있었다.

그들은 실제로 대보초의 함정 안으로 항해하여 들어간 것이다. 다행히도 쿡 선장은 대보초를 통과하여 나갈 수 있는 틈새를 쇄파들 사이에서 볼 수 있었다. 그는 작은 배를 앞에 가게 하여 좁은 수로의 수심을 측정하게 하였으며, 인데버 호는 그 수로를 통하여 외양으로 나갔다. 3개월 만에 처음으로 그들은 육지가 보이지 않는 곳에 있었으며, 수심이 깊은 바다에서 안전하였고 산호초들과

그들을 다시 만날 공포도 없었다. 그들은 지금 안전하였고 또는 그렇게 생각하였다. 쿡 선장은, 뉴홀랜드와 뉴기니 사이에 있으리라 예상되는 통로를 발견하지 못하는 경우를 생각하여, 너무 멀리 바다로 나가기를 원하지 않았다. 그런데 3일 후 동쪽에서 밀려오는 너울들이 그들이 막 빠져나온 암초들과 쇄파들이 있는 방향으로 되돌려 배를 떠밀고 있었다. 뱅크스는 산호초들을 다음과 같이 묘사하고 있다:

> 유럽에서는 거의 알려지지 않은 것 또는 실제로 이러한 바다에만 있는 것. 이 것은 측량할 수 없이 아주 깊은 바다로부터 거의 수직적으로 솟아 올라온 산호 암벽이다. 언제나 고조 시에 흔히 7 또는 8피트 높이의 해수가 그 위로 흐르고, 일반적으로 저조시에는 맨 바위들이 드러난다. 망망대해의 엄청 큰 파도가 밀려와서 갑자기 저항에 부딪쳐 산더미같이 높은 무시무시한 쇄파를 만든다. 일반 무역풍이 우리에게로 바로 불어오는 경우에 특히 그렇다.

구축함 *부데우스 호Boudeuse*를 타고 불과 수개월 전에 동쪽으로부터 바로 이 산호초로 접근해 왔던 프랑스의 탐험가 루이 안토니 부갱빌Louis Antonie Bougainville이 쓴 이 해역에 관한 설명을 읽지 않았더라면, *인데버* 호의 선원들은 앞으로 다가오는 난관을 알 길이 없었다.

산호초를 가로질러 부서지는 쇄파의 엄청난 굉음은 침로를 바꾸어 물러나라고 경고를 주기에 충분하였으며, 쇄파의 굉음을 '신의 음성이다. 우리는 순종한다'라고 묘사하였다. 제임스 쿡은 날이 밝자 쇄파의 광음을 선명하게 들을 수 있었으며 수 킬로미터 거리에서 어마어마한 물거품을 내는 쇄파들을 볼 수 있었다. 침로를 바꾸어 나갈 수 있는 바람은 불지 않았으며, 해류는 가차 없이 *인데버* 호를 대보초 연변으로 떠밀고 있었다. 조셉 뱅크스는 이 상황을 다음과 같이 절망적으로 묘사하고 있다:

오늘 아침 3시에 갑자기 조용해졌지만 우리들이 처한 상황은 전혀 나아지지 않았다. 우리들은 산호초로부터 4, 5리그도 안 되는 거리에 있거나 더 짧은 거리에 우리 자신들이 있다고 판단하였다. 바다의 너울은 배의 우측으로 밀려와 배를 산호초 방향으로 빠르게 밀어냈다. … 날이 밝자 어마어마하게 물거품을 내는 큰 파도들이 우리들로부터 일 마일도 안 되는 거리에 명확하게 보였으며, 그곳으로 배는 대단히 빠른 파도들에 의하여 밀려가고 있음을 알았다. … 내 생각에 완전히 자신을 포기한 사람은 없지만 지금 우리들의 상황은 정말로 절망적이었고, 오직 신속히 죽는 것만이 우리들이 바라는 바였으며, 쇄파들의 방대함이 순식간에 배를 덮쳐 틀림없이 산산조각 낼 것은 의심의 여지가 없었다.

그들은 그 당시 산호초 거의 위에 있었다. 쿡 선장은 쇄파 하나가 지나갈 때마다 배를 엄청 높게 올라가게 하고, 쇄파와 쇄파 사이에서 배가 부서지는 것은 쇄파의 폭인 음산한 파도의 계곡이라고 묘사하였다. 그때 뱅크스는 서쪽으로부터 그들의 진행을 멈추어 주는 미풍이 불어와 돛을 사용하여 비스듬한 방향으로 빠져 나와 앞에 있는 산호초에서 좁은 틈새를 볼 수 있었다고 묘사하였다. 작은 배를 내보내서 출구를 찾게 하였는데 출구는 매우 좁지만 통로는 암초들이 하나도 없다는 소식을 가지고 돌아왔다. 다시 한번 뱅크스는 그들이 어떻게 곤경에서 구조되었는지 묘사하고 있다:

배의 선수는 즉시 좁은 출구로 향하였다. 조류는 배를 3시까지 빠르게 끌어내어 일마일 경주처럼 빠른 수류는 배를 급히 빠져 나오게 했다. 통로의 넓이가 1/4마일도 안되었음에도 불구하고 배의 양 옆이 다칠 두려움마저도 주지 않았다. 오후 4시에 정박하여 그 암초들을 만난 것이 한 번 더 기뻤다. 바로 이틀 전에 그곳을 벗어나서 정말로 기쁘다고 생각한 그 암초들이었기 때문이다. 사람들은 무엇이 그들에게 실제로 유리한 것인지 거의 모른다. 이틀 전에 우리들의 가장 큰 바람은 산호초를 피하는 것이 우선이었으나 오늘은 산호초 안에 다시 들어가게 되어 기뻤다.

제임스 쿡 선장은 다시 한 번 그의 저널에 감정을 기록하였다. 그는 '이 중대한 순간에 하느님이 우리들에게 순풍을 보내 주셨다'고 썼다. 그리고 그는 그들을 구해 준 그 산호초의 틈새 통로를 하느님이 도우신 수로라는 의미로 프로비덴시알 수로 Providential Channel 라고 이름 지었으며 오늘날에도 그 이름을 가지고 있다.

그러나 인데버 호는 아직도 오스트레일리아와 파푸아 뉴기니를 구분하고 있는 토레스 해협 Torres Strait 의 산호초들과 암초들 사이로 항해했다. 쿡 선장은 영국해군의 수로학자인 알렉산더 달림플 Alexander Dalrymple 이 만든 해도를 배에서 사용하고 있었는데, 그 지도는 스페인 탐험가 루이 바스 토레스 Luis Vas de Torres 가 1606년 그 해협을 통과한 항로를 보여주고 있었다. 인데버 호는 쿡 선장이 요크 공작이라고 이름을 붙인 케이프 요크 Cape York 를 통과하여(오스트레일리아 퀸즐랜드의 북단을 돌아서) 토레스 해협을 통과하는 통로를 발견하였으며, 그 후 그 통로는 '인도양'으로 들어가는 인데버 해협 Endeavour Strait 으로 이름 지어졌다.

오스트레일리아를 떠나기 전에 쿡 선장은 그가 포세션 아일랜드 Possession Island 라고 이름을 붙인(오스트레일리아의 북단) 섬에 선원들을 상륙시켰다. 영국 국기를 게양하여 오스트레일리아의 동해안을 뉴 사우스 웨일스 New South Wales 라고 명명하여 조지 3세 왕의 땅으로 선포하였다. "나는 지금 다시 한 번 영국 국기를 게양하고 조지 3세 전하의 이름으로 동해안 전체와 더불어 이 해안에 위치한 모든 만과 항구와 강과 섬들을 뉴 사우스 웨일스라는 이름으로 선포한다".

쿡 선장은 발견되지 않았던 뉴홀랜드의 그곳과 파푸아 뉴기니 사이의 통로를

항해하는 그의 목적을 완수하였다:

> 우리는 카펜타리아의 서쪽이나 뉴홀랜드의 북단에 도착하여 지금은 연안에 인접되지 않은 넓은 바다가 서쪽에 있다. 항해의 위험과 피로가 거의 끝나고 있었을 뿐만 아니라, 지금까지 지리학자들에게 의문점이 되어 온 뉴홀랜드와 뉴기니는 분리된 육지들이거나 분리된 섬들이라는 것을 증명할 수 있었기 때문에 이것 모두가 나에게 대단히 만족스러웠다.

수년간 바다에서 지낸 후 그리고 대보초에서 거의 두 번 난파를 당한 후 지금 모두 해도가 그려진 바다의 선상에서 그들은 안도하고 있었으며 집으로 돌아가는 항해를 하고 있었다. 뱅크스 역시 모든 선원들처럼 똑같은 안도감을 느꼈으며 그들이 포세션 아일랜드를 떠나면서 그는 다음과 같이 썼다:

> 보트들이 배 안으로 들어 올려지자마자 우리들은 돛을 올리고 이 땅을 떠나는 방향으로 키를 잡았는데, 내 생각에 우리들의 3/4은 적지 않게 만족했으며, 환자는 회복되었고 우울했던 기분은 명랑해졌다. 의사들이 향수병이라고 생각할 정도로 선원들의 대부분은 집을 매우 그리워하게 되었으며, 실제로 이 배의 어느 누구도 그러한 영향을 받지않은 사람은 없다고 생각했다. 그러나 선장과 솔렌더 박사, 그리고 나 자신까지 우리 세 사람은 평정심을 유지하고 있었다. 이것이 내가 생각하기에 가장 최선이며 유일한 해결책이었다.

제임스 쿡 선장은 오스트레일리아의 동해안을 탐험하고 해도를 만들었다. 전 대륙에 원주민들이 살고 있으며, 드문 드문 자라는 유칼립투스와 아카시아로 덮여 있고, 시끌벅적한 새 우는 소리로 가득 차고, 기이한 주머니를 가진 유대류 동물들이 있는 이곳이 지금 분명히 밝혀졌다. 조셉 뱅크스는 그들이 발견한 것들의 요약문을 그의 저널에 다음과 같이 썼다:

우리들이 연안을 따라서 항해한 해안 전역이 대단히 희귀한 지역임에도 불구하고 땅과 생물상이 단조롭고 동일하였다. 적어도 우리가 본 바로는 정확히 묘사하면 대단히 척박하다. 토양은 일반적으로 사질이며 색깔은 매우 옅어서, 토양 위에 풀이 꽤 크게 자라지만 모양새가 가늘다. 그러나 웬만한 크기의 나무들은 결코 서로 가까이 서 있지 않고 일반적으로 40, 50 또는 60피트씩 뿔뿔이 떨어져 있다.

여기는 물이 부족했고, 적어도 우리가 그곳에 있었던 동안에는 그랬다. 우리는 건기의 가장 건조한 시기에 그곳에 있었다고 나는 생각한다. 우리가 있었던 어떤 곳에서는 비를 한 방울도 보지 못했고, 두 곳에서 배에서 사용하기 위한 용수를 채웠으나 물웅덩이에서 채수하였지 개천에서는 하지 못했다.

일반적으로 식물들에 관해서는 이 지역은 척박한 모습이 보여 주는 것에 비하여 다양성이 매우 컸다. 많은 식물 종들이 유용하게 이용될 수 있는 특징들을 분명히 가지고 있었다. 하지만 우리가 물질적, 경제적 목적들을 조사할 수 없었기 때문에 원주민들을 이해하거나 아마 어쩌면 어떤 의미로든 친구로 만들어 이러한 것들에 대해 알고자 했다. 그들의 생활 방식이 짐승 같은 사람들에서 단지 한 단계 전진된 것으로 보여 식물 종들에 대한 많은 지식을 가지고 있는 것처럼 보이지는 않았으나 우리는 분명히 원주민으로부터 많은 이름을 배웠다.

네 발 짐승들은 거의 보지 못했으며, 우리가 본 것들은 몇 마리 포획할 수 있었다. 그들 중 가장 큰 것은 원주민들이 캥거루라고 불렀다. 이 동물은 유럽의 어떤 짐승들과도 다르고 이집트의 게르부아Gerbua를 제외하면 내가 듣고 읽은 어떤 동물들과도 달랐다. 게르부아는 쥐보다 크지 않지만 캥거루는 보통 크기의 양만큼 크다.

전체적으로 뉴홀랜드는 여러 점에서 내가 본 가장 척박한 곳이지만 그렇게 나쁘지는 않다. 섬에 난파되어 불행을 겪을 수도 있는 사람들이 바다와 육지의 동식물들 사이에서 스스로 살아남을 수 있으며 우리가 본 가용자원들에 의하여도 살 수 있다. 좀 더 오래 머무르고 다른 지역들을 방문했더라면 틀림없이 더 많은 것을 발견했을 것이다.

하나의 대륙이라는 이름을 아직도 갖지 못한 가장 크다고 알려진 이 어마어마한 지역, 유럽 전체보다 훨씬 큰 이곳에는 놀랍게도 사람들이 밀도가 낮게 산다. 적어도 우리가 본 지역에서는 그렇다. 우리는 30명 정도의 원주민을 오직 단 한 번 보았는데 그들은 한 가족이었다.

뱅크스에 따르면 그들은 완전히 새로운 존재를 발견한 것이며, 그것은 북반구의 사회가 확실히 자리 잡은 후에 형성된 것이라고 믿었다.

인데버 호의 항해는 거의 치명적인 인데버 산호초를 만나 좌초되기는 하였으나 대단히 큰 성공으로 생각되었다. 탐험선은 쿡 선장이 제공한 식단과 선원들이 타이티 섬에서 먹은 빵 나무 열매 덕분에 선원들이 하나도 괴혈병에 걸리지 않고 2년 이상을 바다에서 보낼 수 있었다. 그러나 *인데버* 호가 잉글랜드로 귀항하기 위하여 수리를 하는 동안 선원들이 바타비아(지금의 자카르타)에 머물고 있던 3개월간이 재앙이었다. 선원 7명이 콜레라가 만연한 바타비아에서 사망하였으며, 또 17명이 케이프 타운으로 항해해 온 후에 사망하였다. 쿡 선장은 바타비아에 대하여 다음과 같이 썼다:

> 세계의 어떤 다른 곳에서보다 유럽인들이 이 곳에서 더 많이 죽는다고 나는 굳게 믿는다. 바다로 항해해 갈 수 있는 건강한 선원들을 데리고 이곳에 왔으나 3개월도 채 머물지 않아 배는 병원선의 상태가 되었다.

뱅크스의 본래 팀 8명 중에서 항해 기간 중 오직 세 명만이 살아남았다. 그의 흑인 하인들인 리치먼드와 돌톤은 둘 다 티에라 델 푸에고의 눈 속에서 사망하였고, 화가인 알렉산더 부칸은 타히티에서 간질로 사망하였으며, 시드니 파킨슨과 박물학 조수인 허만 스푀링은 바타비아에서 콜레라에 걸려 사망하였다.

[6]포세션 아일랜드를 떠난 후 *인데버* 호는 당시 네덜란드 영이었던 바타비아(지금의 자카르타)에 들려 배를 수리하였다. 이곳에서 7명의 선원들이 사망하였으며 그 후 귀국 길에 올랐다. 인도양을 건너 귀국하는 길에 희망봉을 돌아 세인트헬레나 섬에 1771년 4월 30일에 도착하였다. 그동안에 허만 스푀링, 시드니 파킨슨, 찰스 그린을 포함하여 모두 14명이 사망하였다. *인데버* 호는 1771년 7월 12일 약 3년간의 탐험을 완료하고 켄트주 딜Deal 항에 귀항하였다.

---

6 역자 삽입 부분.

런던에서의 조셉 뱅크스
Sir Joseph Banks – In London

영국으로 돌아온 후 제임스 쿡은 조지 3세 왕을 배알하고 사령관으로 승진하였다. 뱅크스와 솔랜더는 윈저성에서 왕을 알현하고 명예 학위를 받기 위하여 옥스퍼드로 갔다. 그 항해는 새로운 대륙에서 동식물 표본들을 채집하였으며, 시드니 파킨슨은 요절하기 전에 그들이 채집한 식물표본들을 674점의 외형도와 269점의 완성된 그림으로 그렸다. 뱅크스와 솔랜더는 사회적 영광과 과학적 찬사 모두를 받았으며, 대저택들로부터의 초대가 다가오고 있었다. 존 엘리스는 칼 린네우스Carl Linnaeus에게 뱅크스와 솔랜더가 지금까지 영국에 들여온 자연사의 가장 위대한 보물들을 가지고 돌아왔다고 편지를 썼다. 린네우스 자신이 친히 '불멸의 뱅크스'에게 편지를 썼으며, 모든 식물학자를 대신하여 온갖 위험을 거쳐 뱅크스와 솔랜더를 안전하게 데려오신 것을 하느님께 감사드렸다:

그러한 항해의 위험을 거쳐 그를 보호해 주신 하느님께 감사와 영광을 드립니다! 64세 나이로 이곳에 꼼짝없이 묶여 있지 않다면, 노후한 이 몸, 나는 식물학의 이 위대한 영웅을 만나기 위하여 바로 런던으로 출발하고 싶습니다.

그들이 영국으로 안전하게 돌아온 순간부터 린네우스와 다른 학자들은 언제 뱅크스가 항해 보고서를 발간할 것인가에 대하여 알고 싶어 했다. 솔랜더는 식물표본 카탈로그 작업을 하고 있는가? 이 새로운 식물들의 기재와 분류는 언제 발간될 것인가? 전 식물학계가 희망에 차서 기다리고 있었다. 린네우스가 정의한 식물 분류학에서는 식물들이 린네의 이명법 체계로 기재되고 분류돼 그 결과들이 발간되기까지는 한 종의 식물도 공식적으로 존재할 수 없었다.

그러나 조셉 뱅크스는 이제 유명 인사여서 인기 있는 언론을 자기를 위하여 이용할 수 있었다. 뱅크스는 유명해진 것이 기뻤으며 유명세로 인하여 그의 시간을 많이 쓰기 시작하였다. 학술적인 책에 필요한 수천 개의 식물표본을 묘화하고 분류하는 지루한 일보다 명성을 얻는 것이 확실히 더 흥미로웠다. *인데버 호* 항해의 주요 인물로서 그를 보는 견해들이 커져서 한 신문에 '뱅크스씨와 솔랜더씨와 함께 지구를 돌아 항해한 영국 해군의 쿡 중위'라는 기사를 게재하게 되었다. 그의 신분에 어울리게 조셉 뱅크스의 그 당시의 초상화는 금 단추들이 달린 청색 해군 제복 위에 토속 뉴질랜드 아마포로 만든 마오리족 추장의 망토를 입고, 항해에서 얻은 식물들 무기들 그리고 기념품들에 둘러싸여 있는 그의 모습을 보여 준다.

작가이며 편집인인 존 호케스웰스 박사는 해군성으로부터 『남반구에서의 대륙 발견을 위하여 현재 국왕의 명에 따라 착수된 항해 보고서』라는 제목의 책을 집필하라는 임명을 받았다. 샌드위치 경의 요청으로 뱅크스의 '인데버 저널'에도 기사들이 실렸다. 이것은 하나의 위대한 모험담이었다. 크게 흥미를 일으키는데 필수적인 것은 정확성, 객관성, 생생한 이야기를 구성해 내는 능력이었다. 그러나 2년간의 노력에도 불구하고 호케스웰스는 이것을 하나도 집필하지 못하였고 '*그 항해 보고서*'의 많은 부수가 판매되지 않고 남았다고 한다.

학계와 식물학계는 뱅크스의 항해 보고서와 그가 채집한 경이로운 표본들

| 조셉 뱅크스의 초상화, 벤자민 웨스트, 우셔 미술관, 린컨셔

의 식물학적 기재를 읽기를 기다리는 동안, 뱅크스는 유명해진 것을 즐겼을 뿐만 아니라 또한 그의 영광에 추가할 수 있는 또 다른 기회를 찾고 있었다. 그해 11월 제임스 쿡은 남 대양*South Seas* 탐사 항해의 제 2차 탐험 지휘를 임명을 받았다. 그는 *리졸루션 호Resolution*로 개명된 석탄 운반선과 또 다른 석탄 운반선 *어드벤쳐 호Adventure*를 동료선으로 지휘하여 1772년 3월에 출범할 예정이었

다. 그와의 관계로 뱅크스는 이 2차 항해에 참여 초청을 보장받았고 그는 다음과 같이 썼다:

> 세계를 돌아온 항해를 하고 귀국한 직후에 해군성 장관 샌드위치 경으로부터 같은 성격의 또 다른 항해를 할 것을 요청받았다. 그의 요청은 다음과 같았다. "만약 당신이 간다면, 우리는 다른 배들을 보낸다." 아주 강한 요청이며 나의 요구와 정확히 일치하여 거절하지 않았다. 따라서 나는 그 항해에 참여할 각오가 되어 있어 기꺼이 하겠다고 답했다.

뱅크스는 식물 약 3만 종을 채집하여 영국으로 돌아왔다. 그중 1,400종은 신종들이었다. 또한 짐승들 새들 어류 그리고 곤충들 약 1,000종도 있었다. 이들 모두는 주의 깊은 연구가 필요하였다. 또 다른 탐험에 관한 뉴스가 나고 새 표본들의 기재가 늦어짐에 따라 노인장 린네우스를 실망시켰다. 첫 번째 채집물을 처리하는데 할 일이 대단히 많음에도 불구하고 뱅크스와 솔랜더는 왜 또다시 세계를 도는 위험한 항해를 떠날 준비를 하고 있을까? 린네우스는 잉글랜드에서 이 소식을 보낸 그의 친구 존 엘리스에게 다음과 같이 회답했다:

> 이 보고서는 내가 전혀 잠을 잘 수 없을 만큼 심하게 나에게 충격을 주었다. 사람의 희망이란 얼마나 허망한가! 나 자신과 같이 전 식물학계가 과학의 가장 탁월한 이점을 당신 나라 사람들이 최상의 노력으로 찾아내려 하고 있는데, 비견할 수 없는 정말로 놀랄만한 그들의 수집물, 전에 전혀 본 적도 없고 또한 앞으로 다시 볼 수도 없을 듯한 것들이 손도 대지 않은 채 방치되고 구석에 제쳐둔 채 곤충들의 먹잇감이 되어 파괴되고 있다…. 그래서 나는 다시 한번 더 부탁한다, 아니 나는 진심으로 당신에게 이 새로운 발견의 출판을 촉구해 주기를 간청한다. 내가 죽기 전에 이 일이 성사되는 것을 보는 것이 나의 간절한 소원임을 고백한다.

린네우스는 솔랜더에게 영국에 머물러 오스트레일리아에서 가져온 표본들을 카탈로그해 줄 것을 청하는 글을 썼다. 그러나 무슨 이유인지 솔랜더는 그의 편지에 결코 답을 쓰지 않았다. 솔랜더는 '꽤 매력적인 사람으로 명랑했다. 그러나 체질적으로 편지의 답을 쓰는데 거의 무능하고 대단히 많은 편지를 열어 보지도 못 한다.'라고 묘사되고 있다. 마침내 린네우스는 '배은망덕한' 솔랜더가 그의 편지들에 답도 하지 않았을뿐더러 '그가 오스트레일리아Insulis australibus novis에서 채집한 표본 중에서 단 하나의 식물이나 곤충도' 보내지 않았기 때문에 그 스스로 단념하였다. 결국 중복되는 표본들 약간이 스웨덴으로 보내졌다. 방크시아 세라타Banksia serrata는 방크시아류의 기준종type species으로 분류되었으며 조셉 뱅크스가 보터니 만에서 발견한 3종과 인데버 강에서 발견된 한 종을 기재한 것을 기념하여 방크시아Banksia의 속명을 처음으로 쓴 사람은 린네우스의 아들[7]이었다. 후에 뱅크스는 그가 정확하게 카탈로그를 만든 그의 식물표본들을 1788년에 창립된 런던의 린네 학회The Linnean Society of London가 인계받도록 추천하였다.

이 두 번째 탐험에 참여할 뱅크스의 팀은 16명이었는데 도안사 3명, 비서 2명, 악사 2명, 하인 9명이었다. ― "박물학 표본과 같은 것들을 수집하는 방법들을 내가 손수 연습시키고 가르쳤다" ― 이들에 더하여 그와 그의 애인 그리고 솔랜더 박사였다. 그의 애인은 신비에 쌓인 '미스터 버넷Mr Burnett'였는데 남자로 가장을 하고 마데이라에서 승선하려고 했으나 뱅크스가 승선하지 않은 것에 놀라 당황했다. 제임스 쿡 선장을 다소 어리둥절하게 한 이 사건은 해군성에 보고되어 사람들을 웃음짓게 하였다. 이 추가된 사람들은 그들의 생활 방식 대로 배에서도 지내기를 원하여서, *리솔루션* 호 허리의 깊은 부분 선미 갑판에서 선

---

[7] 린네우스의 아들 (Carl Linnaeus the Younger, 1741-1783) 스웨덴의 식물학자.

수루 갑판까지 이 모든 '젠틀맨 승객들'을 위하여 경갑판을 추가하는 것이 필요했다. 추가 시설 후 해상 시운항 실험을 한 결과 개조된 배는 완전히 항해에 부적합한 것이 증명되었다. 제임스 쿡은 이 모든 것이 어찌 될 것인지를 틀림없이 예견할 수 있었기 때문에 해군성에 다음과 같이 보고 했다:

> 제가 지휘하는 외돛배 *리솔루션* 호는 해상 실험을 해 본 결과, 상부가 무거워 전복되기 쉬운 상태이기 때문에 배에 알맞은 돛을 장착하는 것을 견뎌 낼 수 없을 것입니다. 이것을 저의 의견으로 제출하는바 그것은 승선하려는 여러 명의 젠틀맨 승객들을 위한 큰 숙박시설을 만들기 위하여 설치된 추가 작업 때문이며, 저는 배를 본래의 상태로 줄일 수 있기를 제안합니다.

뱅크스는 지금 갑자기 그가 특별히 마련하려 했던 숙박시설을 구비하지 못하게 되어, 화가 나서 그의 팀들의 엄청나게 많은 짐들과 과학 장비들을 배에서 내리라고 요구하며 항해에 참여하는 것을 거절하였다. 그는 샌드위치 경에게 불평하는 편지를 썼으며, 샌드위치 경은 해군위원회에 의견을 듣기 위해 그의 편지를 이첩하였고 그들은 간단명료하게 다음과 같이 답을 보냈다:

> 뱅크스 씨는 그 배를 완전히 본인의 용도를 위한 것으로 간주하는 것 같다. 모든 사업은 선장과 그의 팀원들에 달려 있으며 선장은 항해 전체의 관리자이며 지휘자이다. 이러한 새로운 시설들에 선장이 적합하지 않다고 했는데 이를 승인한다면 전하의 해군 장교인 선장에게 미칠 수 있는 가장 큰 불명예가 될 수도 있다.[8]

---

[8] 뱅크스가 2차 항해를 포기한 후, 쿡 선장은 1차 항해(1768-1772), 2차 항해(1772-1775)후 3차 항해(1776-1779) 중에 하와이에서 사망했다. 쿡 선장은 약 11년간의 탐사 항해로 역사적 공헌을 하였다.

뱅크스는 격노했다. 그는 이미 막대한 자금을 썼으며 탐험에 데려갈 젠틀맨 승객들을 이미 고용하였다. 그래서 솔랜더 박사와 함께 그가 차용한 배 *써 로렌스 호*Sir Lawrence를 타고 화산들을 관찰하고 척박한 환경에서 자라는 드문드문 난 식물들을 채집하기 위하여 아이슬란드로 항해하였다. 뱅크스는 이곳은 '사람들이 거의 오지 않았으며 내가 알기에는 어떤 박물학자도 전혀 오지 않았다.'고 썼다. 그러나 그의 항해 저널은 해군위원회에 대한 계속되는 불만에 주로 관심을 보였다.

잉글랜드로 돌아오자 그는 식물, 포유류, 파충류, 조류, 곤충, 그리고 해양 동물 채집물들을 정리하고 기재해야 하는 엄청나게 많은 일에 전력을 다 할 수 있었다. 솔랜더는 배를 타고 있을 때 아주 많은 종을 기재하였으나 아직도 처리해야 할 채집물들이 많이 있었다. 시드니 파킨슨이 그린 그림들을 완성해야만 했다. 왜냐하면 그는 각 표본을 추후에 완전한 그림을 그리려고 부분 부분에 임시로 색깔들을 표시하며 빠르게 그림을 그렸기 때문이다. 역사적인 *인데버* 호 항해의 결과는 전에는 알려지지 않았던 그들이 채집한 모든 표본과 함께 지식 세계를 위하여 위대한 간행물이 되어야 했다. 뱅크스가 결심한 것은 정말로 위대한 간행물이었다. 파킨슨이 완성한 그림에 근거한 743장 이상의 그림 도판들과 많은 분량의 묘사적 기재를 담은 텍스트를 포함하여 세로 18인치 가로 12인치 형태로 포맷되고 여러 권으로 출판되어야 하는 대규모의 『사화집Florilegium』이었다.

1772년 12월까지 그의 수집물은 그의 집에서 짐을 풀고 정리되었는데 거기에는 유럽에서 전에는 전혀 보지 못한 종들이 있었다. 이것은 오늘날의 예상이라면 과학에 공헌이 될 수 없는 것들이었다. 그러나 한 사람의 개인 채집물은 달랐다. 왜냐하면 뱅크스는 탐험 항해의 식물학 부분에 그 자신이 경비를 투자했으며 현재 그의 채집 물은 세계에서 가장 위대한 '진귀함의 보고'였기 때문이다. 그의 식물표본실에 초대를 받는 것은 특별한 영광이었다. 길버트 화이트의

『셀본느의 자연사 Natural History of Selbourne』에 윌리엄 셰필드 신부님은 그의 방문을 이렇게 묘사하고 있다:

> 식물의 수는 약 3,000종, 그 중의 새로운 속은 110속 그리고 신종은 1,300종, 이것들은 모두 유럽에서는 전에 듣지도 보지도 못한 것들이었다. 모든 것이 새로운 땅 위에 상륙하는 것에 그들은 어떤 황홀감을 느꼈을까! 아름다운 꽃들과 잎새들로 덮인 아직도 기재되지 않은 나무들의 숲 전체, 나무들에 사는 신기한 여러 종의 새들 그리고 나무들에는 똑같이 낯선 동물인 새들. 이것들에 더하여 어떤 표본 캐비닛이나 공공의 수집물이나 개인 수집물보다 질이 높은 자연사 묘화 그림들을 모은 최상의 컬렉션들이 있었으며, 파킨슨이 묘화하고 색을 칠한 987개의 식물표본들, 그리고 각 종들을 같은 화가가 꽃잎 그리고 줄기 일부분을 함께 그린 1,300 또는 1,400종 이상의 표본들, 이외에도 동물, 조류, 어류, 그리고 기타의 묘화들이 많이 있었다. 그리고 한층 더 놀라운 것은 이 방대한 컬렉션에 있는 새로운 속들과 신종들은 모두 정확하게 기재되었다는 것이며, 그 기재들은 잘 표기되어 인쇄되기에 적합하였다.

런던을 방문하는 식물학자들은 누구나 그의 광범위한 개인 컬렉션을 보기 위하여 뉴 벌링톤 스트리트에 있는 뱅크스의 집으로 가고 싶어 했다. — 후에 32 소호 스퀘어에 있는 더 넓은 집으로 이사 했다.[9] 흥미롭게도 유칼립투스 gum tree는 뱅크스나 솔랜드에 의하여 명명되지 않았고, '모든 식물학자들은 그 나무를 도외시'하였으나 유칼립트 나무를 좋아한 찰스 루이 레리띠에 Charles Louis L'Héritier de Brutelle에 의하여 명명되었다. 데이비드 넬슨은 제임스 쿡의 3차 항

---

[9] 뱅크스는 1779년 3월 도로티아 후게센과 결혼하여 그의 여생을 이곳에서 살았으며 그는 이곳에서 많은 방문객들을 환영하여 맞이했다.

해 때 1777년 남 타스마니아의 부루니 섬에서 유칼립투스 한 종을 채집하였다. 이 표본은 영국 대영박물관에 보내졌는데, 거기에서 레리띠에는 유칼립투스의 어린 꽃봉오리를 싸고 있는 겉덮개를 관찰하였다. 그는 (속명을 짓기 위하여) 라틴어보다 그리스어의 '좋은'이라는 의미의 '*eu*'와 '덮개'라는 의미의 '*klyptus*'를 생각해 냈고, (종명으로는) 잎의 모양이 완전히 비대칭이어서 '비스듬한'이란 의미의 '*oblqua*'를 연상시켰다. 그리하여 그는 그 나무를 유칼립투스 오브리쿠아 Eucalyptus obliqua로 새로운 속을 수립하였고, 이 학명은 뱅크스와 인데버 호가 귀항하고 오랜 후인 1788년에 처음으로 출판되었다.

조셉 뱅크스는 그 이후로도 다른 많은 것들에 흥미를 느꼈다. 1778년 그는 왕립학회의 회장이 되었는데 그 후 41년간 회장직을 수행하였다. 그는 그에게 남작 작위를 수여한 킹 조지 3세와도 친교를 맺었다. 그는 왕립학회 Royal Society 회장 외에도 큐 왕립식물원 Kew Gardens와 농업위원회의 고문이었고 왕립 그리니치 천문대의 감독이었으며 대영박물관의 이사였기 때문에 왕의 '과학 장관'으로 불렸다. 1779년 뱅크스는 하원의 한 위원회에 참석하여 유배형을 받은 죄수들을 수용하기 위한 가장 적합한 장소는 뉴홀랜드 연안의 보터니 만이라고 의견을 냈다. 이 점에 대하여 뱅크스는 '뉴 사

유칼립투스 오브리쿠아 *Eucalyptus obliqua*
Charles Louis L'Héritier de Brutelle, 스미스소니안 박물관 도서관

우스 웨일스에 정착지 설립을 위한 제안서'를 만드는데 *인데버* 호의 차석사관 제임스 마트라의 도움을 받았다. 이러한 활동들뿐만 아니라 뱅크스는 런던의 사교생활과 농사와 재산증식 등의 많은 일을 하였다. 소호 스퀘어에 있는 그의 집은 과학자들이 아이디어를 교환하는 교류의 중심지가 되었지만, 그는 그들의 '입에 발린 아첨하는 말들을 잘 받아들였다'고 알려져 있다.

『사화집Florilegium』에는 해야 할 일들이 아주 많았다. 그러나 *인데버* 호가 돌아온 지 10년이 지난 후에도 그것은 아직도 완성되지 않고 있었다. 대니엘 솔랜더는 출판을 위하여 쓴 20권의 생물기재 원고를 준비하였으며, 1782년 뱅크스는 그의 거대한 저작을 곧 출판하기를 원한다고 다음과 같이 썼다:

> 내가 현재 수행하고 있는 식물학적 연구는 거의 완료되고 있다. 모든 것은 공동의 노력으로 이루어졌기 때문에, 솔랜더의 이름은 표지에 나의 이름 다음에 나올 것이다. 식물들이 싱싱할 때 모두 기재했기 때문에 아직 끝나지 않은 그림들을 완전히 그려내는 것을 제외하면 해야 할 일이 남아 있지 않다 … 남은 일은 아주 조금이라서, 판화가들이 마지막 작업을 마쳐 준다면, 2개월 안에 완료될 수 있다.

그 같은 해에 『사화집Florilegium』의 완성을 믿고 있었던 그의 친구이자 공동연구자인 대니엘 솔랜더가 (49세에) 뇌졸중으로 사망했을 때 뱅크스는 엄청난 충격을 받았다. 뱅크스는 그의 고용인이자 후원자였음에도 불구하고, 솔랜더가 죽은 후에 뱅크스는 솔랜더와의 가까운 친분에 대하여 썼다:

> 내가 아주 슬프게 생각하는 그의 죽음은 어떤 고귀한 학식있는 사람을 대신 찾는다 할지라도, 그의 죽음은 나에게는 대체 불가능하다. 20년 전에 쉽게 각인된 그에 대한 좋은 인상을 나의 마음에서 지워버리는 것은 거의 불가능하다.

『사화집Florilegium』의 교정쇄가 오리지널 그림들과 스케치들과 함께 제본되었으며, 도판들에만도 엄청난 돈과 노력이 들었으나, 그것이 왜 출판되지 않았는지는 미스터리이다. 그 항해는 뱅크스의 가장 위대한 업적으로 생각될 수 있었다, 그런데 왜 그 자신이 그것을 출판할 수 없었을까? 출판물은 뱅크스와 솔랜더의 과학적 명성을 한층 높여 주었을 것이다. 뱅크스가 '모든 것은 우리들의 공동 노력으로 쓰였다'고 썼기 때문에 솔랜더의 중요한 과학적 공헌은 그 후로 오래 기억되었을 것이다.

조셉 뱅크스 경은 그의 위대한 업적이 출판되지 못한 채 약 40년 후 1820년에 사망하였다. 그는 자신의 집에 대한 종신 재산소유권과 그의 도서관을 그의 사서인 로버트 브라운에게 물려주었다. 그의 식물 컬렉션들은 린네 학회로 갔으며, 학회는 대영박물관British Museum으로 보냈으며, 그리고 마침내 그 컬렉션은 1881년에 개관한 새로운 자연사 박물관Natural History Museum으로 이전하였다.

『알렉토 역사 본Alecto Historical Editions』[10]과 대영박물관이 그 그림들의 전부를 인쇄하기로 할 때까지 그 그림 도판들은 저장고에서 먼지가 쌓이며 200년간 남아 있었다. 1980년대에 『뱅크스의 사화집Banks' Florilegium』 100질의 최상의 한정판이 본래의 동 도판을 개조하여 원색도감 34권으로 출간되었다. 이 책은 조셉 뱅크스, 대니엘 솔랜더, 시드니 파킨슨에 바치는 거대한 헌사였다.

조셉 뱅크스 경이 사망하고 10년 후, 남아메리카, 오스트레일리아와 세계를 일주하기 위하여 또 하나의 탐험선이 잉글랜드에서 출발하려고 준비하고 있었다. 그 탐험의 목적은 1826년과 1830년 사이에 프링글 스토크스Pringle Stokes 선장 지휘 하에 시작된 파타고니아의 해안선과 티에라 델 푸에고 탐사를 완결하

---

10   잉글랜드의 Alecto 회사가 발행하는 판본.

고 칠레와 페루의 해안선들을 조사하는 것이었다. 그 탐험은 또한 존 해리슨에 의하여 발명된 해상 크로노미터를 사용하여 전 세계의 특정 항구들에서 위도와 경도의 지구 전체 연결망을 최초로 설정하는 것이었다. 마침, 찰스 다윈 Charles Darwin이라는 젊고 경험이 많지 않은 박물학자가 탐험선의 로버트 피츠로이Robert FitzRoy 선장의 식사 동료로 탐험 항해에 참여하도록 선발되었다.

사화집 *Florilegium*의 *Banksia serrata*의 도판화, 1783, 오스트레일리아 국립 박물관

찰스 다윈의 유년기
Charles Darwin – The Early Years

1809년에 태어난 찰스 다윈Charles Darwin은 슈로프셔의 시골 마을인 슈루즈베리에 사는 부유한 시골 의사 아버지 로버트 다윈Robert Darwin의 다섯째 아이로 태어났다.[11] 또한 다윈은 의사일뿐더러 유명한 시인이며 발명가이자 자연과학자인 영국에서 가장 유명인사의 한 분인 이래즈머스 다윈Erasmus Darwin[12]의 손자였다. 이래즈머스 다윈은 그 이름에도 불구하고 단 세 명으로 구성된 리치필드 식물학회를 만들었으며 그 학회는 스웨덴의 식물학자 칼 린네우스Carl Linnaeus의 라틴어 논문들을 영어로 번역하는 일들을 했다. 이 일은 7년이 걸렸으며 그 연구 결과는 1783년과 1785년 사이에 출판된 『식물들의 체계A System of Vegetables』와 1787년에 출판된 『식물들의 과들The Families of Plants』 두 권이었다.

---

11 찰스 다윈(1809-1882)은 아버지 로버트 다윈(Robert Darwin)과 어머니 수산나 웨지우드(Susannah Wedgwood) 사이에서 2남 4녀 가운데 다섯째 아이이자 둘째 아들로 태어났다.

12 이래즈머스 다윈(Erasmus Darwin, 1731-1802), 영국의 박물학자, 철학자, 시인, 진화설의 선구자의 한 사람. 찰스 다윈의 할아버지.

이래즈머스 다윈 또한 현존하는 종들은 아마도 과거에 있었던 종들로부터 생겨났을 것이라고 제안한 최초의 과학자 중의 한 사람이었다. 그는 자신의 생각을 시로 다음과 같이 표현하였다:

> 생명체는 끝없는 파도들 밑에서 생겨나고
> 바다의 진주 동굴에서 양육되었네;
> 처음에는 돋보기로도 보이지 않는 아주 작은 것
> 진흙 위를 움직이거나 거대한 바다를 뚫고 가네;
> 이것들은 세대를 계속하여 자라나서
> 새로운 힘을 얻고 더 큰 수족들을 갖추네;
> 거기로부터 수없이 많은 무리의 식물들과
> 지느러미 다리 날개를 가진 숨 쉬는 동물 세계가 생겼네.
>
> 이래즈머스 다윈, 자연의 신전 The Temple of Nature, 1803

다윈은 8살 밖에 되지 않았을 때 어머니 수산나 웨지우드가 사망하였음에도 불구하고 그는 자신의 유년시절이 매우 행복했다고 기억하였다. 그의 손위 누나 셋이 그의 어릴 때 교육을 맡았으며 그를 '보비(Bobby)'라는 애칭으로 부르며 애지중지하였다. 그가 열 번째 생일을 맞던 날 그는 근처에 있는 초등기숙학교에 들어갔는데 수업이 끝나면 그의 누나들과 즐거운 시간을 보내기 위해 집으로 돌아오곤 하였다. 어린 다윈은 그의 주위에 있는 들판 세계에 특별히 관심을 보였다. 그는 자연사 표본들을 채집하기 위하여 '빅토리안 매니아' 클럽에 들어가 딱정벌레, 나비, 암석, 화석, 고사리, 꽃 등을 채집하여 모두 집으로 가져와서 그들을 기재하고 목록을 작성하고 표본 캐비닛에 진열하였다. 자연계에 대한 그의 흥미는 이러하여 그는 '왜 젠틀맨들 모두가 조류학자가 아닌지 나는 이해할 수가 없다'라고 썼다. 젠틀맨이라는 단어를 사용한 것은 그가 10대에 들어서면서 다윈가와 외가인 웨지우드가의 축적된 부 때문에 그가 결코 생계를 위하여 평생 일할 필요가 없다는 것을 깨달았기 때문인 것으로 보인다.

아버지 로버트 다윈은 다윈이 16세 때 그가 그 자신과 같은 의사가 될 것을 희망하여 아들을 의학을 공부하라고 에든버러 대학 의학부로 보냈으나, 다윈은 아버지와 할아버지의 뜻을 결코 이어 받지 않으려 했다. 마취제를 쓰는 시대가 되기 오래전에 찰스 다윈은 19세기 의학의 끔찍한 현실이 특히 실망스럽다는 것을 깨달았다. 강의의 하나로 그는 에든버러 대학 병원의 수술실을 견학해야만 했는데, 그는 너무나 겁에 질려서 그 건물에서 뛰쳐 나와야만 했다. 그리고 곧 그는 결코 의사가 될 수 없다고 결심하였다.

다행히도 에든버러 대학은 영국에서 의학과 과학 두 분야의 선도적 중심지였다. 의학에 대한 혐오를 그의 아버지에게 고백할 수 없어서 다윈은 화학, 자연사, 그리고 지질학 강의를 들었다. 그는 에든버러의 리스만Leith Bay[13]에서 채집한 연체동물들을 관찰하는데 흥미를 갖게 되었고, 바다 바닥에 붙어있는 연체동물[14]의 점질성 난각에 들어 있는 '난'들이 알들이 아니라 자유 유영하는 유생임을 현미경 하에서 관찰하여 최초의 과학적 발견을 하였다. 대학 생활 마지막 해에 그는 집으로 와서 그가 의학 공부를 포기하였다는 것을 아버지에게 설명해야 했다. 자연사에 대한 그의 흥미 이외에도 그는 어느 다른 것 보다 사격과 사냥을 즐겼는데, 아버지는 화가 나서 '너는 오직 사냥, 개, 그리고 쥐잡기만을 좋아하여, 너는 너 자신과 집안 모두에 불명예가 될 것이다'라고 썼다.

---

[13] 1826년 16세의 다윈은 형 이래즈머스와 함께 에든버러 대학에 다녔는데, 강의에 실증나면 하숙집에서 멀지 않은 리스만(Leith Bay)으로 놀러가 모래 해변과 암반 조수웅덩이에 사는 신기한 무척추동물들에 대한 흥미를 가지게 되었으며 최초로 연구도 하였다. 그때 그가 얻은 무척추동물에 대한 매력이 훗날 그가 따개비와 산호를 연구를 하게 되는 계기가 되었다. 그때 그는 학생들의 연구모임인 플리니안회(Plinian Society)에도 참석하여 훗날 저명한 해부학자가 된 로버트 그랜트(Robert Grant)도 이곳에서 만났다.

[14] 이 동물은 선태동물의 하나인 *Flustra*종이고 유생은 필리디움(pilidium) 유생이었다.

그는 생계를 꾸리기 위하여 전혀 일을 해 본 적이 없었음에도, 다윈의 아버지는 아들에게 직업을 준비하라고 재촉하였다. 육군, 해군, 법조계는 불가능하였으나, 그들 주위의 자연들을 수집하고 공부하며 한가한 시간을 보내는 수없이 많은 지방 교구 사제들이 영국 전체에 흩어져 있었다. 그의 아버지는 다윈이 케임브리지의 크라이스트 칼리지 Christ's College에서 교육을 받기 위하여 에든버러를 떠나라고 결정하였다. 케임브리지에서 그는 '보통 학위' 과정, 수학 과목, 신학, 그리고 영국 성공회의 신품성사를 받기 위하여 고전들을 배울 예정이었다. 많은 성직자들이 자연사에 몰두하였는데, 자연사는 조용한 시골 교구에서 시간을 보낼 수 있게 해주고 자연계의 연구는 그들이 만물의 창조주이신 하느님을 좀 더 가까이 이해할 수 있도록 해준다고 믿기 때문이었다. 괜찮은 교구에 임명되면 다윈에게는 더할 나위가 없을 것이며, 상류층 사람들과 사냥하며, 지방의 사냥꾼들과 말을 타며, 그리고 주일 예배들 사이사이에 주중에는 마음껏 식물채집과 화석채집이 가능했다. 다윈에게 영감을 주는 사람은 아마도 햄프셔의 작은 시골 교구의 식물 조류 동물들을 기록한 인기 있는 책 『셀본의 자연사와 유물들』의 저자인 길버트 화이트 Gilbert White 신부였다. 종교와 자연사 둘 다에 관한 흥미는 프랜시스 베이컨 Francis Bacon에 의하여 다음과 같이 가장 잘 표현되어 있었다:

> 우리가 잘못에 빠지지 않게 하기 위하여 공부해야 할 책 두 권이 있다. 첫째는 하느님의 의지를 드러내는 성서들과, 둘째는 하느님의 권능을 들어내 보이는 피조물들에 관한 책이다.

성경 해석에 대하여 신학적 논쟁이 많았음에도 불구하고, 창세기에 있는 생명의 기원에 관한 서술은 신성불가침이었다. 세상은 하느님에 의하여 6일 만에 창조되었으며, 사람은 하느님의 형상으로 만들어졌으며, 지구상의 모든 피조물은 동시에 존재하게 되었으며, 노아는 모든 종을 암컷과 수컷 두 마리씩만 노아의 방주에 태웠기 때문에, 노아의 홍수에서 살아남았다.

다윈은 케임브리지에 있는 동안 1802년『자연신학』이라는 책을 쓴 유명한 신학자인 윌리엄 페일리 William Paley가 전에 사용하였던 방으로 이사하였다. 다윈은 그가 쓴 언어의 명료함과 논리를 인정하였으며 페일리의 견해에 인도를 받았는데, 그는 '하느님의 설계를 위한 논증' 때문에 유명해졌다. 하느님의 설계는 설계자인 창조주를 의미한다. 예를 들어 시계와 같이 아주 정교한 것, 완전하게 작동하는 것은 목적 없는 어떤 힘들이 작용하여 만들어질 수 있는 것이 아니었다. 페일리는 '그것을 만든 제작자가 존재해야만 한다.'고 썼다.

케임브리지 대학에서 다윈의 수강 스케줄은 비교적 힘들지 않았으며, 친구들과 함께 사냥과 딱정벌레 수집에 열정을 쏟을 수 있었다. 그는 자신의 수집 열정의 예 하나를 보여주고 있는데, 조금의 오래된 나무껍질을 찢어 냈을 때 희귀한 딱정벌레 두 마리를 보았으며, 그리고 똑같이 희귀한 세 번째 딱정벌레를 발견하여, 손이 모자라서 한 마리를 얼른 입 안에 집어넣었는데, 그것이 입안에 강한 톡 쏘는 분비물을 싸버려서, 역겨움에 몸을 앞으로 숙이게 만들어 그것을 도로 뱉어 버려, 마침내 세 마리 모두를 잃어버렸다. 그의 생물채집 결과는 권위 있는 과학교과서에 실리면서 자그만 공헌을 했으며, 그는 흥분하여 이렇게 썼다:

> 케임브리지에서는 소일거리가 없어서 딱정벌레들을 수집하는데 열정을 쏟았으며 크게 기쁨을 주었다. 그것은 채집을 위한 단순한 열정에 지나지 않았다. 왜냐하면 그것들을 해부하지도 않았고 외부의 형태적 특징들을 이미 발간된 기존의 형태적 기재들과도 거의 비교하지도 않았기 때문이다. 그러나 아무렇게나 이름들을 부쳤다. 내가 스테펜스[15]의 영국 곤충도감에서 (내 이름이 언급된 것을 보았는데) 이상한 매력을 지닌 '찰스다윈 님에 의해 채집된'이라는 단어들을 보았을 때 내가 느낀 기쁨보다, 어느 시인이 처음 출판된 그의 시를 보았

을 때 보다도 더 큰 기쁨을 느끼지 못하였을 것이다.

케임브리지에서 다윈은 식물학 교수인 존 헨슬로 John Henslow 신부와 친구가 되었다. 그는 다윈에게 식물학 강의를 수강하고 주말 채집에 참여하고 사제 직업을 고려해 볼 것을 권고하였다. 다윈은 (먼 훗날) 『비글 호의 항해 The Voyage of the Beagle』의 서문에 헨슬로 교수의 지원에 감사를 드렸다.

> 저는 여기에서 제가 케임브리지에서 학생이었을 때 자연사에 대한 심미안을 주신 분 중의 한 분이신 헨슬로 교수님께 진심으로 감사드립니다. ― 그분은 제가 이곳에 없는 동안에 제가 외국에서 보낸 채집물들을 맡아주셨으며, 서신으로 저의 연구를 지도해 주셨습니다. 제가 항해에서 돌아온 이래 교수님은 계속하여 가장 친한 친구가 해줄 수 있는 모든 지원을 해 주셨습니다.

다윈은 그 자신이 수학에는 희망이 없다고 생각하였으며 고전어 연구는 싫어했으나 대학생활 마지막 해에 겨우 합격하였다. 그가 학생이었을 적에 그는 '케임브리지에서 지낸 3년간, 에든버러 대학과 초등학교에서처럼 완전히, 나는 시간을 낭비했다'고 적었다. 그가 정말로 흥미를 느낀 것은 자연사였으며, 독일의 탐험가 알렉산더 폰 훔볼트 Alexander von Humboldt[16]가 쓴 『신대륙의 적도부근 지역 여행의 개인 이야기』에 매료되었는데, 이 책은 그가 1796년과 1801년 사이 5년간 남아메리카에서, 그의 여행 동료 에이메 본플란드와 함께, 1만 5,000킬로미터를 여행한 것을 이야기하고 있었다. 여행하는 동안 ― 컴퍼스, 위도와 경

---

15 스테펜스(James Francis Stephens, 1992-1852): 영국의 곤충학자. 그의 저서 『Illustrations of British Insects』에서 다윈이 북 웨일즈에서 채집한 갑충들을 인용하였다.

16 훔볼트(Alexander von Humboldt, 1769-1859): 독일의 지리학자, 박물학자, 탐험가, 자연지리, 동식물, 천문, 기후, 광물, 지질, 해양 등의 분야에서 당대 최고의 과학자였다.

도를 재는 육분의, 자기계, 온도계, 기압계, 습도계 – 같은 그들의 과학 장비들을 넣은 트렁크를 노새에 실어 운반하였다. 그는 지구를 모든 것들이 연결되어 있는 하나의 거대한 유기체로 보았기 때문에, 오늘날 우리가 자연계를 이해하고 있는 방법에 아직도 영향을 미치고 있는 자연에 대한 환상에 대하여 대담한 새로운 개념을 생각하고 있었다. 그는 '생명의 그물'이라는 개념을 생각하였으며 식물 동물 인간이 먹이 연쇄를 통하여 어떻게 연결 되어 있는지를 확인하였다. 베네수엘라에서 식민지 개척자들의 재배농장에 의해 생긴 삼림벌채의 대단히 엄청난 파괴적 영향에 대하여 서술하였다. 페루의 침보라소 산 Mount Chimborazo에 올라서 기후대에 대한 착상을 하게 되었으며, 산을 더 높이 올라갈수록 고도에 따라 식물상이 변하는 것을 알아차렸다:

> 우리들은 구름 속을 헤치며 계속 산을 오르고 있었다. 많은 곳이 산등성이는 폭이 8인치 또는 10인치도 안 되었다. 우리들의 왼쪽에는 눈이 유리처럼 반들반들하게 딱딱하게 언 빙벽 벼랑이 있었고, 오른쪽에는 커다란 돌들이 돌출해 있는 800에서 1,000피트 깊이의 깊은 구렁이 있고…. 1만 6,920피트 고도에 만년설의 최저 경계선인 설선 위로 약간의 바위 이끼들이 보였다. 약 2,600피트 아래로 마지막으로 푸른 이끼들을 보았다. 1만 5,000피트 고도에서 본 플란드가 나비 한 마리를 채집하였고 1,600피트보다 더 높은 곳에서 파리 한 마리를 보았다.

훔볼트는 인디언들이 강마다 물의 맛이 다르다고 하여 여러 강에서 강물을 채수하였고, 인디언들이 나무 맛도 다르다고 하여 여러 나무의 껍질도 맛보았다. 훔볼트는 자연계의 모든 것들 – 식물, 동물, 조류, 암석, 물 – 에 흥미를 느꼈다.

유럽에 돌아와서 훔볼트는 그의 『신대륙의 적도 부근 지역 여행의 개인 이야기』의 제 1권인 『식물 지리학 수필집』을 출판하였다. 그러나 그의 가장 인기 있

| 베네수엘라의 알렉산더 본 훔볼트와 에이메 본 플란드의 그림, 에드가 엔데르, 1850

는 책은 『자연에 대한 견해』였는데, 그는 이 책에서 그의 자연사 관찰과 더불어 기이한 풍경을 화려하고 마음을 사로잡는 문체로 묘사하였다. 그는 원숭이들이 '구슬픈 울부짖는 소리'로 어떻게 정글을 가득 차게 하는지에 대하여 묘사하였으며, 베네수엘라 오리노코강의 급류가 만들어내는 물안개 속에서 생기는 '무지개들이 숨바꼭질 놀이에서 어떻게 춤추는지'를 잘 묘사하였으며, '반딧불로 빛을 내는 풀 덮인 바닥에 적색의 인광을 쏟아내는' 열대 곤충들이 얼마나 기묘한지를 묘사하였다. 훔볼트는 생명의 그물의 일부로써 자연을 웅변적으로 묘사하여 독자의 마음을 끄는 새로운 장르를 만들어냈다.

다른 많은 사람과 마찬가지로, 다윈은 훔볼트의 연구에 매료되었고 그의 발자취를 따를 꿈을 꾸었다. (카나리 군도의) 테네리페 섬에 대한 훔볼트의 묘사에 매우 흥분되어서 그 자신이 그곳으로 가는 탐험을 준비하기로 하였다. 그 계획은 다윈과 케임브리지의 친구들 몇이서 여름 방학에 테네리페로 항해하여 가서 식물채집과 화석 수집을 하며 3주간을 보내는 것이었다. 그는 스페인어를 배우기 시작했으며 여가 시간에 지질학을 아주 열심히 공부했다. 지질학은 에든버러 대학에서 지질학 강의 시간에 하도 재미가 없어 결코 다시는 읽지 않을 것이라고 다짐한 과목이었다.

다윈을 애덤 세지위크Adam Sedgwick 신부에게 소개한 사람은 존 헨슬로 교수였는데, 세지위크 신부는 케임브리지 대학의 지질학 교수이며 다윈에게 여름 방학에 웨일스로 현장 조사 여행을 가라고 권장하였다:

> 세지위크 교수는 8월 초에 연대가 오래된 암석들을 지질학적으로 조사하는 그의 유명한 연구를 계속하기 위하여 북 웨일스로 여행할 생각하고 있었다. 그 여행은 한 지역의 지질학을 이해하는 방법을 나에게 어느 정도 가르쳐 주기 위하여 하는 것이 분명하였다. 세지위크 교수는 종종 나를 그와 나란히 서서 조사하도록 하였으며, 암석 표본들을 가져와서 지도 위에 지질 층리를 표시하라고 말하였다. 나는 이 분야에 너무나 무지하여서 교수님을 도와 드릴 수가 없었으므로 교수님이 순수한 호의로 나를 도와주셨다는 것에는 의심할 여지가 없었다.

다윈은 웨일스에서의 지질학 조사 여행에서 슈루즈베리의 집으로 돌아 와서 신학 훈련을 받기 위하여 케임브리지로 돌아갈 준비를 하고 있었는데, 그때 완전히 그의 인생을 바꿀 수 있는 두 통의 편지가 그를 기다리고 있었다. 첫째 편지는 존 헨슬로 교수의 낯익은 필체로 쓰여 있었다:

> 케임브리지, 1831년 8월 24일
> 나의 친애하는 다윈,
> 곧 자네를 볼 수 있기 바라며, 자네를 티에라 델 푸에고로 여행 가게 해 줄

것 같은 이 권고를 진심으로 받아들이기를 간절히 바라며, 피콕 교수의 부탁을 받았는데. 아메리카의 남쪽 끝 지역을 탐사하기 위하여 정부에 고용된 피츠로이 선장이 그의 동료로서 일할 박물학자를 추천해 달라고 하네. 나는 자네가 그러한 일들을 수행할 수 있어 보이는 내가 아는 가장 적합한 사람이라고 생각한다고 말하였네. 피츠로이 선장은 한낱 단순한 채집자보다는(내가 아는 바로는) 동료가 될 수 있는 사람을 원하며, 아무리 좋은 박물학자 일지라도, '젠틀맨'이 아닌 사람이 추천되면, 그는 어느 사람도 받지 않을 것이네.

J.S. 헨슬로

탐사 항해는 (이르면) 9월 25일 출항하므로 지체할 시간이 없네.

두 번째 편지는 헨슬로의 동료의 하나인, 피츠로이 선장의 절친한 친구인 수학자 조지 피콕 교수로부터 온 소개서였다.

친애하는 귀하,

저는 헨슬로 교수의 편지를 어젯제 너무 늦게 받아서 귀하에게 우편으로 전할 수 없었습니다; 다행히도 해군청(수로국)에서 보퍼트 선장을 볼 수 있는 기회가 있었습니다. 내가 귀하에게 권한 제안에 대하여 그에게 말했습니다. 그는 전적으로 그것에 찬성하였으며, 당신은 전적으로 당신의 마음대로 결정할 수 있습니다. (그래프턴 백작의 조카인) 피츠로이 선장은 처음에는 티에라 델 푸에고 남해안을 배로 탐사하기 위하여 9월 말에 출항하여, 남방의 섬들을 탐사한 후, 인도네시아 군도를 거쳐 잉글랜드로 돌아옵니다. 배는 9월 말에 출항할 예정이며, 보퍼트 선장에게 수락 의사를 알려 주는 데 소비할 시간이 없습니다.

조지 피콕 올림

아르헨티나, 칠레, 페루를 포함하는 남미의 스페인 식민지 몇 나라들은 1814년에서 1824년 사이에 스페인과 싸워 자유를 얻었다. 현재 세계에서 가장 강한 해양 국가인 영국은 그 지역들에서 영향력을 확보하기 위하여 아르헨티나, 브라질, 칠레에 해군 기지들을 설치하였다. 현재 사용하고 있는 해안선들의 해도는 정확도가 낮아서 1826년 해군성은 *비글* 호_{HMS Beagle}와 보조함 *어드벤쳐* 호_{HMS Adventure}를 보내서 파타고니아와 티에라 델 푸에고 둘레의 해안선들을 측량하도록 하였다.

영국해군의 선장은 몇 가지 체벌을 강제로 집행할 수 있는 권력을 행사해야 했다. 그러므로 그는 자기 사관들과 선원들과 친해질 수 없었으나, 공동식탁에 둘러앉아 식사하는 것과 같이, 그들을 많이 좋아하고 중히 여기기도 하였을 것이다. 다 같이 함께 식사하며 대화를 나누는 것이 바람직하였으나, 선장은 언제나 혼자 식사를 했다. *비글* 호의 첫째 항해의 선장 프링글 스토크스_{Pringle Stokes}는 2년간의 긴장되고 위험한 업무를 마친 후에 점점 더 우울해져서 1828년 6월 그의 저널에 예언적으로 다음과 같이 썼다:

> 나를 둘러싸고 있는 상황보다 더 암울한 것은 없다. 이 작은 만의 황량한 해안을 둘러싸고 있는 우뚝 솟은 음산하고 황량한 언덕들은, 양쪽 아래까지도, 짙은 구름으로 덮여 있고, 그 위로 우리들을 괴롭히는 맹렬한 돌풍이 그침 없이 강하게 내려친다…. 우리 주변과 2/3케이블[17]도 안 되는 짧은 거리에는 엄청난 쇄파가 몰아치는 바위투성이의 작은 만이 있다. 마치 음산하고 그야말로 황량한 광경을 완성하려는 듯이 새들조차도 이 지역을 피하려는 것처럼 보였다. '인간의 영혼이 그 안에서 죽어버리고 마는' 날씨다.[18]

---

17 1) 1 케이블은 0.1 해리; 영국해군, 185.32미터; 미해군, 219.5미터 200야드.

18 이 부분은 James Thomson의 시 'The Seasons: Winter'에 나오는 구절이다.

해양 측량의 도전과 냉혹한 해황에 압도되어 스토크스 선장은 티에라 델 푸에고의 황량한 바다에서 심한 우울증에 빠졌다. 마젤란 해협의 포트 패민 항에서 14일간 그의 선실을 스스로 잠그고 들어가 있다가 마침내 머리에 총을 쏘아 자살하였다. 남아메리카 남단의 춥고 쓸쓸한 바다에서 끔찍한 자살을 한 스토크스 선장을 대신한 사람은 바로 로버트 피츠로이 Robert FitzRoy였다.[19]

비참한 프링글 스토크스 선장의 경우, 동료가 없었던 것이 그가 자살하도록 했을 수도 있었다. 이 때문에 로버트 피츠로이는 배에서 식사도 같이 하고 관심사들과 걱정거리들도 함께 의논할 수 있는 동료가 필요하다고 생각하였다. 탐험 항해는 또한 과학적인 일이기 때문에 그는 과학자이며 젠틀맨인 사람을 물색하였는데, 그 사람은 선상에서 해야 할 어떤 의무도 지지 않고 선장의 동료 역할을 수행할 수 있으면 되었다. 피츠로이의 말로는:

> 항해 기간에 유용한 정보를 수집하는 기회를 잃으면 안 되는 것을 염려하여: 나는 아직도 알려지지 않은 먼 나라들을 방문하는 기회를 잘 이용하기를 권하므로, 배에서 숙소를 기꺼이 같이 쓸 수 있는 교양 있는 과학자를 물색해주기를 수로탐험 책임자에게 제안했다. 보퍼트 선장은 그 제안을 받아 들여, 케임브리지의 피콕 교수에게 편지를 썼으며, 그는 친구인 헨슬로 교수와 상의하여, 지질학과 실제로 자연학 모든 분야에 심취해 있는, 능력 있는 청년으로, 시인 이래즈머스 다윈의 손자인, 찰스 다윈을 추천했다.

다윈은 그 항해가 아마도 2년 또는 3년까지도 계속될 수도 있다고 들었다. 그

---

[19] 스토크 선장이 자살한 후 *비글* 호는 수리 차 몬테비데오에 기항하였는데, 마침 그곳에 정박중이던 *갠지스* 호(HMS *Ganges*)의 부함장이던 로버트 피츠로이가 1828년 12월 15일 비글 호의 선장으로 임명되었다. *비글* 호는 1830년 10월 14일 영국으로 귀항했는데, 이것이 스토크스 선장과 피츠로이 선장이 지휘한 *비글* 호 1차 항해이다.

로버트 피츠로이 선장의 초상화, 1835, 『비글 호 항해 이야기』, 웰컴 도서관

러나 그가 필요하다고 생각하면 마음대로 하선하여 귀국할 수 있다고 하였다. 비글 호가 연안을 따라서 지도를 제작하고 수로학적 조사를 하는 동안에는 그는 또한 자유롭게 상륙하고 탐사하며 자연사 표본들을 수집할 수 있다고 하였다. 이것은 일생일대의 기회였고 그의 영웅인 훔볼트를 따라 할 수 있으며, 남아메리카뿐만 아니라 전 세계를 돌며 외국 여행과 과학적 발견을 함께 할 수 있는 기회였다. 그리하여 젊은 다윈에게는 오직 하나의 가능한 대답만이 있었다.

그러나 그의 아버지는 그다지 찬성하지 않았다. 그의 아들은 딱정벌레를 채집하고 지질학의 관심을 둔 것 외에는 케임브리지 대학에서 쓸데없는 데 시간을 써 버린 것이다. 지금 그는 박물학자로서 세계 일주 항해를 하려는 다소 무모한 생각을 해내게 되었다. 그리고 그는 어떤 면으로 보나 학문적으로 아직 자격이 없었다. 아버지와 힘든 대화를 나눈 후에 그는 존 헨슬로 교수에게 어쩔 수 없이 다음과 같은 답장을 썼다:

1831년 8월 30일 화요일 슈루즈베리

친애하는 교수님,

피콕 씨의 편지는 27일 일요일에 도착하여 저는 어제 저녁 늦게 받았습니다. 제 마음은 당신께서 친절하게 저에게 권해주신 기회를 '분명히' 기꺼이 받아

드려야 한다고 생각합니다. 그러나 제 아버지께서 단호하게 거절하시지는 않지만 항해를 가지 않는 것이 어떻겠냐는 조언을 강력하게 해주셔서 그것을 따르지 않으면 저는 마음이 편하지 않을 것입니다. 그러나 그것이 아버지를 위한 결정이 아니었다면, 저는 모든 모험을 할 수도 있었습니다. 다시 한번 감사합니다. 조금 더 말씀드리면, 심심한 감사를 드립니다.

찰스 다윈

그러는 동안에 로버트 다윈은 아마도 그의 딸들로부터 조언을 들었을 것인데, 그들은 그들의 동생이 이 기회를 잡을 수 없어서 얼마다 충격을 받았는지를 잘 알았다. 다시 생각해본 후 로버트 다윈은 "너에게 항해에 참여할 것을 강력히 추천하는 양식 있는 사람이 있다면 내게 알려다오, 그러면 내가 허락하마"라고 아들에게 충고하였고, 그는 다윈에게 그의 외삼촌인 조시이아 웨지우드Josia Wedgwood(훗날 다윈의 장인)[20]에게 전하라고 편지 하나를 써주었다:

> 찰스는 2년간 탐험 항해에 가려는 그 자신이 스스로 만든 제안에 대하여 자네에게 말할 것이네 — 나는 그 제안을 여러 가지 점에서 강력히 반대하네, 그러나 그러한 이유를 상세히 말하지는 않겠으나, 이 문제에 대하여 자네가 편견 없는 생각을 찰스에게 말해 줄 수 있고, 만약 자네가 나와 다르게 생각한다면, 그가 자네의 조언을 따르도록 하겠네.

다행히도 그의 외삼촌은 찰스가 성직자와 젠틀맨으로서 이런 경험을 하는 것이 나쁠 것이 없다고 생각하였고 이런 기회는 심지어 그를 독립적인 사람으로 만들 수도 있었다. 조시이아 웨지우드는 찰스에게 아버지가 반대하는 것들을

---

[20] 훗날 다윈은 외삼촌인 조시이아 웨지우드의 딸이며 이종사촌인 에마 웨지우드와 결혼하였다.

하나하나 써보라고 했고, 그는 그것들에 대하여 하나하나씩 반대의견을 말할 수 있었다. 그리고 찰스에게는 아버지에게 다음과 같은 편지를 쓰라고 시켰다:

나의 사랑하는 아버지,

다시 한 번 아버지를 아주 불편하게 해드리게 되었습니다. 그러나 곰곰이 생각해 보니, 이 항해의 제안에 대한 저의 생각을 다시 한 번 말씀드리는 것을 용서해 주시리라고 생각합니다. 죄송하오나 그 이유는 아버지와 누님들이 생각하시는 것과 웨지우드 외삼촌 댁의 생각이 다르기 때문입니다. 아버지께서 반대하시는 것들의 목록을 제가 생각하기에 정확하고 빠짐없이 만들어 조시이아 외삼촌에게 드렸으며, 외삼촌께서는 모든 것들에 대하여 친절하게도 그분의 생각을 주셨습니다. 그 목록과 그분의 답을 동봉합니다. 한 가지 부탁을 드려도 될까요. 아버지께서 찬성하시든 반대하시든 확답을 주신다면, 대단히 감사하겠습니다. 만약 반대하신다 할지라도 제 일생동안 친절하게도 제가 하고 싶은 대로 하도록 내버려 두시는 관대함을 보여주셨기에, 더 나은 판단을 보여주셨음에도 제가 그 뜻에 무조건적으로 따르지 않는다면 저는 아주 은혜도 모르는 아들일 것입니다. 그렇기 때문에 제가 이 일을 다시는 언급하지 않을 것이라고 믿으셔도 됩니다.

당신의 사랑하는 아들, 찰스 다윈

그 편지는 마차 편으로 발송되었고 그 다음 날 찰스와 그의 외삼촌은 슈루즈베리로 왔다. 그들이 도착했을 때쯤 그의 아버지는 그들이 보낸 편지를 읽고 그의 반대를 접으려고 결심하였다. 그 항해의 초대를 정중히 거절했는데 너무 늦어서 찰스를 못 받아들이는 것은 아닐까? 그는 런던행 마차를 타려고 새벽 3시에 일어나서 초청을 사양한 그의 편지를 회수하려고 하였다. 케임브리지까지 남은 50마일을 실어다 줄 마차를 빌린 후에 같은 날 밤늦게 존 헨슬로 교수에게

편지를 썼다:

> 친애하는 교수님,
>
> 저는 지금 막 도착했습니다. 교수님은 제가 온 이유를 짐작하실 것입니다. 저의 아버지께서 마음을 바꾸셨습니다. 저는 그 자리가 다른 이에게 주어지지 않았다고 믿습니다.
>
> 저는 지금 매우 피로하여 자려고 합니다. 교수님은 저의 두 번째 편지를 어쩌면 아직 받지 않았을 것입니다.
>
> 아침에 얼마나 일찍 교수님께 갈까요?
>
> 구두로 답을 주십시오.
>
> 안녕히 주무십시오.
>
> 찰스 다윈

그는 그 후 수일간 헨슬로 교수님과 함께 보냈는데, 그는 티에라 델 푸에고에 가는 항해에 참여하라는 해군성으로부터의 초청장에는 그 자리에 다윈의 이름을 넣기 전에 수많은 케임브리지의 여러 사람들에게 전해졌다고 설명하였다. 그래서 다윈은 해군성에서 정식적으로 피츠로이 선장을 만나기 위하여 런던으로 돌아왔다. 다행히도 많은 경험을 쌓은 26세의 선장과 22세의 경험이 거의 없는 다윈은 그들 스스로 서로 호환적으로 사이좋게 지낼 수 있다는 것을 알아챘다. 너무도 기뻐서, 그의 흥분을 숨김없이 나타내어, 다윈은 집에 있는 그의 누님 수잔에게 편지를 썼다:

> 피츠로이 선장이 런던에 있어서 그를 만났다. 너는 나를 믿지 못하겠지만, 그는 내가 칭찬할 필요도 없을 정도였다. 내가 확신하는데 그는 나에게 더 이상 솔직하고 친절 할 수가 없었다. 우리는 마데이라[21] 섬에서 일 주일간 머문 후, 남미의 큰 도시들 대부분을 방문할 것이다. 보퍼트 선장이 남쪽에 있는

바다로 가는 항적도를 그리고 있다. 사람은 사는 동안 많은 일들을 겪게 되며, 나도 그것들을 많이 경험하였다. 그러나 나는 그러한 경험들에 대하여 완전히 잊어버리고 살아왔다. 그런데 오늘 나는 그러한 경험들이 사람을 어떻게 만드는지를 새삼 알게 되었다.

---

21 북대서양에 위치한 포루투갈령.

6

찰스 다윈 – *비글* 호의 항해
Charles Darwin – The Voyage of the *Beagle*

 1831년 12월 27일 *비글* 호HMS *Beagle*는 세계를 일주하여 약 5년이 걸릴 항해를 위하여 잉글랜드 데본포트에서 출항했다. 이 영국해군 함정은 다루기 힘든 10문의 함포를 가진 쌍돛대 범선으로, 함선의 길이는 90피트이며, 로버트 피츠로이Robert Fitzroy 선장이 지휘하는 65명의 선원이 있었다. 항해의 목적은 1826년에서 1830년까지 *비글* 호의 1차 항해 기간에 착수한 파타고니아와 티에라 델 푸에고 해안의 탐사를 종료하는 것과 칠레와 페루 해안을 탐사하는 것이었다. *비글* 호는 세계 일주 항해를 하며 배 한 척이 연속으로 시간을 측정하면서 왕립 그리니치 천문대를 기준점으로 하여 지구를 돌며 특정 항구들에서 경도를 측정하라는 명령도 받았다. 정확한 해상용 시계가 수십 년 전에 존 해리슨John Harrison에 의하여 발명됨에 따라 현지에서 시간을 재고 다른 시계로 그리니치에서 시간을 재서 서로 비교하는 것이 가능해졌다. 지구는 24시간동안 경도 360°를 자전하므로 비교된 시간 차는 지구상 어떤 지점에서든지 경도를 계산하는데 사용될 수 있었다. 해리슨의 해상용 크로노미터는 항해술을 혁신하였으며 항해의 안전성을 크게 증가시켰다. 그 후 여러 시계제작자들이 해리슨의 크로노미터를 만들려고 시도하였기 때문에 *비글* 호 항해에는 긴 세계일주 항해에서 그들의 효율성과 신뢰성을 측정하기 위하여 22종의 해상크로노미터를 장착하였다. 그중에서 16개는 해군성에서 제공했으며 피츠로이 선장은 완벽한 효율성을 추구하여 그의 사비로 따로 6대를 준비했다. 피츠로이 선장은 기구제작자 조지 제임스 스텝빙 George James Stebbing 을 고용하여 크로노미터들을 관리하게 했는데, 그가 하는 일은 확실하게 크로노미터들을 규칙적이고 적절히 태엽을 감는 것이며, 크로노미터 방에 아무도 들어오지 못하게 하는 것이었다. 어떤 배도 *비글* 호보다 더 좋은 크로노미터들을 장착하지는 못하였다. 피츠로이 선장은 해군성에 제출한 그의 최종 보고서에 지구둘레 자오선들의 거리를 연쇄 연결을 하였다고 기록하였으며, 크로노미터만을 사용하여 완성한 최초의 일주 항해였다.

로버트 피츠로이는 1805년 영국 귀족으로서 사회에 대한 봉사를 전통으로 하는 고위층에서 태어났다. 그의 아버지, 찰스 피츠로이 장군을 거쳐, 로버트는 국왕 찰스 2세 Charles II 의 넷째 증손자였다. 그는 12살에 왕립 해군대학에 입학하였고, 14세에 처음으로 바다에 나갔다. '만점(100%)'으로 ─ 이 점수를 받은 것은 그가 처음 ─ 시험에 합격한 후 그는 18세에 중위로 진급하였다. 그는 오만한 귀족으로서 세상을 흑백의 논리와 옳고 그름의 논리로 보았으며 중간의 절충 논리는 전혀 없었다. 20대 중반이 되기까지 그는 엄청나게 자격을 갖추었으나 그는 자신의 함선을 혹독하게 지휘했다. 아침 시간에 그의 가장 나쁜 버릇으로 생각되는 것은, 배와 선원들을 점검할 때는 대체로 무엇이든 잘못된 것을 찾아내 가차 없이 책임을 물었다. 하급사관들은 아무 일이 없어 서로 마음을 놓고 있을 때면 "오늘 아침에는 뜨거운 커피가 나왔어, 안 나왔어"라고 묻곤 했는데 그것은 오늘 선장님의 심기가 어떤가? 하는 뜻이었다. 피츠로이는 신앙심이 깊었으며 교회는 그가 속해있는 귀족 세계의 필수적인 것이었다. 그는 성서의 문자 그대로의 진리를 믿었으며, 탐사 항해가 찰스 다윈과 같은 사람에게 지구상에 하느님의 창조물들의 최초 출현과 성서에 나오는 대홍수의 증거들을 발견할 수 있는 큰 기회를 주리라고 생각했다.

일기가 나빠서 *비글* 호의 출발은 연기되어 크리스마스 날에도 항구에 정박해 있었다. 몇몇 선원들에게는 이것이 그들이 지낼 수 있는 잉글랜드에서 보내는 마지막 크리스마스일 수도 있었다. 그래서 그들은 추억에 남는 크리스마스를 보내기로 작정을 하여 그들 중의 몇 선원이 밤 늦게 만취해서 무례하게 행동하며 배로 돌아왔다. 다음날 숙취 때문에 많은 사람들이 일을 할 수가 없었고 그래서 그들은 족쇄를 찼다. 다윈이 일기에 적은 것과 같이 배는 하루종일 난장판의 상태였으며, 선원 몇 명은 오만한 행동을 한 죄로 무거운 쇠사슬에 묶여서 여덟 또는 아홉 시간 앉아 있는 벌을 받았다. 이 항해는 긴 여정이 될 것이기 때문에 피츠로이 선장은 단호함을 굽히지 않고 태연하게 해군의 기강을 잡았다. 그는 자신의 일지에 이렇게 기록하였다:

존 브루스: 태형 25회, 만취, 싸움, 오만무례

데이비드 러셀: 태형 34회, 귀선 지연, 명령 불복종

제임스 핍스: 태형 44회, 귀선 지연, 만취, 오만무례

엘리아스 데이비스: 태형 31회, 의무태만

제멋대로 그리고 특권을 누리며 자란 찰스 다윈에게, 채찍질 소리와 상처의 고통으로 지르는 비명은 해군 생활에 가혹한 입문일 수도 있었다 – 그러나 그의 일기에는 이 점에 대하여 쓰지 않았다. 다윈은 멀미를 심하게 하여 바다에서의 처음 몇 주일은 심한 고통이었다. 멀미는 남은 항해기간에도 계속되었다. 다윈은 가족들에게 이렇게 썼다:

내가 견디고 있는 고통은 내가 상상했던 것보다 훨씬 더 고통스럽다. 진짜 고통은 너무나 지쳐서 조금만 무엇을 하려고 하면 실신할 것 같은 느낌이 생길 때 시작된다 – 오직 해먹에 누워 있는 것이 조금 낫다.

그가 다른 두 명의 선원과 함께 쓰는 선미의 작은 선실 안에는 그의 해먹이 사관들이 해도를 정리하는 테이블 위에 매달려 있어서 사생활 공간이 없었다. 그의 해먹 옆에 있는 작은 선반 위에 알렉산더 훔볼트의 『신대륙의 적도부근 지역 여행의 개인 이야기』와 찰스 라이엘의 『지지학 원리』와 같은 다윈의 가장 귀중한 소지품들이 놓여 있었다.

서로 다른 지역의 식물상들을 비교함으로써 하느님의 신성한 계획을 잠시 들여다볼 수 있다는 추론을 한 사람은 바로 훔볼트였으며, 그 책의 영어 번역판은 다윈으로 하여금 그의 과학자 영웅인 훔볼트를 따라 하도록 자극을 주어 다음과 같이 썼다:

> 그의 유명한 개인 이야기에 대한 (그 중 일부는 내가 거의 외우고 있는) 나의 존경심은 내가 먼 나라들로 여행을 하도록 영향을 주었으며, 여왕 폐하의 군함 *비글* 호에서 박물학자로 자원봉사를 하도록 나를 인도하였다.

훔볼트는 박물학자의 임무는 다양성과 그것의 잠재적인 자연의 단위를 발견하는 것이며, 그리고 '박물학자는 채집하고 분류하고 측정하여 전체 자연의 질서를 그리는 것이 목적되어야 한다'고 믿었다. 다윈은 훔볼트의 카나리 군도 테네리페Tenerife 섬[22]에 대한 이야기에 흥분되어 대학생 때 탐험을 계획한 적이

---

22 다윈은 케임브리지 대학에 다닐 때 훔볼트의 테네리페 여행기에 매료되어 카나리 군도의 마데이라 섬에 친구들과 탐사 항해를 하려 하였으나, 가지 못하였다. *비글* 호는 1832년 1월 6일 마데이라 섬 남 쪽 카나리 군도의 테네리페 섬에 도착했으나, 영국인들이 콜레라를 옮길까 두려워하여 싼타쿠루즈 항구에서 검

있었다. *비글* 호는 테네리페에 도착했으나 *비글* 호와 선원들은 그 당시 콜레라로 인한 검역 제한 때문에 상륙하지 못하고 그 열대의 낙원을 떠나야만 했다.

자연과학의 역사에서 가장 큰 아이러니는 그들이 잉글랜드를 떠나기 전에 막 출판된 찰스 라이엘의[23] 『지질학 원리』의 초판 한 권을 다윈에게 준 사람은 바로 로버트 피츠로이였다는 사실이다. 다윈은 그 후속판들을 받기 위해 준비했으며 그가 몬테비데오에 있을 때 그 책의 제 2판본을 받았다. 이 책들은 다윈에게 현재의 지형과 침식, 침전물의 퇴적, 빙하작용, 화산작용과 같은 현재 관찰되는 지질학적 과정들을 이해함으로써 현재 보이는 것과 같은 지질현상으로 지구를 이해하는 방법을 가르쳐 주었다. 라이엘은 그의 화석기록 연구로부터 추론하여 지구는, 신학자들이 주장한 6,000년보다 훨씬 긴, 수백만 년 동안에 걸쳐 만들어졌다고 주장하였다. (제임스 어서[24] 대주교는 창세기에 기록된 대로 BC 4,004년 10월 22일에 천지창조가 일어나서 6일 후에 완료되었다고 계산하였다).

라이엘은 지구가 성서의 대홍수와 같은 돌변적 사건들에 의하여 형성되었기보다 수백만 년간 반복된 비, 바람, 파도들에 의한 자연적인 침식과정들과 뒤이어 일어나는 퇴적작용과 융기 작용에 의하여 형성되었다고 썼다. 이러한 지질과정들이 지구 표면을 만들어서 그의 책의 부제목은 『현재 작용하고 있는 원인에 기준한 지구 표면의 과거의 변화를 설명하려는 시도』였다. 그러나 라이엘은 암석들의 지질 세계로부터 생물 세계로 그의 학설을 확장시키지 않았다. 그에 반하는 자신의 증거가 있음에도 불구하고, 그는 어떤 지질학적인 격변에 의하

역 허가를 받지 못하여 상륙하지 못했다.

23 찰스 라이엘(Charles Lyell, 1797-1875): 근대 지질학의 창시자로 현재 관찰되는 지질 현상들이 과거에도 반복되어 왔다는 '동일과정설'을 주장하였다. 그러나 라이엘은 다윈의 생물진화론에는 의견을 달리하여 찬성하지 않았다.

24 제임스 어서 대주교(Archibishop James Ussher), 아일랜드 아르마의 대주교, 성서적 창조론 주장.

여 멸종된 종들과 좀 다르지만 비슷한 새로운 종들을 세상에 끊임없이 재보충해 주는 창조주 하느님에 대한 믿음에 집착하였다. 작은 변화들이 축적되어 큰 변화가 된다는 그의 학설은 다윈의 지질학 연구의 바탕이 되었다. "이 생각은 나의 마음의 전체적인 분위기를 곧 달라지게 했으며, 그리하여…. 라이엘이 한 번도 전혀 본 적이 없는 것을 내가 발견했을 때에도 부분적으로는 그의 시각을 통해 보게 되었다." 찰스 라이엘에 영감을 받아 젊은 다윈은 케이프 베르데 섬의[25] 뽀르토 쁘라아에서 지질학 연구를 시작하였으며, 그리고 지질학적인 노두[26]를 이렇게 묘사하고 있는 것에서 그의 흥분을 느낄 수 있다:

> 이 섬의 지질은 섬의 자연현상 중에서 가장 흥미로운 부분이다. 항구에 들어가자마자 해안 절벽 표면에 완전히 수평인 백색 줄무늬가 수면 위 약 45피트 높이로 해안을 따라서 수 마일 뻗어 있는 것이 보인다. 조사해 보니 이 백색층은 대부분 또는 전부가 주변 해안에 현재 살고 있는 수없이 많은 조개껍질들이 박혀있는 석회 물질로 되어 있음을 알 수 있다. 이 층은 오래된 화산암 위에 놓여 있으며 현무암의 흐름으로 덮여 있다. 이 현무암의 흐름은 백색 조개껍질 층이 해저에 있을 때 바다로 흘러 들어온 것이 분명하다.

여기는 지질작용이 활발하였었다. 관련된 화산에서 현무암이 흘러나와 해저 바닥에 있는 조개껍질 층을 덮었고, 그리고 섬은 지하의 힘에 의하여 서서히 밀려올라 왔으며, 백색 줄무늬의 불규칙성은 이런 힘들이 아직도 작용하고 있다는 것을 나타냈다. 다윈은 50년 후에도 그가 받은 그 날의 충격을 생생히 기억하였고, 앞으로 그가 방문하려는 다양한 나라들의 지질에 관한 책을 쓸지도 모

---

25 케이프 베르데 섬(Cape Verde Island), 아프리카 모리타니아 서쪽 대서양에 있는 섬나라.
26 노두(outcrop), 암석이나 지층이 토양이나 식생 등으로 덮여 있지 않고 직접 지표에 드러나 있는 곳.

른다는 생각이 처음으로 떠올랐을 때, 이 생각은 그를 기쁨의 황홀감을 느끼게 했다. 2월 말에 *비글* 호는 남아메리카 연안 브라질의 산 살바도르[27]에 도착했다. 여기에서 다윈은 처음으로 열대 우림을 탐험할 수 있었으며, 그가 결코 잊지 못할 날이었다:

> 그날은 즐겁게 지나갔다. 그러나 즐거움이란 자체는 브라질의 숲을 처음으로 거닐어 본 박물학자의 감정을 표현하기에는 미약한 단어였다. 풀들의 우아함, 기생식물들의 신기함, 꽃들의 아름다움, 잎들의 윤기 나는 초록색, 그러나 무엇보다도 숲이 무성하게 우거져, 나를 경탄하게 했다. 소리와 정적이 아주 역설적으로 섞여서 숲의 그늘진 부분에 깃들어 있었다. 곤충들이 내는 소리가 하도 시끄러워서 해안으로부터 수백 야드 떨어져 정박해 있는 배에서조차도 들렸는데 숲의 깊숙한 곳에서는 적막함이 깃들어 있었다. 자연을 좋아하는 사람에게 이런 날은 그가 경험할 수 있는 것보다 더 큰 기쁨을 준다.

다윈이 피츠로이 선장과 의견충돌을 보인 것은 산 살바도르에서였다. 다윈 집안과 웨지우드 집안은 강력하게 노예제도 폐지를 주장하였으며 다윈의 할아버지들도 노예제도 반대 운동에 중요한 역할을 하였었다. 산 살바도르에 머무는 동안 다윈은 노예제도를 목격하고 불쾌하였다. 피츠로 선장에 의하면 근래에 그가 노예를 많이 부리고 있는 한 농장주인을 방문하였는데, 그 주인이 노예에게 자유롭게 되기를 원하는지를 물었을 때 (거짓으로) "아니오"라고 답을 하더라는 말을 하면서, 선장이 노예제도를 옹호했을 때, 다윈은 이런 상황에서 무언가 답을 하는 것은 아무 쓸데없는 것이라고 생각했다. 그의 말에 반대하였음에 격분하여 피츠로이 선장은 성질을 부려 다윈이 같이 지내지 못하게 했다. 다윈

---

[27] 산 살바도르(San Salvador), 지금의 브라질의 Baiha주의 항구.

은 배에서 내려야 되겠다고 생각하였으나, 몇 시간도 안 되어 피츠로이는 사과하였으며, 다윈도 마음이 풀어졌다. 다윈은 그의 자서전에서 피츠로이에 대해 다음과 같이 썼다. 그는 다윈에게 대단히 친절하였으나, '해군 전함의 함장에게 대꾸하는 것은 그 권위에 반항하는 것처럼 보여 그와 사이좋게 지내기는 더욱 어려웠다.'

항해 기간에 다윈은 식물, 새, 암석 그리고 해양생물들을 채집하였고, 리우데자네이루에서 그는 훗날 기재하고 평가하기 위하여 처음으로 수집물들을 잉글랜드로 보냈다.[28] 이곳에 머무르는 동안, 그는 지금은 유명한 '구원의 예수상'이 서 있는, 코르코바도산 바로 아래에 있는 아름다운 보타포고 만에 있는 작은 오두막집에 머물렀다. 여기에서 그는 시골 지역으로 채집 여행을 가고, 장뇌, 후추, 계피, 정향나무들 잎들이 정말 기분 좋은 향기를 풍기는 식물원들을 방문하였고, 한편으로는 빵나무 열매, 잭푸르트, 망고나무들이 그들의 거대한 나뭇잎들의 훌륭함을 서로 다투며 자라고 있었다. 선선한 열대의 저녁에 집밖에 앉아서, 개구리, 매미, 귀뚜라미들이 끊임없이 서로를 부르는 자연세계가 들려주는 위대한 콘서트를 들으며 즐거워하였다.

리우데자네이루를 떠나서 *비글* 호는 남쪽의 몬테비데오로 그리고 다음은 아르헨티나의 리오 네그로 Rio Negro로 항해하였다. 몬테비데오에서 화가인 아우구스투스 얼이 병이 나서 피츠로이 선장은 콘래드 마르텐을 화가로 대신 임명하였다. 다윈의 가장 의미 있는 발견의 하나는 푼타 아르타 Punta Alta에서였는데, 바이아 블랑카 항을 내려다보고 있는 높은 수직 사암 절벽이었다. 아홉 마리의

---

[28] 리우데자네이루에서 *비글* 호의 선원 일부가 바뀌었는데, 군의관이던 로버트 맥코믹이 배에서 내렸다. 당시의 관례는 군의관이 박물학자 역할을 했으나 그는 박물학자 역할을 하지 않았다. 그의 후임은 오지 않았고 다윈과 친했던 벤자민 바이노가 군의관 대리가 되었으며, 그 결과 다윈은 자연스럽게 *비글* 호의 박물학자가 되었다.

거대한 네발짐승들의 화석 잔해와 많은 분리된 뼈들이 해변을 따라 있는 절벽에서 발견되었다. 이것들은 예전에 이곳의 평원들을 돌아다니던 거대동물들의 뼈였으며, 후에 메가테리움Megatherium(대형 나무늘보), 메가링쓰Megalonyx, 셀리도테리움Scelidotherium, 밀로돈Mylodon과 톡소돈Toxodon(대형 카피바라형 설치류) 그리고 글라이프토돈Glyptodon(대형 아르마딜로)으로 분류되었다. 이 동물들의 이빨들은 이들이 초식자들이었으며 지역에 자라던 풀들과 나뭇잎들을 먹었다는 것을 말해주었다. 다윈은 그의 발견을 이렇게 묘사했다:

> 나는 턱뼈 하나를 주웠는데, 이빨이 한 개 남아 있었다. 이것으로 보아 이 동물은 대홍수 이전에 살았던 (대형 나무늘보와 같은) 메가테리움에 속한다는 것을 알았다. 특히 흥미로운 것은 유럽에 있는 이 동물의 유일한 표본들이 마드리드에 있는 왕의 컬렉션에 소장되어 있다는 것이었다. 마치 과학의 모든 목적을 위하여 태고의 암석에 남아 있는 것처럼 거의 숨겨져 있는 것과 같았다.

이 거대한 뼈들은 멸종된 동물들의 유해였으며, 멸종된 동물들은 현생종들과 조상 관계를 가지고 있지 않았다. 그러나 다윈은 그들이 현재 같은 지역에 살고 있는 종들 즉 나무늘보, 구멍을 파는 아르마딜로, 과나코와 같은 설치류들과 비슷하다는 것을 알아차렸다. 이 거대한 동물들은 대홍수로 멸종되었고 노아가 방주에 태웠던 동물들로 대체되었는가? 또는 그들은 자손들과 연관이 있는 것인가? 그러면 – 프랑스의 박물학자 장 바티스트 라마르크Jean-Batiste Lamark[29]의 몇몇 추종자들만이 지지하고 있는 아직도 터무니없는 학설이라고 생각되는 – 돌연변이라 불리는 것의 한 예인가? 이러한 생각들은 종의 기원에 직접 연관되는 질문들이었다. 젊은 다윈이 알아차린 종의 기원에 대한 질문들은 매우 중

---

[29] 라마르크(Jean-Batiste Lamark, 1744-1829), 프랑스의 박물학자로 '용불용설'을 주장함.

요하였다. 그러나 아직은 그가 답을 할 수 없는 질문들이었다:

> 같은 대륙 안에서 멸종된 종들과 현존하는 종들 사이의 놀랄만한 연관 관계는, 내 생각에 틀림없이, 어떤 사실들보다 지구상에 생명체들의 출현과 사라짐에 대하여 해명해 줄 것이다.

7월 말경에 *비글* 호는 지금의 아르헨티나의 동해안에 도착하였다. 여기에서 선원들은 다음 한해를 동해안을 오르내리며 힘든 삼각측량 조사를 시작하였다. 컴퍼스를 사용하여 해안선 지도를 만들며 육분의로 경도를 계산하고 배에 실은 22대의 크로노미터로 위도를 계산하였다. 수심, 사주, 암초를 해도에 표시하기 위하여 수심을 측정하였으며, 조류, 조석, 바람과 또 다른 자연 위험 요소들을 기록해 보관하였다. 피츠로이 선장이 묘사한바에 의하면:

> 우리들의 첫째 목표는 배를 정박할 수 있는 안전한 항구를 찾는 것이었다. 우리는 조석과 지자기에 대한 경로, 시각 및 방위를 관측하였다. 우리는 또한 항구를 만들고 주위 환경을 조성하려고 계획하였다. 눈에 보이는 높은 지역들 모두를 포함하여 해안의 주목할만한 지리적 특징들을 삼각측량을 하여 항구 근처의 높은 언덕들의 꼭대기들과 분명히 구별되는 높은 좋은 곳들을 찾으려고 하였다. 그리고 그 꼭대기들 위에서 경도를 재는 경도의 theodolite를 사용하려 하였다.

비글 호가 해안을 탐사하는 수개월간 다윈은 상륙하여 곤충, 딱정벌레, 나비, 조류, 식물, 암석과 화석들을 채집하는 충분한 시간을 가졌다. 1832년 9월에는 아르헨티나의 팜파스를 말을 타고 달리며 '사냥과 말타기와 채집을 하며 몇 개의 혁신적인 발견들을 기대하고 있었다.' 선상에서는 단독으로 육지 여행을 금하는 복무규정이 있어서, 다윈은 그의 조수인 심스 커빙턴과 동행하였는데, 그

는 원래 '악사와 선미루 선실의 사환'으로 승선계약을 하였다. 그는 지금 다윈이 고용한 상태여서, 다윈은 그에게 사냥, 채집, 표본고정, 그리고 표본을 포장하는 법을 가르쳤다. 그들이 런던으로 돌아온 후에도 심스 커빙턴은 그가 1839년 오스트레일리아로 이민을 갈 때까지 다윈의 좋은 친구로 있었으며 또한 다윈은 그를 고용하고 있었다.

다윈은 리오 네그로 강 어구에 있는 카르멘 드 파타고네스에서 부터 부에노스 아이레스로 960킬로미터를 돌아가서 다음에 부에노스 아이레스에서 파라니 강이 있는 싼타페까지 960킬로미터를 갔다가 돌아오는 기나긴 육로 여행을 시작했다. 다윈은 이들 여행에서 흥미로운 일들이 많아서 한껏 즐겼는데, 넓은 평원을 여행하고, 사슴과 타조를 사냥하고, 가우초들과 함께 지내며, 인디안들의 반란을 진압한 로사스 장군의 군대도 만났다. 그는 자신의 일기에 야영의 즐거움에 대하여 – '하늘을 지붕 삼고 땅을 식탁 삼아서'라고 썼다. 아르헨티나의 팜파스를 가로지르는 여행을 하는 동안 다윈은 많은 멸종된 동물 종들의 화석화된 뼈들이 박혀있는 노두들을 주기적으로 발견하거나 또는 주기적으로 노두에게로 인도받은 것처럼 보인다. 멸종된 종들은 또한 현생종들과 연관되어 있었다:

> 아메리카 대륙이 변화된 상태를 생각해 보면 정말로 가히 놀랄 만하다. 예전에는 틀림없이 거대한 괴물들이 득실거렸을 것이나 지금은 조상종들에 비하여 왜소한 소형 동물들뿐이다. 그러나 그들은 모두 동종의 무리들이며, 그러면 과연 무엇이 수많은 종과 속들genera 전체를 절멸시켰는가? 우선 당연히 어떤 대참사라는 생각이 떠오른다. 그러나 남아메리카와 북아메리카 두 곳 모두에서 큰 동물들과 작은 동물들이 절멸되려면 (현재의) 지구의 전체적인 틀을 바꾸어야만 한다…. 분명히 지구의 기나긴 역사에서 지구상의 동식물들을 광범위하고 반복적으로 절멸시키는 것처럼 놀랄만한 사실은 없다.

레아 다윈니아이 Rhea darwinii 존 굴드 작, 1873, 비글 호 항해의 동물학

대평원을 여행하며 다윈은 레아[30], 남아메리카 산 타조의 많은 예들을 보았는데, 가우초들은 사냥용 올가미를 빙글빙글 돌려 던져서 레아의 다리를 빙빙 감아서 꼼짝 못 하게 하는 방법으로 사냥하여 잡아 먹었다. 몸집이 큰 레아는 아르헨티나의 북쪽 평원에 많았으나 작은 레아 Darwin's lesser rhea 들은 남쪽 평원에 더 흔했다. 파타고니아에서 선원들이 소형 레아 한 마리를 잡아서 솥에 넣어 삶았다. 반쯤 먹었을 때 다윈은 그것이 레아의 신종임을 알아차리고 수집하기 위하여 뼈들을 빨리 맞추어보았다. 후에 이 종은 그를 기려 레아 다윈니아이 *Rhea darwinii*로 명명되었다.

비글 호의 전번 첫번째 탐사 항해 때에 피츠로이 함장은 티에라 델 푸에고에 정박하여 있는 동안에 배의 고래잡이용 보트를 도둑맞은 뒤 푸에고 원주민 네 명을 인질로 잡은 적이 있었다. 그 보트는 회수되지 못했고 그래서 피츠로이 함장은 체포한 세 명의 남자와 한 명의 어린 여자를 어찌 처리해야 할지를 결정해야만 했다. 그는 이렇게 썼다:

그들을 잉글랜드로 데려가서 거기에서 실행 가능한 교육을 시켜 티에라 델 푸에고로 다시 데리고 온다는 것이 그들과 그들의 부족사람들에게 가져올 여

---

30 레아(Rhea, *Rhea pennata*; *Rhea dawinii*), 남아메리카 산, 대형 날지 못하는 새.

러 가지 유리한 점들을 생각하기 시작했다.

(피츠로이 함장은 이들 네 명을 영국으로 데리고 왔으며, 교육을 시켜 나중에 다시 데려다 줄 생각이었다.) 잉글랜드에서 교회 선교사회는 그 푸에고 사람들에게 숙소를 제공하고 유치원에서 영어, 기독교, 일반 도구들 사용법, 가축 돌보기, 정원 가꾸기 등의 기초교육을 시켰다. 남자 하나는 천연두 예방접종을 한 후 사망했다. 그러나 피츠로이 함장은 나머지 세 명을 그들의 고향 땅으로 데려다 줄 약속을 이행하였다. 그래서 이번 2차 항해에 다시 그들을 이곳으로 데리고 왔다. 피츠로이 함장은 그가 제미 버튼,

푸에고인, 야푸 테케니카, 『비글 호 항해 이야기』에서 발췌, 웰컴 도서관

요크 민스터, 푸에기아 바스켓이라고 이름을 지워준 이들 '문명화된' 푸에고 사람들이 젊은 잉글랜드의 선교사 미스터 매슈와 함께 선교회를 설립하여 파타고니아의 오지에 문명을 전파하기를 희망했다. 이곳의 원주민들은 연체동물들과 그들이 잡을 수 있는 어류와 물개들을 먹고 살았다. 그들은 발가벗었고 온몸에 끈적끈적한 기름을 바르고 몸을 따뜻하게 하려고 구아나코[31] 가죽으로 만든 소매 없는 외투 모양의 가죽이나 물개 가죽을 몸에 걸치고 있었다. 다윈은 야만

의 푸에고인들을 처음 보고 크게 충격을 받았으며, 그들은 얼굴에는 흰색 페인트를 두껍게 바르고, 머리는 얼기설기 얽혀 있고, 피부는 더럽고 기름기가 많아서, 그는 그들이 우리와 같은 동질의 사람이라고 전혀 믿을 수가 없었다고 썼다. 이 현저한 차이점은 다윈으로 하여금 야만으로부터 문명으로 발전된 인간의 진보에 대하여 오랫동안 생각하도록 하였다:

> 그것은 예외 없이 내가 지금까지 보아온 가장 기이하고 흥미로운 광경이었다. 나는 야만인과 문명인의 차이가 그렇게 큰지를 믿을 수가 없었다. 사람의 경우에 못지않게 개량된 한층 더 큰 힘이 작용한, 야생동물들과 가축 간의 차이보다도 더 컸다.

비글 호의 선원들은 비글해협에 오두막, 정원, 가구, 식기들이 갖추어진 선교지mission post를 만드는 일을 도왔으며, 미스터 매슈와 세 명의 푸에고 인들을 남아 있게 하였다. 약 한 달 후에 *비글* 호가 탐사를 마치고 돌아와 보니 불행하게도 그들의 문명화 실험이 실패한 것이 분명히 드러났다. 선교지는 약탈당하고 소유물들은 원주민들이 나누어 가졌다. 생명의 공포를 경험한 선교사 미스터 매슈는 배로 다시 돌아오기로 했으며, 세 명의 푸에고 인들은 원주민의 생활 관습으로 되돌아갔으며, 제미 버튼은 허리에 해진 천을 두른 것 말고는 완전히 알몸이었다. 피츠로이 함장은 실망한 것이 분명했으나 그는 희망을 가졌다:

> 우리가 문명화시킨 제미 요크와 푸에기아 같은 사람들을 티에라 델 푸에고의 원주민들과 합류시킨 것은 분명히 그들에게 조금은 도움을 주었을 것이다. 다른 나라 사람들에 대하여 듣게 될 그들의 관습에 의하여 또한 아주 적을지라도 신과 그들의 이웃들에 대한 그들의 의무감에 의하여, 거의 틀림없이, 고

---

31 구아나코(Guanaco), 남아메리카 안데스 산맥의 야생 라마.

무되어 아마도 훗날 난파당한 선원들이 제미 버튼의 자손들로부터 도움과 친절한 대우를 받을지도 모른다.

대서양과 태평양을 연결해 주는 비글해협Beagle Channel은 길이가 240킬로미터이며 폭은 가장 좁은 곳에서 약 5킬로미터 정도이다. 해안선은 밀림으로 덮여있으며 북쪽 연안에는 마운트 다윈에서 시작하여 만년설에 뒤덮인 마운트 사르미엔토Mount Sarmiento에서 끝나는 산악지대가 있다. 빙하는 산에서부터 아래로 물가까지 뻗어있고, 다윈은 그의 야장에 이렇게 썼다: '이들 빙하의 녹주석 같은 청색보다 더 아름다운 어떤 것도 상상할 수 없었다. 특히 산 위의 광대하게 펼쳐진 눈의 순백색과 대조됨에 따라 더욱 아름답다.' 비글 호에서 상륙한 사람들은 빙하의 거대한 얼음덩이가 바닷물로 떨어져 어마어마한 큰 파도가 생겨 해협을

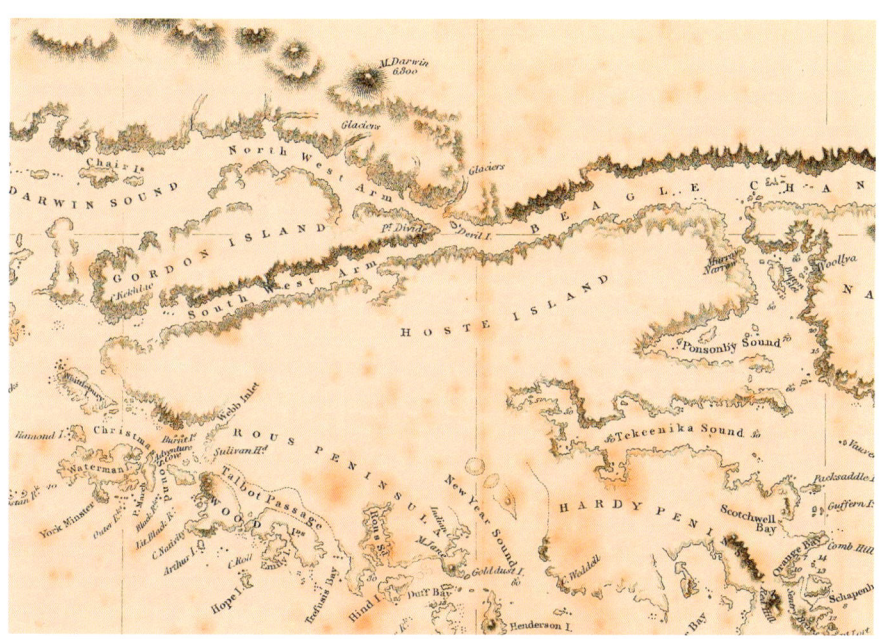

| 다윈 해협과 마운트 다윈 Mount Darwin을 보여주는 비글 호가 1834년에 탐사한 비글해협지도

가로질러 오는 것을 보고 싶어 하였다. 다음은 피츠로이 함장이 묘사하고 있는 사건인데, 다음 날 그는 재난으로부터 보트를 구해낸 그의 동료의 영웅적인 역할을 기념하기 위하여 이 지역을 다윈 해협Darwin Sound이라고 명명하였다:

> 우리는 보트들을 물 밖으로 끌어 올려 모래 위로 올려놓고, 배들로부터 약 200야드 정도 떨어진 곳에 불을 피우고 둘러앉아 있었다. 이때 천둥 같은 굉음이 우리를 흔들었다. 빙벽의 앞면 전체가 아래로 떨어져 그리고 광대한 물거품 더미에서 갑자기 솟아올랐다. 우리를 둘러싸고 있는 아주 높은 산들로부터 사방으로 반향 메아리를 울렸다. 그러나 우리는 거대한 파도가 굽이쳐 밀려오는 것에 즉각적으로 모든 주의를 기울였다. 파도는 너무 빠르게 밀려와서, 우리들 중 가장 민첩한 사람이라도 배들이 해변 위에 전복되기 전에 달려가 잡아끌어 낼 수 있는 시간이 거의 없었다. 이윽고 배들은 늦지 않게 구조되었다. 다윈과 두세 명의 선원들이 곧바로 뛰어가지 않았더라면, 배들은 다시 찾을 수 없이 파도에 쓸려갔을 것이다.

1834년 5월 *비글* 호는 티에라 델 푸에고를 벗어나 태평양으로 들어가서 발파라이소Valparaiso까지 북쪽으로 향했다. 발파라이소에서 남아메리카의 서해안을 따라 내려가며 수로측량을 시작할 것이었다. 칠로에 섬 밖에 정박 중에 거대한 양의 화산재와 연기를 뿜어내고 있는 오소르노 화산의 눈 덮인 원추형 산을 볼 수 있었다. 다윈은 분출하는 화산을 다음과 같이 묘사하고 있다:

> 자정에 보초가 큰 별과 같은 무엇을 관찰하였다. 그것은 약 3시경까지 점점 크기가 커졌다. 이때 그것은 참으로 아름다운 광경을 보여 주었다. 망원경으로 보니 솟아올랐다가 떨어지는 눈부신 커다란 적색 빛의 중앙에서 흑색 물체들이 끊임없이 연속하여 보였다. 그 불빛은 수면 위에 긴 밝은 반영의 그림자를 드리우기에 충분하였다.

| *비글 호*, 비글해협, 마운트 사르미엔토, 콘래드 마르텐스

한 달 후 그가 발디비아 외곽의 한 숲에서 쉬고 있을 때, 다윈은 땅이 진동하는 것을 느꼈다. 깜짝 놀라 벌떡 일어나니 곧게 서 있는 것은 어렵지 않았으나 진동이 그를 현기증이 나게 했다. 그는 다음과 같이 썼다:

> 심한 지진은 우리의 가장 오래된 관념을 일시에 파괴한다. 바로 견고함의 상징인 지구가 마치 액체 위의 얇은 껍질처럼 우리 발 밑에서 움직인다 — 1초라는 짧은 시간에 오래 생각해도 잘 떠오르지 않는 불안정이라는 이상한 생각이 갑자기 마음속에 떠올랐다. 인간이 힘들여 만든 것들이 한순간에 파괴되는 것을 보고 있노라면 인간이 뽐내고 있는 힘이 얼마나 하찮은지를 느낀다.

다윈은 나스카 지판 Nazca plate[32]이 서서히 육지 남아메리카 지판의 서쪽 연변 밑으로 섭입되어 미끄러져 내려가는 곳에 서 있었다. 이러한 움직임은 안데스

---

[32] 나스카 지판은 태평양 동부의 남반구 부분의 해저의 지각 및 맨틀 위쪽의 암권을 형성하는 해양판이다.

산맥Andes Mountains을 융기시키며 남아메리카의 서해안을 따라서 화산이 분출되게 한다. 콘셉시온 항에 도착해보니 *비글* 호 선원들은 지진에 의하여 생긴 쓰나미가 집들을 쓸어가 버려 해안은 목재들과 가구들이 흩어져 있고 집은 한 채도 남아 있지 않은 것을 발견했다. 다윈은 지진에 의해 집들이 무너지고 건물들이 부서지는 인간의 비극을 목격하였다. 그러나 중요하게도 그는 이들 지질학적인 힘들이 어떻게 육지를 솟아오르게 하는지를 관찰하였다:

> 이 지진의 가장 주목할 만한 결과는 육지가 영구적으로 융기했다는 것이다. 어쩌면 그것을 원인이라고 말하는 것이 아마도 훨씬 정확할 것이다. 콘셉시온 만을 둘러싸고 있는 육지가 분명히 2~3피트 올라갔다. 산 마리아 섬(약 30 마일 떨어진)에서는 더 높이 융기했다. 한 곳에서는 피츠로이 함장이 수면 위 10피트 높이에 있는 바위에 아직도 붙어있는 썩어 가는 홍합 밭을 발견했다. 발파라이소에서는 내가 말한 바와 같이 비슷한 조개껍질들이 1,300피트 높이에서도 발견된다. 고도가 높아진 것은 올해의 지진이 원인이 되었거나 동반된 융기들과 이 해안의 어디에선가 계속 일어나고 있는, 우리가 느끼지 못하는 느린 융기작용으로, 작은 융기들이 계속적으로 일어난 결과임을 의심할 수 없다.

다윈은 산티아고에서 동쪽으로 안데스 산맥을 가로질러 멘도사까지 갔다가 발파라이소로 돌아오는 24일간의 탐사를 시작하였다. 산티아고 교외의 한 마을에 도착하니 그곳에는 예쁜 아가씨 몇 명이 있었는데, 그가 첫째 기도[33]를 하지 않은 채 성당 안으로 들어오는 것에 그녀들이 얼마나 놀랐는지를 묘사한다.

---

[33] 가톨릭교회에서 신자가 성당에 들어갈 때 입구에 놓인 성수를 손끝에 묻혀 성호를 그으면서 하는 간단한 성수 기도.

안데스의 전경, 『비글 호 항해 이야기』, 웰컴 도서관

"당신은 왜 크리스천이 되지 않습니까? – 우리들이 믿는 종교는 틀림이 없는데요."라고 물었다. 그는 그들에게 그도 일종의 크리스천(영국 성공회 신자)이라고 확언했다. 그러자 그들은 "당신의 신부님, 주교님은 결혼을 하는가요?"라고 물었다. 주교님이 아내를 가진다는 부조리가 특히 그들을 놀라게 했으며, 그러한 큰 범죄행위를 한낱 재미로 볼지 또는 공포로 느낄지에 대하여 그들이 거의 모르고 있었다고 묘사하였다.

안데스 산맥의 서편을 올라가서 다윈은 라이엘 교수의 지질학적 원리들을 산의 거대한 스케일에 적용시킬 수 있었다. 그는 '가장 높은 꼭대기의 지층들이 마치 부서진 만두껍질처럼 공중에 던져지듯이 심한 지질적 격렬함이 작용한 명백한 증거를 볼 수 있었다'고 썼다. 다윈은 마침내 노새들조차 가쁜 숨을 쉬는 해발 4,000미터 높이에 있는 산맥분수령에 도착하였다.

이러한 고도에서는 걷기와 호흡이 매우 힘들지만 안데스의 능선에서 해양 연체동물들의 화석을 발견하는 흥분과 꼭대기가 눈에 덮인 산들에 둘러싸여 피로

가 완전히 풀렸다. 세계의 맨 꼭대기에 선 느낌으로 안데스의 산 정상에서 보는 광경을 시적으로 표현하였다:

> 우리가 정상에 도착하여 뒤돌아보니 눈부시게 아름다운 광경이었다. 대기가 눈부시게 맑아서, 하늘은 엄청나게 푸르고, 깊은 골짜기들, 부서진 모습의 야생, 오랜 기간 동안에 쌓여진 폐허의 더미들, 형형색색의 바위들이, 산더미 같이 쌓인 흰 눈과 대조되어 내가 전혀 상상해 볼 수 없었던 장관을 만들었다. 높은 산꼭대기들 위를 선회하는 몇 마리의 콘도르를 제외하고는, 식물 하나도 새 한 마리조차도 이 장엄한 무생물 덩어리로부터 주의를 돌리게 하지 못하였다. ─ 내가 혼자 있는 것이 즐겁다. 마치 뇌우를 바라보고 있는 느낌이다. 완전한 메시아 합창의 오케스트라를 듣는 듯하다.

다윈과 같은 사람조차도 바다 조개껍질들의 화석들이 안데스의 가장 높은 능선에 수 천 피트나 쌓여 있는 것을 도저히 믿을 수가 없었다[34]. 이러한 관찰을 후에 피츠로이 함장과 이야기해 보니 그는 거의 믿지 못하였다. *비글* 호의 항해 이야기에 쓴 것을 보면 그는 그러한 생각에 신중할 필요가 있다고 느끼고 있었다:

> 나는 남아메리카 대륙의 이쪽 지역이, 현생 하는 조개들이 존재한 시대 이래로, 해안 가까이에서는 적어도 400~500피트 융기하였으며 내륙 지역에서는 아마도 더 높이 융기하였다는 확실한 증거를 가지고 있다.

---

34 남아메리카의 지형을 만든 지질학적인 융기 과정을 설명하기 위하여 다윈은 증거들을 모았는데, 해면보다 높은 곳들에 바닷조개의 껍질들이 분포해 있는 것, 아주 높은 고도에서 발견되는 오래된 조개껍질들의 색소 무늬들이 없어진 것, 테라스가 융기함에 따라서 침식에 의하여 단구가 형성되는 것 등을 발견하였다.

다윈의 식물, 동물, 암석표본들은 남아메리카에서 그에게 적잖은 혼란을 일으켰다. 다윈의 한 페루 주민과 대화 중에 도마뱀, 딱정벌레, 돌 조각들을 수집하기 위하여 많은 사람들을 페루까지 보내는 잉글랜드 왕에 대하여 쓰고 있다. 그 주민은 심각하게 생각하고 답을 했다. "그것은 잘못된 일이다. 그러한 하잘 것 없는 잡동사니들을 수집하기 위하여 사람들을 멀리까지 보낼 수 있는 부자는 없다: 만약 우리들 중 한 사람이 잉글랜드에 가서 그러한 일을 한다면, 잉글랜드의 왕은 곧바로 우리를 추방하려고 하지 않겠는가?"

피츠로이 함장은 아르헨티나에서 배 한 척을 구입하여 정비하였는데 탐사를 돕게 하고 지원선으로 쓰기 위하여 어드벤쳐 호 Adventure 라고 이름을 지었다. 이것은 사실상 해도 제작효율을 곱절로 늘렸으며 케이프 혼과 티에라 델 푸에고 근처의 위험한 해역에서 선원들을 안전하게 해 주었다. 수로측량은 탐사선이 항상 해안선을 따라서 그리고 해도가 그려지지 않은 수역을 항해하기 때문에 대단히 위험하다. 언제라도 깊은 수심으로부터 솟아오른 암초나 뾰족한 해산의 봉우리들을 만나 배가 난파되거나 강풍에 밀려 암석해안으로 들어갈 수 있다. 이런 위험 때문에 모든 선원들과 특히 함장은 계속 경계를 해야만 했다. 이러한 압박감이 프링글 스토크스 선장을 자살하여 죽게 하였고, 후임 로버트 피츠로이 함장에게도 죽음의 종소리가 들리기 시작하고 있었다. 해군성의 탐사 명령에는 지원선 구입에 관한 사항이 없는 것을 그는 알고 있었으며, 그는 그것들의 승인을 요청하는 편지를 썼다:

> 귀하들께서 제가 취한 조치를 승인해주실 것으로 믿습니다만 만일 제가 잘못 생각했더라도 공공을 위한 어떤 불편함도 초래되지는 않을 것입니다. 그 이유는 (배를 구입한) 그 계약에 책임이 있는 당사자는 저일 뿐이고, 저는 약정 금액을 지불할 능력이 있으며 기꺼이 그리할 것이기 때문입니다.

피츠로이 함장만이 그와 그의 선원들의 안전을 위하여 지원선이 꼭 필요하다고 생각한 것이 아니다. (큰 탐사에 나갈 때는 언제나 지원선이 동행하였다) 그러나 *비글* 호는 지원선 없이 항해하도록 명령받은 최초의 탐사선이었다. 보퍼트 선장은 피츠로이 함장을 지원하여 해군성에 쓴 추천서에 배가 암초에 부딪쳤을 때 대기하고 있는 지원선이 옆에 없으면 선원들은 쉽게 사망할 수 있으므로, 세계의 오지를 탐험하는데 배 한 척을 홀로 보낸다는 것은 일반적으로 위험하다고 말하였다. 그래서 피츠로이 함장은 해군성 장관이 그가 지원선을 구입한 것을 승인하지 않고 그 금액을 속히 상환하라고 명령한 해군성의 회신은 전혀 뜻밖이었다. 상환은 불가능하였고 피츠로이 함장은 *어드벤쳐* 호를 그 개인의 부담으로 팔지 않으면 안 되었다. 이중의 손해였으며 이러한 정신적 타격이 피츠로이 함장에게 심하게 충격을 주었다. 다윈은 그와 가장 가까웠으며, 그 겨울 동안 피츠로이 함장의 우울증은 정신이상에 가까워 보였다. 집으로 보낸 편지에 다윈은 "그는 병적인 우울증이 있으며 결단력과 과단성 모두를 잃어버렸다. 함장은 그 자신이 정신착란이 되는 것을 두려워하고 있다."고 썼다.

비글 호의 그의 선임 선장인 프링글 스토크스의 자살은 피츠로이의 마음을 한층 무겁게 압박했으며, 드디어 그는 함장직을 사임하기로 결심하였다. 위크햄 중위가 부함장이었으나, 그는, 해군성의 지시는 남아메리카의 남서해안을 가능한 한 많이 탐사하는 것이지 전 해안을 탐사하라는 것이 아니므로, 만약 그가 다시 배를 지휘하게 된다면 바로 태평양을 가로질러 가서 그들이 계획하였던 항해의 나머지 부분을 가능한 한 속히 완료하게 될 것이라고, 조심스럽게 피츠로이에게 조언했다. 좀 더 심사숙고해 보고 또 그의 강한 의무감을 되찾은 후 그는 자신의 사임을 철회하기로 결심하였다. 그리고 *비글* 호는 그가 임무를 드디어 다했다고 결정할 때까지 남아메리카의 서해안을 탐사하며 또 다시 일 년을 보냈다.

1835년 9월, 잉글랜드를 떠난 지 거의 4년 후, *비글* 호는 페루에서 태평양으로 서쪽을 향해 항해하였다. 그들의 다음 기항지는 갈라파고스 제도[35]였다. 이곳은 경관이 수천 개의 작은 화산 분화구들로 우묵우묵 파여 있으며, 섬들의 전 표면이 용암과 붉은 화산암재(화산송이)로 덮여 있다. 멀리 떨어진 곳에 다윈은 큰 화산들 중 하나의 정상에서 연기와 화산재들이 분출되고 있는 것을 볼 수 있었다. 남아메리카 대륙으로부터 약 900킬로미터 떨어진 태평양에 새로운 땅이 생기고 있었다:

> 아침에 우리는 채텀섬에 상륙했다. 다른 섬들처럼 과거 화산들의 잔재인 여기저기에 흩어져 있는 작은 언덕에 의하여 연결되지 않은 부드럽고 둥근 윤곽을 가진 섬이다. 처음 모습으로는 가보고 싶은 마음이 전혀 없었다. 흑색 현무암질 용암으로 된 울퉁불퉁한 평지는 아주 험한 물결들 속에 잠겨 있었고, 커다란 균열들이 교차해 있었고, 어느 곳이나 생명의 흔적이 거의 없는 성장이 위축되고 햇볕에 탄 작은 덤불로 덮여 있었다. 정오의 태양으로 뜨거워진 건조하고 바싹 말라버린 지면은 난로에서 나오는 것과 같은 찌는 듯이 덥고 후덥지근한 기분이 들었다.

이 새롭게 생긴 섬에는 남아메리카로부터 이곳까지 이주해 올 수 있었던 식물, 동물, 조류들만이 살게 되었다. 다윈은 그가 칠레와 페루에서 보았던 종들과 비슷하지만 틀림없이 다른 조류와 동물들의 신종들이 많이 있는 것을 곧 알아차렸다:

---

[35] 갈라파고스 제도(Galapagos Islands), 남아메리카 에콰도르 해안에서 약 973킬로미터 떨어져 있으며 18개의 큰 섬들과 3개의 작은 섬들로 이루어졌다. 지금도 계속 진행되고 있는 지진과 화산활동은 이 섬들이 만들어진 과정을 고스란히 보여준다. 찰스 다윈은 1835년에 35일간 이 섬을 탐사하였으며 이곳의 생물들의 특이함은 다윈의 자연선택에 의한 진화론의 근거가 되었다.

이 섬들의 자연사는 대단히 기이하고 크게 주목할 만하다. 대부분의 동식물들은 다른 어느 곳에도 없는 토착적으로 생겨난 것들이다. 각기 다른 섬들에 살고 있는 동물들 안에서조차 차이가 있다. 그러나 이 섬들이 대륙으로부터 500~600마일 사이를 두고 바다에 의하여 분리 되어 있지만, 모든 종들이 남아메리카의 종들과도 두드러진 연관성을 보여준다. 이 갈라파고스 군도는 그 자체 안에 하나의 작은 생물 세계를 이루고 있으며, 차라리 아메리카 대륙에 소속된 위성 생물 세계이며, 몇 종의 제 위치를 벗어난 개척생물 stray colonists 들을 진화시켰으며 그곳에서 토착생물 indigenous productions 의 일반적인 특징을 획득하였다.

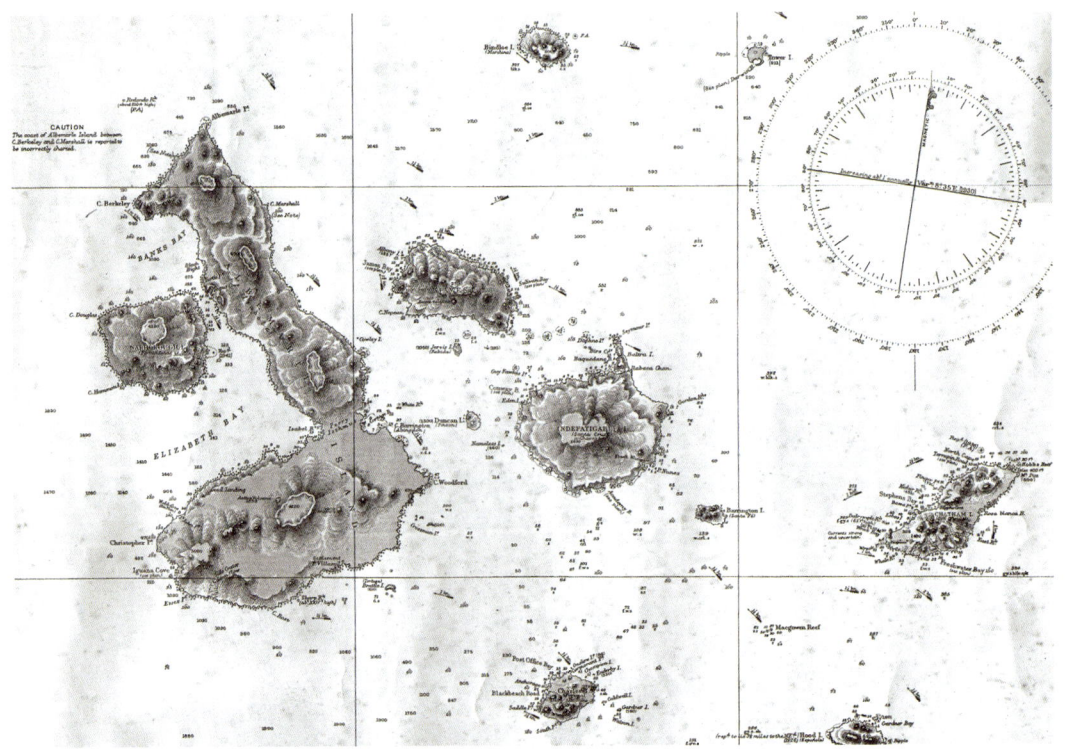

| 갈라파고스 제도, *비글* 호 1839

또한 다윈은 이 섬들에 사는 동물들이 특이하게 온순하다는 것에 주목하였는데, 사람에 대한 공포감을 아직도 가지지 못한 것 같아 보여, 그는 '여기에서 총은 거의 필요하지 않다. 나뭇가지에 앉아 있는 매 한 마리를 총부리로 밀어서 날아가게 했다'라고 썼다. 언제인가 찌바귀 한 마리가 그가 들고 있는 물병 위에 내려앉아 물병에서 물을 계속 마셨다. 그는 새들의 발을 잡아 포획하려고 시도하여 거의 잡을 뻔한 이야기들을 하였다. 갈라파고스 섬에는 바다에서 사는 이구아나Iguana와 육지에서 사는 이구아나 두 무리가 있었다. 그 종들은 모양이 매우 달랐으며 바다 산 이구아나들은 특히 주목할 만했는데, 이 종들은 갈라파고스 제도에만 살고 있으며 해양식물만을 먹고사는 아직까지 알려진 유일한 도마뱀류였다. 갈라파고스 제도의 또 다른 중요한 동물은 모든 섬들에서 많은 개체들이 살고 있는 거대거북이다:

> 나는 아직까지 갈라파고스 제도의 자연사에서 가장 주목할 만할 특색을 알아차리지 못했다. 각기 다른 섬들에는 상당한 정도로 서로 다른 조합의 생물들이 살고 있다. 부지사 로슨씨는 거북들은 그들이 사는 각 섬마다 다르다는 것을 말하여 나는 처음으로 이 사실에 주의를 기울였으며, 그는 어떤 거북이든 그들이 어느 섬에서 잡혔는지를 분명히 말할 수 있었다.

다윈은 또한 찌바귀들이 섬마다 달라 보이는 것과 또한 남아메리카 대륙에 사는 것들과도 다르다는 것을 관찰하였다. 유감스럽게도 그는 서둘러서 가능하면 많은 종을 채집하였으나, 새들을 채집한 섬들의 위치를 정확히 꼬리표를 붙일 시간이 없었다[36]. 그러나 갈라파고스 제도의 신비함은 다윈의 마음에 남아

---

[36] 다윈은 갈라파고스 제도에서 많은 새들을 채집했으나, 섬들은 서로 눈에 보이는 거리에 있어서, 환경이 모두 같을 것이라고 생각하여, 이 섬들의 중요성을 알아채지 못하여, 새들이 어느 섬들에서 잡혔는지에 대한 기록을 빠트렸다. 훗날 런던에서 존 굴드가 새들을 분류할 때 이점을 매우 아쉬워했다.

있어서 그는 자신의 일기에 이렇게 적었다:

> 섬들의 크기가 작은 것을 생각할 때, 폐쇄된 서식 범위에, 토착종들의 수가 많은 것에 더욱 놀라움을 느낀다. 분화구를 가지고 있는 산들과 대부분의 용암이 흐른 자국들이 아직도 뚜렷한 경계들을 보면, 지질학적으로 근세기에 분리되지 않은 해양이 이곳에서 퍼져나간 것을 믿도록 해준다. 그래서 시공간적으로 이 지구 상에 새로운 생물들의 처음 출현이라는 – 신비중의 신비라는 – 그 위대한 사실 가까이에 있는 그 어떤 곳으로 온 느낌이 들었다.[37]

몇 개의 섬들은 그 섬들에만 사는 거북, 찌바귀, 핀치 식물 종들이 있으며, 이 종들은 서로 다른 환경에 살면서도 동일한 일반적 습성을 가지며, 갈라파고스 제도의 생태계에서 분명히 동일한 생태학적 지위들을 채우고 있다. 이러한 사실들이 나를 놀라게 한다.

현무암 용암으로 생성되어 아메리카 대륙과 다른 지질학적 특징을 가지며 특이한 기후대에 위치해 있으며, 지질학적 역사가 오래지 않은 이러한 작은 땅덩어리들 위에 왜 섬마다 토착종들이 있을까?

타히티[38]

1835년 11월 15일 *비글* 호는 타히티에 도착했다. 1769년 제임스 쿡과 조셉 뱅크스가 금성을 관측하기 위하여 *인데버* 호를 타고 타히티 섬에 왔던 이래로 약 66년이 지난 후 피츠로이와 다윈이 *비글* 호를 타고 타히티에 온 것이다. 그 동안 타히티는 유럽의 문명이 많이 들어와서 타히티인들의 주거 환경과 생활이 많이 변해 있었다. 영어를 알아듣는 사람들도 생겼고, 선교사들이 선교 활동을

---

[37] 다윈은 35일간의 갈라파고스 제도 탐사를 마친 후 1835년 10월 20일 타히티 섬으로 출발했다.
[38] '타히티'와 '뉴질랜드'는 번역서 원본에는 빠져 있는데, *인데버* 호의 항해 시에 쿡 선장과 뱅크스가 방문하였던 곳이라, 시대적 비교를 위하여 역자가 간단히 삽입하였다.

하고 있었으며, 잉글랜드인들도 많이 있었다. 유럽의 좋지 않은 문화들도 들어와 있었다. '그들은 웃으며 우리들을 맞이했다…. 그들의 표정에는 야만이라는 생각을 곧 사라지게 하는 부드러움이 있었고 문명세계로 발전하고 있는 현명함이 보였다…. 백인들은 정원사가 기르는 빛바랜 식물들 같았으나 타히티 사람들은 야생에서 힘차게 자라는 짙푸른 녹색식물 같았다.' 피츠로이 함장은 원주민의 여왕을 만나 미해결된 외교 문제도 합의를 보았다.

뉴질랜드

1835년 12월 19일 *비글* 호는 뉴질랜드 북섬에 도착했다. 약 66년 전 제임스 쿡과 뱅크스가 이곳을 방문했던 이래로 뉴질랜드는 잉글랜드의 문화가 많이 전래되어 있었다. 특히 선교사들의 활동이 원주민들을 많이 변화시키고 있었다. "며칠만 지나면 잉글랜드를 떠난 지 만 4년이 된다. 다섯 번째 크리스마스인 오늘은 여기에서 보내고, 여섯 번째는 잉글랜드가 될 것이다."

7

찰스 다윈 – 오스트레일리아에서
Charles Darwin – In Australia

지금 *비글* 호는 오스트레일리아를 향하여 광대한 태평양을 가로질러 항해하고 있었다[39]. 지금까지 다윈은 *비글* 호에서 보낸 시간보다 남아메리카를 도는 탐사에 더 많은 시간을 보냈다. 뱃멀미에 계속 시달리며 훗날 배를 타고 항해할 사람들에게 충고의 말을 적었다:

> 만약 심하게 뱃멀미를 한다면, 모든 것을 고려하여 그것을 신중히 생각해야 한다. 내 경험으로 말하면 뱃멀미는 일주일 안에 낫는 하찮은 병이 아니다. 긴 항해 동안에, 항구에 정박해 보낸 시간에 비하여 얼마나 많은 시간을, 바다에 위에서 보내는가를 명심해야 한다. 광대무변한 해양의 자랑할 만한 영광은 무엇인가? 아라비아인들의 말대로라면 해양은 지루한 황무지요 물의 사막이다. 황량하고 풍우에 시달린 해안에서 보는 광경은 정말로 다르다. 그

---

[39] *비글* 호는 타히티 섬을 떠난 후 뉴질랜드를 거쳐 1836년 1월 12일 오스트레일리아의 시드니에 도착하였다.

러나 야성적인 기쁨보다는 공포감이 더 든다.

그는 노트에 기록하는 것과 그를 몰두하게 하는 책 읽기만을 하며, 그가 묘사한 대로 '지루한 황무지' 해양을 가로지르는 항해를 하는 동안, 거의 4년간을 멀리 떠나온 집과 사랑하는 사람들을 생각할 수 있는 많은 시간을 가졌다. 전에 계획했던 것보다 이미 일 년이나 더 길어졌으나 *비글* 호는 아직도 세계 일주 항해의 절반 밖에 하지 못했다. 배에 탄 모든 사람들이 시드니를 즐거운 마음으로 고대하고 있었으며, 시드니를 작은 잉글랜드와 '집에서 멀리 떨어진 그들의 집'처럼 상상하고 있었다. 그의 누님에게 다윈은 이렇게 썼다:

> 지난 한 해 동안 나는 돌아가기를 원하였고 내가 바라는 바를 강하게 말하였다. 그러나 지금 나는 종일 끊임없는 불평을 참으려 하고 있다…. 지질학은 더이상 관심도 없고 뱃멀미를 많이 한다. 나는 항해의 어떤 부분들보다도, 시드니를 본다는 즐거움을 고대하고 있다 — 우리는 그곳에 아주 잠시 머무를 것이며 오직 2주일 간이다. 그러나 나는 말을 타고 내륙으로 어느 정도 들어갈 수 있기를 바란다.

다윈이 처음으로 본 시드니의 풍경은 실망스러웠다. 1836년 1월 *비글* 호가 시드니 헤드에 접근하자 멋진 집들이 배치된 신록으로 덮인 아름다운 광경이 보이는 대신에 노란색 절벽들의 선이 그에게 파타고니아의 해안을 생각나게 했다. 백색 바위 위에 세워진 홀로 선 등대만이 그들이 사람들이 많은 큰 도시 가까이에 와 있다는 것을 말해 주었다. 항구로 들어가자 가는 관목들이 늘어선 수평으로 층리된 사암해안은 이곳이 불모지라는 것을 바로 그에게 말해 주었다. 시드니 소만에 도착한 후에 그는 이 지역은 작은 잉글랜드처럼 보인다고 쓸 수밖에 없었다. 큰 범선들로 가득 차 있고 창고들과 이층 삼층의 석조 가옥들과 멋진 전원주택들이 둘러서 있는 것을 보았다. 그는 *비글* 호 앞으로 온 편지가 없는 것을 알고 나서 누나 수잔에게 보내는 편지에 그의 절망감을 적었다:

> 시드니 정박이 다가 오자 나는 간절한 기대에 부풀었다. *비글* 호로 온 편지는 한 개도 없다는 뉴스를 듣고 모든 기대가 김이 빠져 버렸다. – 집에 있는 누나들은 이것이 얼마나 슬픈 것인지를 상상하지 못할 것이다. 별 도리가 없다. 우리는 전에 이곳에 그렇게 빨리 도착하리라고 예상하지 못하였다. 그래서 편지들에게 작별을 고한다. – 우리가 들리게 될 희망봉에서도 그리고 아마도 우리가 잉글랜드에 도착할 때도 같은 운명이 우리를 따라올 것이며, 지난 18개월 동안에 소인이 찍힌 편지들은 받지 못할 것이다. 나는 지금 나의 처량한 이야기를 하였다. 나는 주저앉아서 실컷 울고 싶은 심정이다.

1779년 잉글랜드 하원위원회에 보터니 만이 범죄자 식민지로 적합한 장소가 되리라고 제안한 사람은 조셉 뱅크스였다. 그는 이 식민지에 계속 관심을 가져 그 법안의 통과와 더불어 그는 '뉴 사우스 웨일스[40] 장관'이라는 또 다른 직함을 갖게 되었다. 뱅크스의 제안이 성사되어, 1788년 1월 제1차 이송함대가 영국 해군함 2척, 화물선 3척과 죄수 750(남자 550명, 여자 200명)명을 실은 수송선 6척이, 해병대 245명과 그들의 가족들 50명과 함께 많은 물건들을 싣고 도착하였다. 총독 임명을 받은 아서 필립Arthur Phillip[41]은 새로운 식민지에 숙련된 기술자들을 데려가자고 제안하였으나 불행하게도 거절당했다. 놀랍게도 정원사도

---

[40] 제임스 쿡 선장과 조셉 뱅크스는 *인데버* 호의 2차 항해 시에 1770년 오스트레일리아를 떠나기 전 쿡 선장은 그가 포세션 아일랜드(Possession Island)라고 이름을 붙인 (오스트레일리아의 북단)섬에 잉글랜드의 국기를 게양하여 오스트레일리아의 동해안을 뉴 사우스 웨일스(New South Wales)라고 명명하여 조지 삼세 왕의 땅으로 선포하였다.

[41] 아서 필립(Arthur Phillip)제독, 뉴 사우스 웨일스의 주지사로 임명되어 제1차 이송함대의 사령관으로 범죄자 식민지 오스트레일리아에 초대 총독으로 파견됨.

식물학자도 농부들도 없이 식민지 건설을 도우라고 보낸 것이다. 이 불모의 땅에서 그들이 어떻게 생존하기를 바라는가에 대한 놀라움을 주었다.

그들은 곧 보터니 만이 뱅크스가 이곳에 대하여 극찬한 설명과는 맞지 않는다는 것을 알았다. 이 만은 바다로 툭 트여져 있고 (만을 보호해 주는 지형지물이 없어) 무방비 환경이며, 수심이 너무 얕아서 배들이 해안 가까이에 정박할 수 없고, 담수가 부족하고, 토양은 척박하였다. 제1차 이송 함대의 사령관이며 이곳의 총독에 임명받은 아서 필립 선장은 작은 보트 세 척을 타고 보터니 만을 떠나 다른 만들을 탐사하였다. 필립 선장은 북쪽으로 약 20킬로미터 떨어진 포트 잭슨Port Jackson이 훌륭한 식민지 건설지인 것을 발견했다:

> 이 항구의 조그만 만들을 모두 탐색하여 검토하였으며, 좋은 샘물이 나는 곳을 우선으로 잡았다. 이런 곳은 배들을 해안 가까이에 정박시킬 수 있고, 큰 배들이 짐을 하역할 수 있는 부두를 아주 적은 비용으로 건설할 수 있다. 이 만은 길이가 약 1/2마일이며 폭이 만 입구에서부터 약 1/4마일이다. 시드니경[42]에게 경의를 표하여 필립 총독은 이곳을 시드니 만Sydney Cove이라고 명명하였다.

시드니경은 이 식민 정착지에 처음부터 많은 영향을 미칠 근본적인 결정을 하였다. 군인 형무소만으로 건설하는 대신에 그는 재판소를 둔 시민 행정 관공서를 마련하였다. 예를 들면 그들이 도착한 후 두 명의 재소자 헨리와 수잔나 케이블 부부가 그들이 타고 온 수송선의 덩칸 싱클레어 선장이 항해기간에 그들의 소지품들을 훔쳤다고 고발한 사건이 있었다. 영국에서 재소자들은 고발할

---

[42] 당시 범죄자 식민지 계획을 시행한 내무부장관, Thomas Townshend Sydney, 1789년 시드니 남작이 됨.

| 시드니 만의 전경, 아우구스투스 얼, 1826, 오스트레일리아 국립미술관

수 있는 권리가 없었기 때문에, 싱클레어 선장은 그들이 그를 고발할 수 없다고 떠벌렸다. 그럼에도 불구하고 새로 생긴 재판소는 원고 승소 판결을 내려 선장에게 그들의 소지품 분실을 배상하라는 명을 내렸다. 식민 정착 초기에는 혼란스럽고 어려움이 많았다. 공급이 제한되어 식품 재배는 반드시 해야만 했다. 그러나 시드니 근처는 토양이 척박했으며 기후마저 낯설고 농사에 대한 조그만 지식이라도 가진 재소자는 거의 없었다. 범죄자 식민지는 장기간에 걸쳐 전체적으로 아사 직전에 놓여 바타비아Batavia와 케이프타운으로 식량을 구하러 배들을 보냈다. 제대로 훈련을 받지 못한 해병들은 죄수들을 훈육하여 통솔하는 데는 관심 없이 죄수들을 채찍질만 하였다. 필립 총독은 거의 한꺼번에 모든 등급의 죄인들 중 감독관을 지명하여 다른 죄수들을 일을 시키게 하였다. 이것이 죄수 해방 과정의 시작이었다.

 식민지가 세워진 지 꼭 50년이 지난 후 찰스 다윈과 *비*글 호가 이곳에 도착하였을 때, 이송되어 올 때의 형기를 아직도 사는 죄수들과 해방된 죄수들, 자유 정착민들과 뉴사우스 웨일즈 군인들을 포함하여 식민지에는 2만 3,000명이 살고 있었다. 다윈은 도시를 들러 보기 위하여 상륙하였는데 정착지의 번창함에 깊은 인상을 받았다. 그는 흔히 전에 죄수였던 사업자가 어떻게 호텔 사업자 상점주인 부동산 투자자로서 실패 없이 큰 부자가 되었는지를 알았다:

> 저녁때 도시를 돌아보았는데 도시의 전체 모습에 크게 감탄하며 돌아왔다 – 영국의 힘을 가장 잘 보여주는 거대한 증거였다. – 나는 우선 내가 영국인으로 태어난 나 자신에게 찬사를 보내고 싶었다. – 다른 날들에 도시를 더 둘러 보니, 나의 예상보다는 좀 못하였지만 그럼에도 불구하고 멋진 도시다. 거리들은 규칙적으로 배열되어 있고 넓고 깨끗하며 아주 잘 정돈되어 있고, 집들은 크고 상점들은 훌륭하다.

다윈은 새로 지은 큰 저택들과 새로 짓고 있는 집들이 많은 것에 놀랐다. 그러나 많은 사람들이 집세가 비싸고 집을 갖기가 어렵다고 불평하고 있었다. 근 2세기가 지난 지금 시드니에 사는 것이 여전히 매우 비싼 것은 이런 사실들과 비슷한 것을 쉽게 알 수 있다. 다윈은 그의 친구이자 동료 선원인 콘래드 마르텐스를 방문할 기회가 있었는데, 그는 발파라이소에서 *비글* 호를 내려 다른 배편으로 시드니까지 온 것이다. 그는 브리지가에 화실을 열어 빠르게 식민지의 유명한 화가 중의 한 사람이 되었다. 다윈과 피츠로이 함장은 인사차 그의 화실에 들러 *비글* 호가 남아메리카를 돌며 항해한 동안에 *비글* 호를 그린 그림들을 구입하기도 하였다.

비글 호는 단지 재보급을 받고 그들의 크로노미터들로 계산한 경도를 전에 시드니 관측소에서 계산한 경도와 비교해보기 위한 목적만으로 시드니에 정박할 예정이었다. 그러나 다윈은 가능하면 많이 오스트레일리아를 보고 싶어 하여 특이한 식물들과 동물들을 수집하였다. 시드니에 온 지 3일 밖에 안되어 그

는 배서스트Bathurst까지 가기 위하여 안내인 한 명과 말 두 필을 빌렸는데, 배서스트는 내륙 안으로 190킬로미터 들어간 곳이며 발전하고 있는 농촌의 중심지였다. 시드니에서 파라마타까지 가는 길에서 사슬로 함께 묶인 죄수들이 공사를 하는 것을 보았다. 그는 마음이 불편했다. 그러나 그것은 또한 식민지가 빠르게 발전하고 있음을 말해 주었다:

> 처음 보는 것이며 기분이 좋지 않은 것은 족쇄와 죄수들 무리였다. 그들은 이 나라에서 사소한 범죄를 지은 사람들인데 노란색과 회색 무늬의 옷을 입고, 길가에서 족쇄를 찬 채로 작업을 하고 있고 무장한 간수들이 감시하고 있었다 – 나는 이 식민지들이 초기에 번성을 이룬 중요한 수단은 정부 통치라고 믿는다. 그러므로 이를 통해 한번에 큰 집단들을 보내서 정착민들에게 보다 가까이 소통할 수 있는 수단을 구축할 수 있게 되었다.

다윈은 시드니에서 약 55킬로미터 서쪽 네피안 강둑에 있는 그가 대단히 편하다고 생각한 에뮤 페리의 한 여관에서 그날 밤을 보냈다. 그는 이번 여행 중에 그가 본 나무들에 대하여 썼는데, 거의 전부 한 과에 속하는 유칼립투스 종들이며, 나뭇잎은 많지 않고, 잎은 대부분 수직으로 매달려 있고, 잎은 조금도 윤이 나지 않는 특이한 옅은 담록색이다. 1월은 오스트레일리아의 한여름이라 덥고 건조하며 먼지가 많고, 남아메리카의 울창한 숲들과는 대조적으로 이 나라는 건조하고 척박하다:

> 이곳은 그렇게도 번창하고 있는 나라지만, 생산력이 적어 보이는 것은 어느 정도 사실이며, 토양은 의심할 여지 없이 좋다. 그러나 비가 아주 적게 오고 흐르는 물이 매우 적어서 식물생산이 많을 수 없다. 농작물들과 정원 식물들도 3년에 한 번은 실패하는 것으로 추산되며, 매년 연속 그렇게 되기도 하였다. 그렇기 때문에 이 식민지는 주민들이 소비하는 빵과 채소를 자급할 수 없

다. 이곳은 근본적으로 목축에 알맞은 곳으로, 주로 양 목축에 알맞으며 큰 동물들은 적합하지 않다. 에뮤 페리 근처의 충적토의 땅은 내가 본 몇 안 되는 가장 잘 경작된 곳이다. 서쪽에 블루마운틴과 경계를 두고 있는 네피안 강 둑에서 본 경치는 잉글랜드를 생각하고 있는 사람에게조차도 확실하게 기분이 좋았다.

블루마운틴Blue Mountains은 에무 평원에서 솟아올라서 인상적으로 보일 수도 있으나 사암 대지에 올라가 보니 다윈은 경관이 극도로 단조로운 것을 알았다. 길 양편에 줄지어 서 있는 관목의 유칼립투스 나무들이 있고, 양털 뭉치들을 높이 쌓아 실은 우차들이 가끔씩 지나가는 것 말고는 교통량이 거의 없었다. 웬트워스 폭포에 도착하여 웨더보드 여관에서 하룻밤을 묵었다. (이곳의 고도는 해발 2,800피트였다) 다음 날 아침 그가 '거대한 원형극장'으로 묘사한 (광활하게 푹 파인 거대한 만과 같은)지형 안으로 가파른 길을 따라 제이미슨 강까지 걸어 내려갔다. 다윈은 시드니 사암의 수직 절벽으로 된 사암의 대지를 깎아 내려가 웬트워스 폭포가 케둠바 강의 바닥을 향하여 수백 미터를 낙하하도록 만드는 광활한 계곡을 쳐다 올려 보았다. 강 주위의 지형은 지평선까지 펼쳐진 유칼립투스의 숲으로 덮여 있었다. 다윈은 이러한 특이한 지형을 실제로 블루마운틴의 융기가 케둠바 강이 수직 절벽들과 곶(갑)을 만드는 단단한 사암층을 통하여 흐르며 거대한 계곡을 조각해 내도록 하였다고 생각했다:

좁은 길을 따라 서 있는 나무들 사이로 갑자기 거대한 만gulf 이 발 밑 약 1,500피트 깊이에 보인다. 몇 야드를 더 걸어가면 벼랑 끝에 서게 된다. 벼랑 밑에는 울창하게 숲으로 덮인 – 나로서는 달리 표현할 수 없는 – 거대한 만이 있다. 이곳은 만의 머리 부분과 같은 곳처럼 위치해 있어, 뚜렷한 해안에 서와 같이 곶들을 넘어 다른 곶들이 계속 보이며, 절벽의 선은 만의 양쪽으로 갈라져 나간다.

블루마운틴 헤리티지 지역은 이 대륙에서 유칼립투스 수종들의 다양성이 높은 가장 넓은 보호구역이라서 오늘도 여전히 같은 풍경이다. 100만 에이커가 더 되는 국립공원에는 91종의 유칼립투스 수 종이 있는데, 종수가 많지만 오스트레일리아의 총 유칼립투스 종수의 10%보다 단지 조금 많다.

다윈은 블루마운틴에서 아직도 야생에서 살고 있는 오스트레일리아의 원주민 무리와 마주쳤다. 다윈은 그들의 미래를 추측하며 그의 일기에 적었다:

> 해 질 녘에 요행히도 20명 정도의 흑인 원주민 무리가 각자 한 다발의 창과 다른 무기들을 그들의 방식대로 가지고 지나갔다. 인솔자에게 1실링을 주었더니 쉽게 가던 길을 멈추고 모두 그들의 창을 내려놓았다. 모두들 몸을 일부만 가렸고 몇 명은 영어를 조금씩 했다. 그들의 표정은 명랑하고 유쾌했으며

| 웬트워스에서 본 제미슨 계곡, 콘래드 마텐스, 딕슨 컬렉션, 뉴 사우스 웨일스 주립도서관

흔히 보이는 것처럼 그렇게 열등한 인간 같아 보이지 않았다. 그래서 어디에서 자게 될지도 모르며 숲속에서 사냥하여 생계를 유지하며 야만인들은 해를 끼치지 않지만 야만인들이 문명인들 속을 돌아다니는 것이 대단히 신기하였다. 이 종족들의 떠돌아다니는 생활습성 때문에 어린이들이 아주 어려서 많이 죽는다고 한다. 식량을 얻기가 점점 어려워짐에 따라서 그들은 더 많이 돌아다녀야만 한다. 그래서 굶어서 죽는 것과 같은 명백한 사망 사유가 없이, 이들의 인구는 문명국가들에서 일어나는 사망률에 비하여 대단히 급격하게 감소된다.

블랙히드 정착지를 떠나서 다윈은 마운트 빅토리아에서부터 배서스트 평원까지 꼬불꼬불 내려가는 길로 사암대지를 출발하여 내려가기 시작했다. 다윈은 이 길이 잉글랜드의 어느 길과 마찬가지로 훌륭하다고 묘사했다. 제임스 워커는 자유 정착민으로 왈레라왕 농장을 이전 받아 1만 5,000마리의 양을 기르고 있었는데, 그는 시드니에서 다윈을 만나서 자기의 왈레라왕 농장의 감독관에게 소개서를 써주어서 다윈은 그 소개서를 가지고 갔다. 감독관 브라운씨는 배서스트 평원이 빠르게 번창하는 것은 이방인의 눈에는 매우 비참해 보이는 갈색의 목초지가 양들이 먹기에는 제일 좋기 때문이라고 그에게 말해 주었다. 이곳에서는 지금 밀이 자라고 있으며, 그는 앵무새와 코카투 앵무새 떼들이 어떻게 밀알을 아주 좋아하게 되었는지를 알았다. 왈레라왕 농장에는 40명의 죄수노동자들이 배당되어 있었고, 그들은 7,000마리 정도 되는 양들의 털 깎이 작업을 막 끝내고 있었다. 농장에는 필요한 것들이 잘 갖추어져 있었으나, 여자는 한 사람도 살고 있지 않아서 안락한 느낌은 없었다.

다윈은 캥거루들이 평원을 돌아다니는 것을 보리라고 예상하였으나 한 마리도 보지 못했다. 다음 날 브라우네 씨는 그와 함께 사냥하러 나갔으나 캥거루는 기미도 보이지 않았다. 정착민들과 죄수들은 그것들을 먹으려고 사냥하였고, 다윈은 그들이 곧 멸종되리라고 생각했다. 커다란 캥거루들은 없었지만, 그레이하운드 사냥개들이 속이 파인 나무 속으로 들어간 작은 캥거루쥐rat-kangaroo[43]를 쫓아가 잡았다. 만약 다윈이 이 작은 유대류를 면밀하게 검토할 수 있었더라면, 그는 캥거루쥐가 주머니쥐의 몇몇 형태학적 특징을 그대로 유지하고 있는 것과 캥거루쥐가 주머니쥐의 조상들과 현생 캥거루 간의 관련성을 나타내는 것을 볼 수 있었을 것이다. 다윈은 평원에서 에뮤를 보았다고 쓰지 않았다:

> 수년 전에 이곳에는 야생동물이 아주 많았으나 현재 에뮤Emu는 오래전에 먼 곳으로 사라졌고 캥거루도 드물어졌고, 이 두 종 모두 영국산 그레이하운드 사냥개가 크게 감소시켰다. 이 동물들이 전부 멸종되려면 많은 시간이 걸릴 수 있지만 그들의 불행한 운명은 이미 결정되어 있다.

그날 늦게 그는 콕스 강을 따라 걸었는데 요행히도 오스트레일리아의 진기하고도 아주 드문 동물의 하나인 오리너구리 플라티푸스Platypus[44]를 볼 수 있었다. 이 동물의 박제표본이 처음으로 잉글랜드에 보내져 왔을 때, 납작한 몸은 물개의 털과 같은 짧은 털들로 덮여 있고, 비버와 같이 넓적하고 평평한 꼬리가 있고, 발은 물갈퀴가 있고, 연한 주둥이는 오리의 주둥이처럼 생겼기 때문에, 파충류처럼 알을 낳는 기이한 동물이라고 주장하였다. 다윈은 일기에 썼다:

> 해 질 녘에 (이 건조한 곳에서는 예전에 있었던 강의 경로를 나타내는) 연못들이 줄지어 있는 곳을 따라서 산보를 하였는데 그 유명한 오리너구리 몇 마리를 볼 수 있

---

43 캥거루쥐, 오스트레일리아 북부 열대우림에 사는 쥐와 같이 생긴 유대류의 일종.

44 오리너구리(duck-bill platypus, *Ornithorhynchus anatinus*), 동부 오스트레일리아와 타스마니아 사는 알을 낳는 단공류.

는 행운을 얻었다. 그들은 물에서 잠수하며 놀고 있었는데 몸이 거의 보이지 않아서 물쥐들이 많은 것처럼 보였다. 브라우네씨가 한 마리를 쏘아 잡았는데 분명히 기이한 동물이다. 박제한 표본에서는 주둥이가 수축되고 굳어져서 머리와 주둥이를 잘 알아볼 수 없었다.

콕스 강 언덕에서 쉬면서 그날 그가 본 것을 생각해 보니 다윈은 오스트레일리아 산 개미귀신 lion-ant beetle[45]의 함정을 주목해 보았는데, 이들이 유럽산 개미귀신처럼 먹이를 잡기 위하여 똑같은 함정을 만드는 것을 관찰했다. 그러나 이 종의 함정은 크기가 유럽산 종의 함정에 비하여 오직 반 정도 크기이므로 그는 이 종이 다른 종이라고 추정하였다. 지구 정 반대쪽에 사는 두 종의 개미귀신들이 비슷해 보이지만 다른 것에 대하여 깊이 생각해 보았다:

저녁 일찍이 나는 햇볕이 쪼이는 강 언덕에 누워서 이 나라 동물들의 이상한 특징을 지구상 다른 나라들에 비교하여 곰곰이 생각하고 있었다. 자연현상을 무시하여 모든 것을 믿지 않는 사람은 '분명히 두 명의 다른 창조자들이 창조한 것이 틀림없고, 그들의 목적은 같았으며, 틀림없이 그 창조의 결과는 완전하다'고 외칠 수도 있다.

그래서 생각해 보니, 개미귀신의 깔때기 모양의 함정을 관찰하였는데 파리가 함정에 떨어지면 즉시 모래 속으로 사라지며 크고 부주의한 개미귀신이 나타난다. 그러나 그의 운명은 불쌍한 파리의 운명보다 나을 게 없다. 의심할 것도 없이 이 포식성 유생은 같은 속에 속하지만 유럽산 개미귀신과는 다른 종이다. '그 모든 것을 믿지 않는 사람'은 이러한 사실에 대하여 어떻게 말할까? 어떤 두 명의 장인들이 각자 이 아름답고 단순하며 그리고 아주 예술적

---

[45] 개미귀신, 명주잠자리 속의 애벌레(유생). 모래 함정을 만들어 그곳에 들어오는 곤충들을 포식한다.

인 이 포획 장치를 따로따로 우연히 만들어 냈을까? 그럴 수는 없다. 오직 한 명의 장인이 분명히 전 세계에서 일하였다. 한 지질학자는 창조기간의 구분이 뚜렷하였고 (창조 기간들이 다르고), 시공간적으로 서로 떨어져 있고, 창조주는 창조 작업 중 쉬기도 하였다고 제안했을 것이다.

위에 인용된 두 단락 중 첫 단락에서 다윈은 오스트레일리아의 동물들이 세계의 다른 곳들의 동물들과 어떻게 다른가에 대하여 생각하고 있었으며, 그는 이것을 '그의 의견 이외에 모든 것을 믿지 않는 사람'을 인용하여, 두 명의 별개의 창조자들로 표현하였다. 그래서 둘째 단락에서는 개미귀신을 예로 들어, 물론 그 자신일 수 있는, '한 지질학자'로 묘사한 사람을 인용하여 오직 하나의 창조주만이 있었다는 결론을 내렸고, 또한 하나의 창조주만이 있었으나, 창조 기간이 다르고 아마도 지구의 다른 곳들에서 있었으며 지질학적 활동 시기에 의해 구분되는 기간들이 있었다고 결론을 내렸다.

다윈이 오스트레일리아에 있는 동안 에뮤를 보지는 못했지만, 그들이 있다는 것은 알았으며, 이 사실은 대단히 흥미로웠다. 남아메리카의 레아Rhea[46], 오스트레일리아의 에무와 화식조 그리고 아프리카의 타조와 같은 유사한 날지 못하는 대형조류들의 존재는 하나의 수수께끼였다. 그는 레아를 본 적이 있다. 이 날지 못하는 큰 새가 멀리 떨어진 모든 남반구 대륙들에 널리 분포하는 것은 그에게 대단한 흥미였음이 분명하다. 그들은 대양을 가로질러 날 수 없었기 때문에 세계의 여러 곳에서 분리되어 창조되었다는 것 이외에 그들의 분포를 설명할 수 있는 다른 메커니즘이 없었다.

---

[46] 레아(Rhea, *Rhea americana*, *Rhea pennata*), 레아는 타조목에 속하는 날지 못하는 새이다. 오직 아메리카 대륙에서만 서식하는 타조목 조류로, 그 때문에 아메리카 타조라고도 일컫는다. 종류는 아메리카 레아와 다윈 레아 두 종류가 있다.

다윈은 왈레라왕에서 배서스트까지 오스트레일리아의 여름의 열기와 먼지를 속에서 42킬로미터를 단 하루에 말을 타고 달린 대단한 인내를 보여 주었으며, 그는 바람에 날리는 먼지구름 속으로 말을 타고 가는 것이 하도 뜨거워서 마치 불 위를 달리는 것 같이 느껴졌다고 묘사하였다. 배서스트에서 그는 부대장, 하인 3명, 사병 24명, 기마경찰 11명이 생활하는 군인 막사에서 묵었다. 잉글랜드에서 온 죄수들은 일반적으로 죄수노동 7년이 끝나면 석방되었고, 어떠한 범죄도 짓지 않는다는 조건으로 가출옥 허가증을 주었다. 다윈은 군인 막사에서 많은 이야기들을 들었는데 오스트레일리아의 실상에 대하여 그리고 죄수들이나 그 지역의 사는 전과자들에 대하여 많은 것을 알았다. 그는 이렇게 설명한다:

> '무단 정착자squatter' 또는 '가출옥자'는 비어 있는 땅에 무단으로 들어와서 나무껍질을 엮어 오두막을 지어 살며, 가축들을 사거나 훔치며 허가 없이 술을 팔며 장물을 사고팔아 나중에는 부자가 되거나 농부로 바뀐다. 이런 사람들은 정직하게 사는 사람들 모두에게 공포의 대상이다. – 이러한 '살금살금 비굴하게 사는 자crawler'는 주거지가 제한된 죄수인데 도망쳐 나와 노동을 하거나 좀도둑질을 하며 그가 할 수 있는 생활을 하는 자이다. – '오지에 사는 산적bush ranger은 공공연한 악한들인데 길가에서 강도와 약탈을 한다. 일반적으로 그들은 자포자기하여 사생결단을 하며 생포되지 않으면 얼마 안 되어 죽임을 당한다. – 이 나라에서는 이들 세 부류의 이름들을 이해하는 것이 필요하다. 왜냐하면 그 이름들은 자주 쓰이기 때문이다.

시드니로 돌아오는 길에 다윈은 *비글* 호의 첫째 탐사항해 시 함대사령관이었던 오스트레일리아 출신 필립 파커 킹Pillip Parker King[47] 선장의 펜리스 근처의

---

[47] *비글* 호의 1차 항해 시(1826-1830)에는 두 척의 함선이 참가했는데, 주함인 *어드벤쳐호*(380톤)에는 선장

농장으로 방문한 후 파라마타까지 여행하여 킹 선장의 처남인 한니발 맥아더를 방문하였다. 이곳의 저녁 식사 후의 대화는 주로 양, 양털, 재산 불리기 등에 대한 것들이었으며, 현재 자유 이민자들과 함께 살고 있는 해방된 죄수들에 의하여 형성된 새로운 사회에 대하여 계속 논쟁하고 불평들을 하였다. 다윈은 사회 전체가 거의 모든 문제들에 대하여 원한을 품고 갈라져 있는 것을 보았다. 다윈은 바로 전날 사소한 잘못으로 주인에게 매를 맞은 사람의 시중을 받는 것이 얼마나 역겨운지를 토로했다. 그러나 그 후 1839년 다윈은 그의 저널에서 지구 한 쪽의 가장 쓸모없는 방랑자들을 지구 반대쪽의 외향적이고 정직한 시민으로 탈바꿈시키는 수단으로 오스트레일리아로 죄수들을 이주시킨 것은 아마도 역사상 유례없는 성공이었다고 기술하였다.

비글 호가 시드니에서 크로노미터로 경도를 측정한 후 다음 기항지는 호바트 Hobart였다. 여기에서 다윈은 도시와 주위 환경을 답사하고 지질 조사를 하고 배터리 포인트에 있는 식민지 감독관 조지 프랭클랜드의 저택에서 저녁 대접을 받았다. 이곳에서 다윈은 '잉글랜드를 떠난 이후로 가장 기분 좋은 저녁'을 보냈다고 술회했다.

이곳에서 다윈은 영국 정착민들이 그들이 온 지 꼭 30년 동안에 원주민 전체가 학살되거나 그들의 토착지에서 사라졌으며 추방되는 등 태즈메이니아 원주민들을 굴욕적으로 다룬 것을 알게 되었다. 다윈은 한 '변종'이 다른 변종에게 위해를 가할 수 있는 급격한 말살에 대하여 깊게 생각해 보았다. 그는 1839년 저널에 이렇게 썼다:

 모든 원주민들이 배스해협의 한 섬으로 이주되었고 그리하여 밴 디멘스 랜드

겸 함대 사령관 필립 파커 킹이 있었으며, *비글* 호에는 프링글 스토크스 선장이 있었다. *비글* 호의 2차 항해 시(1831-1836)에는 피츠로이 선장과 다윈이 있었다.

Tasmania⁴⁸에는 원주민이 하나도 없는 큰 이익을 보았다. 이 가장 잔인한 조치는 아주 불가피하게 되어진 것처럼 보인다. 원주민들이 저지르는 공포스러운 연속되는 강도 방화 살인사건들을 막을 수 있는 유일한 조치였기 때문이다. 머지않아 원주민들은 완전한 파멸로 끝나야만 했다. 몇 명의 우리나라 사람들의 파렴치한 행동에서 시작된 이런 연속되는 악행과 그 결과들은 의심할 여지가 없으며 나는 그것에 공포를 느낀다. 거의 아일랜드만큼 큰 섬인 원주민들의 토착지로부터 마지막 남은 원주민을 아주 없애 버리기에는 30년은 너무나 짧은 기간이다. 야만인들이 증가하는 것 보다 문명인들의 비교적인 증가율이 이렇게 차이가 나는 더 두드러진 예를 나는 알지 못한다. 그리고 그들은 배스해협에 있는 건 캐리지 섬으로 이주하였으며, 식량과 의복이 공급되었다. 나는 그들이 전혀 만족하지 않았으며 몇 사람은 종족이 곧 소멸될 것이라고 생각하였다는 사실을 호바트타운에서 듣고 두려움을 느낀다.

1840년까지 추방되어 살고 있었던 태즈메이니아 원주민의 마지막 생존자들은 오직 100명에 불과했으며, 마지막 살아 있던 트루가니니라는 이름의 태즈메이니아 순혈통의 원주민 여자가 호바트 외곽에 있는 오이스터 만에서 사망하였다고 '공인역사서'에 발표되었을 때는 다윈의 슬픈 예언이 거의 40년 지난 후였다.

다윈은 오스트레일리아에서 이룬 것이 거의 없다고 생각했으며, 이는 '서로 연관되어 있고 그러므로 매우 흥미로운' 관찰을 할 수 있도록 충분한 시간을 더 이상 보낼 수 없다고 생각했기 때문이다. 그는 잉글랜드로 돌아가기를 간절히 원했다. 그렇게나 오랫동안 떠나온 그의 가족을 만나기 위해서뿐만 아니라 그

---

48 밴 디멘스 랜드(Van Diemen's Land), 태즈메이니(Tasmania)의 옛 이름. 1856년에 이름이 바뀜.

가 고국으로 보낸 모든 자연사 수집물들 연구를 시작하고 그가 쓰려는 저널과 책들 때문에 돌아가고 싶었다. 호바트에서 그는 사촌인 윌리엄 폭스에게 *비글* 호가 남아메리카 탐사를 완료한 이래 남은 임무는 다만 세계를 돌며 크로노미터로 일련의 경도 확정작업을 완성하는 것 뿐이었다고 불평하는 편지를 썼다:

> 현재 우리의 항해 목적은 단순히 크로노미터로 경도를 측정하는 것으로 축소되어 경도 사이를 지나가는 항해에 많은 시간을 쓴다. – 이것은 나에게 엄청난 인생의 낭비로 느껴진다. – 조용한 해안의 초록색 해수만을 본 당신은 결코 이해할 수 없는 바다의 모든 파도를 나는 정말로 매우 싫어한다.

비글 호는 오스트레일리아에서 마지막으로 크로노미터 측정을 한 후 귀국하기 위하여 호바트를 떠나 서부 오스트레일리아의 킹 조지 해협에 있는 식민 정착지인 현재의 알바니로 항해해 갔다. 다윈은 오스트레일리아에 작별을 고하는 것이 무엇보다도 기뻐서 이렇게 적었다:

> 오스트레일리아여 잘 있거라, 너는 성장하고 있는 어린 아기, 의심할 여지없이 언젠가 남반구에서 위대한 왕자로 군림하리라. 그러나 너는 애정을 갖기에는 너무나 크고, 대망을 가지고 있으나, 존경을 받기에는 그렇게 크지는 않다. 나는 슬픔이나 후회도 없이 너의 해안을 떠나간다.

[49]*비글* 호는 오스트레일리아를 떠난 후 4월 1일 인도양의 킬링 군도(코코스 군도)에 도착하여 약 12일간 머물렀다. 오래 머무르지는 않았으나 다윈은 이때 이곳의 산호초들을 조사하여 다양한 형태의 산호초들과 지질학적 특징 등을 정리하여 훗날 『산호초의 구조와 분포The Structure and Distribution of Coral Reefs』를 발

---

49 이 단락은 번역서에는 없는 부분인데 귀국 항해과정을 보이려고 역자가 추가한 부분.

행하여 산호초 형성과정에 관한 유명한 학설을 제안했다. 그 후 *비글* 호는 4월 29일 프랑스 식민지였다가 당시에는 영국령이 된 모리셔스에 도착하였다. 그 후 희망봉에 들렸다가, 7월 8일 세인트 헬레나 섬에 도착, 7월 19일 아센션 섬 도착, 8월 1일 브라질 바히아에 경도측정 마감 차 도착하여 4일간 체류 후, 항해 시작 후 처음으로 기항했던 케이프 베르데 군도와 아조레스 군도를 거쳐 잉글랜드에 도착하게 된다.

귀국 길에 다윈은 긴 항해 시에 있었던 몇 가지 즐거움들에 대하여 그림을 그리고 글을 쓴다. 세계지도에는 여백이 없어지고 매우 다양한 동물 그림들로 가득한 하나의 그림이 된다. 대륙들과 섬들은 살아나서, 그들의 해안을 따라서 수 주일 항해를 하면 그들은 적절한 모습을 갖기 시작한다. 케이프타운에서 크로노미터 관측을 좀 더하며 어느 정도 지낸 후, *비글* 호는 희망봉을 돌아서 지금은 대서양에 왔고 드디어 고국으로 향한다. 다윈은 잉글랜드로 돌아가서의 생활에 대하여 곰곰이 생각해 보고, 세계 일주 항해 기간에 그가 수집한 수없이 많은 표본들을 분류하고 정리하는 일에 앞으로 몇 년간 전념하게 될 것이라고 생각한다:

> 나는 잉글랜드에서 내가 할 일의 양에 두려움과 만족이 코믹하게 섞여 있기를 기대한다. 나는 우선 주로 케임브리지에 다음에는 런던에 살 것이라고 생각한다. 두렵지만 런던이 모든 면에서 가장 편리할 것이다. 생각만 해도 서글프다. 진정 내 나라에서 멋지게 걷는 것은 내가 상상할 수 있는 가장 큰 기쁨이다.

귀국하는 항해의 마지막 한 달은 배에 탄 모든 사람에게 힘들었다. 다윈은 '향수병에 걸린 영웅들을 이렇게 가득 실은 배는 결코 없었다'라고 적었다. 그들은 거의 5년간 집을 떠나 있었으며, 다윈은 가족들을 다시 만나고 잉글랜드의 초록색 쾌적한 땅을 다시 보는 것을 더는 기다릴 수가 없었다. 그는 집으로 향해 가는 기쁨과 이 배의 선장의 감정 상태에 관심을 보이는 글을 썼다:

> 우리는 9월 전에는 잉글랜드에 도착하지 못할 것이다. 그러나 신께 감사드리는 것은 선장님도 나처럼 향수병에 걸렸다. 그리고 내가 믿건대 그는 향수병이 나아지기보다 더 심해진다. 지난 12개월 간 나는 그와 대단히 다정하게 지냈다. 그는 기이한 분이지만 고상한 성격을 가졌다. 그러나 불행하게도 그는 매우 심하게 화를 낸다. 그는 그러한 성질들을 스스로 극복해 보려는 시도를 하기 때문에, 이 점에 대하여는 어느 누구도 그 자신보다 더 잘 알 수는 없다. 나는 가끔 그의 말년이 어떻게 될지 의심한다. 확신하건대 여러 상황에서 볼 때 그의 말년은 아주 성공적일 것이나, 다른 상황에서 보면 아주 불행한 말년이 될 것을 나는 두려워한다.

비글 호의 크로노미터 중의 하나, 토마스 언쇼우

비글 호는 (1831년 12월 27일 데본포트항을 출항하여, 4년 10개월 후) 1836년 10월 2일 콘월주의 파머스Falmouth에 도착했다. 다윈은 여기에서 배를 내려 슈루즈베리의 가족 집으로 달려갔다. *비글* 호는 플리머스, 포츠머스, 딜로 항해하여 가서 해군성의 임원들을 영접하고 테임스에 있는 그리니치 천문대로 가서 세계를 일주하며 측정한 일연의 크로노미터로 경도 조사에 있어서 마지막으로 기록을 경신하는 공헌을

하였다. 그렇게 많은 크로노미터를 구입했던 피츠로이 선장의 고집도, 구입 후 5년 후 절반의 크로노미터들이 제대로 작동하고 있었기 때문에, 보상을 받아 성과를 이루었다. *비글* 호의 크로노미터로 측정된 것처럼 그리니치 천문대의 자오선에서 현지의 정오 시간의 차이는 정확히 24시간이 되어야 했다. 가장 정확한 크로노미터는 이 측정값보다 단 33초를 초과했는데, 이 값은 8.25해리(15.28킬로미터)에 해당하는 거리이다. 5년 이상이 걸린 세계를 일주한 수만 마일 여정의 감격스러운 결과다. 다윈은 독실한 크리스천으로 잉글랜드에 돌아왔으나, 그가 다음에 적고 있는 *비글* 호 항해 중에서 가장 좋았던 부분들에 대하여 회고하는 것을 보면 아직도 자연의 신을 믿고 있었다:

> 나의 마음에 깊은 인상을 남긴 여러 광경들 중에서 가장 장엄한 것은 인간에 의해 훼손되지 않은 원시림이다. 브라질의 원시림에서는 생명력이 우세하며, 티에라 델 푸에고의 원시림에서는 사멸과 부패(사체의 분해)가 우세하다. 두 곳 모두가 자연의 신이 만든 다양한 생산물들로 가득 찬 신의 사원이다 – 누구도 이러한 죽음과 분해의 쓸쓸함 속에 태연히 서 있을 수 없으며, 인간의 내면에는 육신의 단순한 호흡보다 그 이상이 있다고 느낀다.

8

찰스 다윈 – 런던에서
Charles Darwin – In London

찰스 다윈은 저녁 늦게 슈루즈베리에 도착했다. 집안사람들을 깨우는 것을 원치 않아 그는 현지의 여관에서 밤을 지내고 가족들이 함께 기뻐할 수 있도록 아침 식사 때 들어갔다. 지난 5년 동안 그의 후원자이며 동료였던 피츠로이 선장에게 편지를 쓰며 그는 집에 돌아온 기쁨을 적고 있다:

나의 경애하는 피츠로이 님,

저는 어제 아침 식사 때에 집에 도착했습니다. 하느님께 감사드리며, 나의 사랑하는 누님들과 아버지는 아주 잘 계십니다. 저의 아버지는 저가 떠날 때보다 한층 명랑하고 아주 조금 더 연로해 보이십니다. 저의 누님들은 제가 조금도 달라 보이지 않는다고 하고 저도 그들에게 같은 칭찬을 해주었습니다. 어찌 지내시는지 잊지 마시고 저에게 연락을 주시기 바랍니다. 공무 수행에 쓴 모든 정신적 육체적 에너지에 대하여 흡족함을 많이 못 느끼신다면, 그런 감정은 거의 낫지 않을 것입니다.

찰스 다윈

가족들과 기쁘게 재회한 지 3주 후 다윈은 귀중한 수집물들을 배에서 내리는 것을 감독하기 위하여 *비글* 호가 정박한 그리니치로 갔다. 조셉 뱅크스 이래로 다윈만큼 세상을 그렇게 많이 보고 또 여러 대륙의 자연사를 비교해본 기회를 가진 박물학자는 없었다. 그는 그 나름대로 완전한 박물관 하나를 충분히 채울 수 있고 연구하는 데 수년이 걸릴 수천 개의 표본을 가지고 잉글랜드로 돌아왔다. 그는 어느 분야에도 전문가가 아니어서 그는 표본들 하나하나를 기재하고 분류하고 기술할 수 있는 분류학자들을 찾아야만 했다. 다행히도 그는 그를 도와줄 수 있는 그런 분류학자들을 찾기 위하여 그가 아는 케임브리지의 지인들을 방문했다. 리처드 오언Richard Owen은 포유동물 화석들을 맡아주었고, 존 굴드John Gould는 조류들을 분류하고, 존 스티븐스 헨스로John Stevens Henslow는 식물표본들을 봐주었고, 토마스 벨Thomas Bell은 파충류들을 연구하였다. 조셉 후커Joseph Hooker가 남반구의 대륙들과 남극의 탐사 항해를 마치고 귀국한 후에, 다윈은 그가 남아메리카와 갈라파고스 제도에서 채집한 식물표본들을 분류하기 위하여 후커를 초청하였다. 후커는 이에 동의하여 두 명의 과학자는 평생 친구가 되었다.

존 굴드는 갈라파고스에서 온 미기록된 작은 새들에 특히 흥분해 있었다. 다윈은 그 새들이 몇 가지 다른 무리인 굴뚝새wrens, 핀치finches, 지빠귀blackbirds들일 것이라고 추정하였다. 그러나 굴드는 그 새들의 부리들이 전혀 다르게 생겼지만 그들은 모두 핀치finches라고 믿었다. 문제는 갈라파고스에서 다윈의 조류 채집이 평소답지 않게 서툴렀다는 것이다. 다윈은 그 새들이 어느 섬들에서 채집된 것인지를 완벽하게 기록해 놓지 못했다. 다윈은 그 작은 섬들이 멀리 떨어져 있지 않아서 각 섬에 다른 종의 새들이 살 것이라고 전혀 생각하지 못했다. 굴드는 새들마다 채집된 섬들이 정확하게 기록된 갈라파고스 새들을 좀 더 많이 검토할 필요가 있다고 언급했다. 그래서 다윈은 피츠로이와 다윈의 조수었던 커빙톤이 가지고 있는 갈라파고스의 새 표본들을 빌리려고 그들을 찾아갔다.

존 굴드는 그 모든 새를 핀치 종들이라고 분류했으며, 그는 새들의 부리들이 어떻게 곤충, 선인장, 열매들을 먹을 수 있도록 진화하였는지를 관찰하였다. 다른 종의 새들이 없을 때 이 핀치들은 서로 다른 생태학적 먹이 지위들에 적응하였다. 한 섬에서는 핀치의 부리가 견과와 열매를 부술 수 있을 정도로 단단했으며, 다른 섬에서는 부리가 곤충을 잡을 수 있도록 훨씬 작았으며, 다른 섬에서는 부리가 과일과 꽃들을 먹을 수 있는데 유용하도록 되어 있었다. 이 새로운 조류 표본들을 가지고 굴드가 내린 최초의 결론은, 가까운 근연종의 새들이지만 그들의 부리들이 그들이 먹는 먹이에 따라 적응한 한 무리의 새들이 있었으며 – 섬에 따라 다르고, 핀치들에 따라 다르고, 종에 따라 다르게 되었다는 것을 확인했다[50]. 다윈의 파충류 표본들을 분류해 온 왕립 동물 학회의 토마스 벨 Thomas Bell도 이와 비슷한 결론을 내렸는데, 갈라파고스 제도의 각 섬들은 각각 뚜렷이 다른 이구아나 종들을 가지고 있다고 하였다.

이제 다윈은 갈라파고스 제도의 섬들이 놀랄만한 '자연 실험실'에 해당된다는 것을 깨달았으며, 남아메리카 대륙에서 날아온 조상 핀치들이 섬들에 있는 (아무도 이용하지 않고 있었던) 작은 새들의 생태학적 지위들을 채웠으며, 진화 과정에서 조상 핀치와는 다르게 생긴 여러 종류의 부리들을 갖게 되었다고 생각했다:

> 지금까지 갈라파고스 제도의 자연사에서 가장 주목할 만한 특징은 각각 다른 섬들에는 상당한 정도로 서로 다른 조합의 생물들이 살고 있는 것이다. 갈라파고스의 부지사 로슨씨는 거북들은 그들이 사는 각 섬마다 다르다는 것을

---

50 현재 갈라파고스 제도에는 5속 18종의 Finches 들이 기재되었으며, 그 중 *Geospiza* 속은 모두 9종이다.

1. Geospiza magnirostris. 2. Geospiza fortis.
3. Geospiza parvula.   4. Certhidea olivasea.

각각 다른 모양의 부리들을 가지고 있는 갈라파고스 핀치 4종, 다윈의 연구저널 『Journal of Researches』에서 발췌

말하여 나의 주의를 끌었다. 그는 어떤 거북이든 그들이 어느 섬에서 잡혔는지를 분명히 말할 수 있었다. 그러나 나는 이 말에 한 동안 충분히 주의를 기울이지 않았고, 이 제도의 약 50 혹은 60마일 떨어져 있는 두 섬에서 채집한 새들을 이미 부분적으로 섞어 놓았다. 섬들의 대부분은 서로 눈으로 볼 수 있는 거리에 있으며, 정확히 같은 암석들로 되어 있으며, 기후가 아주 비슷하고, 섬의 높이도 거의 같았다.

다윈은 그가 돌아온 후 수개월 동안에 왕립학회, 지질학회, 동물학회, 왕립 지리학회의 회원이 되어 영국 엘리트 과학계에 가입하는 그의 야망을 이루었다. 지질학회에서는 그는 그가 항해하는 동안에 지질학적 관찰에 대하여 쓴 작은

논문 세 편을 발표하였다. 바로 여기에서 다윈은 찰스 라이엘 Charles Lyell[51]을 처음으로 대면하였다. 그들은 그가 쓴 『지질학 원리』에 대하여 논의했으며, (약 12살의) 나이 차이에도 불구하고 평생 친분을 맺었다. 다윈은 '내가 결혼하기 전과 후에도 어느 다른 사람보다 라이엘을 가장 많이 만났다. 그는 아주 마음이 곱고, 종교적으로 신을 믿거나 안믿거나에 대하여 개방적이었으나 확고한 유신론자였다고 적었다. 라이엘 또한 다윈에게 전문적인 충고를 편지에 썼다:

> 피할 수만 있다면 어떠한 공식적인 과학직도 수락하지 마세요. 그리고 내가 이러한 충고를 했다고 누구에게도 말하지 마세요. 나는 내가 할 수 있는 한 (지질학회) 회장이 되는 불행을 막으려고 반대하여 계속 싸웠습니다. 오로지 자기 자신과 과학만을 위하여 내가 한 것처럼 연구하기 바라며, 관직으로부터 생기는 명예와 불명예를 조급하게 쫓지 마세요. 그러한 의무들에서 이익을 보려고 임명되는 사람들이 있습니다. 그렇게라도 임명되지 않으면 그들은 일을 하지 않기 때문입니다.

다윈은 라이엘이 쓴 『지질학 원리』에 심취했다. 그리고 세계 일주 항해에서 본 지형들과 암석 노두들을 설명하는데 특히 그의 『남아메리카에서의 지질학적 관찰』에서 라이엘의 지질학적 견해들을 많이 인용하였다. 그는 점진적인 변화라는 라이엘의 지질학적 신조를 받아들였으며, 점진적인 변화는 또한 생물학에서도 중요하다는 믿음을 갖기 시작하였다. 그의 여생 동안에 그는 작지만, 점진적인 변화의 위력을 믿었으며, 그것을 『종의 기원』의 이해로 향하는 그의 과학적 여정의 가장 중요한 구상 단계로 보았다. 다윈은 한 서신에서 이렇게 썼다:

---

51 찰스 라이엘(Charles Lyell 1797-1875), 영국의 지질학자, '동일과정설 Uniformitarianism'을 주장, 그의 저서 『지질학 원리』는 다윈에게 가장 큰 영감을 주었다. 다윈과 앨프리드 러셀 월리스의 논문이 공동으로 발표되도록 적극적으로 지원하였으며 여러 점으로 다윈을 도와주었다.

나는 항상 나의 책이 반은 라이엘의 머리에서 나온 것 같은 기분이 들어서, 이것에 대하여 결코 충분하게 감사를 드리지 못한다. 『지질학 원리』의 가장 큰 장점은 이 책은 사람 마음의 전체 분위기를 완전히 바꾼다는 것이며, 그럼으로써 라이엘이 결코 보지 못한 것을 만약 누군가가 보게 되게 되더라도, 그 것은 아직도 부분적으로나마 그의 견해 안에 있음을 알게 된다.

다윈은 그의 표본들을 전문가들이 기재한 것들을 편집하는데 재무부 보조금 1천 파운드를 받아서, 화려하게 수채 그림 도판으로 엮어진 『비글 호 항해의 동물학』이라는 5권의 책으로 발행했다. 그 책들에는 오언 교수의 포유동물 화석, 워터하우스의 현생 포유류, 존 굴드의 조류, 제닌스 목사의 어류, 토마스 벨의 파충류에 대한 설명들이 포함됐다.

비글 호에서 내리기 전에 다윈은 1826-1830년의 *어드벤쳐* 호와 *비글* 호 I차 항해, 그리고 1831-1836년의 *비글* 호 II차 항해에 관한 피츠로이 선장의 개인 이야기를 제3권에 기고하기로 합의를 하였었다. 그는 그의 사촌에게 이렇게 썼다:

> 지난 편지에서 너는 나에게 책 발행하라고 재촉했었다. 현재 나는 열심히 일 하고 있으며 그것을 위해 모든 것을 단념하고 있다. — 피츠로이 선장은 킹 선 장 밑에서 티에라 델 푸에고에 갔었던 마지막 항해와 세계 일주 항해 두 항 해에서 수집한 자료들에서 두 권의 책을 썼다. — 여기에서 나는 세 번째 책을 쓰려 하는데 일종의 박물학자의 저널을 쓰려한다. 그러나 언제나처럼 시간 대별로 쓰지 않고 장소 별로 쓸 것이다. — 동물들의 행동들이 많은 부분을 차 지할 것이며, 지질학 스케치들, 방문한 나라의 모습들, 그리고 개인들에 관한 상세한 기록들이 잡동사니 책을 만들 것이다.

다윈은 *비글* 호에 승선하였던 5년간의 일들을 이야기식으로 설명한 책을 쓰고 교정하며 2년을 보냈다. 피츠로이는 처음 두 권을 완성하는데 한층 더 긴 시간을 보냈다. 그러나 그들의 책들은 마침내 완성되어 둘 다 1839년에 한 세트로 세 권으로 발행되었는데, 제목은, 『1826년과 1836년 사이의 어드벤쳐호와 *비글* 호 탐사 항해 시의 남아메리카 남쪽 연안과 *비글* 호의 세계 일주 조사를 서술하는 이야기』이다. 다윈은 과학적 서술과 시적인 묘사를 융합시켜 쓸 수 있었으며, 그의 책에 대한 총평에서 찬사를 받았으나, 피츠로이의 책은 그렇지 못했다. 그 세 권의 책들은 개별로 판매되어 다윈은 곧 베스트셀러가 되었으며, 재판도 발행되고 또 좀 더 웅장한 제목 -『1832년에서 1836년까지 피츠로이 선장이 지휘한 *비글* 호가 방문한 여러나라들의 지질학과 자연사 연구 저널』로 발행되었다. 많은 서평이 다윈을 칭찬하였고, 그를 '펜으로 그리는 최우수 풍경화가'라고 묘사했다. 1845년 판에서는 『비글 호의 항해』라고 제목을 변경하였으며, 그 당시에는 가장 위대한 여행기가 되었다.

불행하게도 피츠로이는 다윈을 *비글* 호에 태우고 세계 일주 항해를 시켜준 선장으로만 알려지게 되어 분했다. 1843년 그는 뉴질랜드의 부 총독에 임명되어 3년간 근무하였다. 이곳에서 그는 마오리족의 토지 소유권 주장과 토지 소유열에 들뜬 백인 정착민들 사이에서 정착민들의 봉기로 이어진 아주 다루기 힘들 문제에 직면하여, 그의 초상이 불타는 화형식을 당하였으며, 마침내 런던으로 소환되었다. 1849년부터 2년간 그는 울위치 해군 조선창의 감독관으로 일했으며, 해군의 최초 스크루 추진 증기선 시험운항을 감독했다. 그럼에도 그는 여전히 변함없는 항해선의 선장으로 남아 있었다. 1850년 그는 해군에서 은퇴하였고, 1851년 영국왕립학회 회원이 되었으며 여기에서, 그는 기상학에 관심을 가지게 되었다. 그는 항구 도시들과 해군함과 상선 모든 배의 선장들에게 기압, 기온, 풍향, 습도를 측정하는데 필요한 기구들을 빌려주는 도움을 주었으며, 그들이 측정한 데이터를 제공받아 분석하였다. 이러한 기구들로 측정된 데이터들은 해상운송에 필요한 기상도를 만들고 기상예보를 하는데 사용될 수 있었다. 그의 일은 해상에서 많은 사람의 실종을 막을 수 있도록 했으며, 1857년에 해군 소장으로, 1863년에는 중장으로 승진했다. 로버트 피츠로이는 대영제국에서 기상학의 아버지[52]로 알려지게 되었으나, 그의 성공에도 불구하고 몇 번의 기상예보가 어쩔 수 없이 비참하게 틀리게 되었을 때는 항상 여론의 비판을 받았다.

다윈의 생활에서 무언가 빠진 것이 있었다. 그는 곧 30세가 될 것이며 마침내 결혼 생각을 하게 되었다. 그는 결혼이 그의 젠틀맨 박물학자로서의 편안하고 걱정 없는 생활의 종말을 뜻하는 것이 틀림없다고 생각했다. 진짜 과학자답게 다윈은 '결혼'과 '결혼하지 않음'이라는 제목으로 두 단락의 리스트를 만들었다. 결혼 생활의 장점과 단점들을 나열하는데 많은 시간을 썼다. 마침내 그의 리스트 맨 아래에 이러한 결론을 썼다:

> 오 하느님! 일하고 또 일하고 일밖에는 아무것도 못 하는 마치 중성의 일벌처럼 전 생애를 보낸다는 생각을 하니 참을 수가 없다. 아니다 그래서는 안 된다. 연기 자욱한 런던의 지저분한 집에서 늘 혼자 사는 것을 상상한다.

그의 리스트에 있는 '상냥하고 부드러운 아내'를 멀리에서 구할 필요가 없었으며, 1838년 11월 그는 어렸을 때부터 동무이자 친구였던 외사촌 에마 웨지우드와 결혼하였다. 집안 간의 결혼으로 그들은 다윈가와 웨지우드가를 결합시켜 집안의 사회적 지위와 부의 인연을 더욱 강화했으며, 이들 부부의 재정적인 미래 또한 그렇게 되어 다윈은 미래의 노력을 과학에만 전념할 수 있었다. 이 행

---

[52] 로버트 피츠로이는 기상학 발전에 많은 공헌을 하였다. '일기예보(weather forecasts)라는 용어를 처음 만들고, 여러 가지 피츠로이 기압계도 발명하였으며 그것들을 전국의 항구들에 설치하게 했다.

복한 부부 사이에 생길 수 있는 단 하나의 문제는 종교였다. 에마는 그녀의 가정교육의 영향으로 기독교에 신앙이 확고하였지만, 찰스는 신부가 되기 위해 심지어 신학을 공부했을 때에도 결코 종교에 관심을 두지 않았다. 항상 솔직하였듯이 다윈은 그의 불안한 마음을 에마에게 고백했고, 그녀는 답을 썼다:

> 나에게 당신의 솔직한 마음을 보여주어서 진심으로 감사합니다. 나에게 고통을 줄 수 있다는 두려움에 대한 생각을 그대의 마음에 감추고 있는 느낌이 나는 두렵습니다. 나의 사랑하는 찰리, 지금 우리 둘은 서로 사랑하고 있는데 나는 당신에게 탁 터놓고 말할 수밖에 없네요. 요청을 하나 들어주세요. 요한복음 13장 말미에서 시작되는 우리들의 구세주께서 제자들에게 이별을 고하면서 하신 말씀은 이렇습니다. 거기에는 사랑, 헌신 그리고 아름다운 느낌들로 아주 가득 차 있습니다. 이것은 신약성경에서 내가 가장 사랑하는 부분입니다.

[53]찰스와 에마 Emma Wedgwood(1808-1896)는 1839년 1월 29일 스태퍼드셔 메어 홀의 웨지우드가 집에서 결혼식을 올리고 곧바로 런던의 고워가에 있는 집으로 들어갔다. 이 다윈의 초상화는 그들이 결혼한 후 얼마 안 되어 찍은 것이다. 이즈음에 다윈의 『이야기 The Narrative』 제3권이 피츠로이의 이야기와 함께 발행될 준비가 되어 있었다. 매우 중요한 문제로, 피츠로이가 다윈의 『이야기』를 발행되기 전에 읽어보고, 아르헨티나의 평원들에서 발견한 조개껍데기들과 화석들을 성서에 나오는 대홍수의 증거로써 설명하는 다윈의 글에 반대되는, '대홍수에 대한 소견'이라는 제목으로 한 장을 추가하기로 결심한 것이다. 『비

---

53 다윈가와 웨지우드가는 중혼을 하였다. 다윈의 아버지 로버트 다윈은 웨지우드가의 수잔나 다윈과 결혼했으며, 다윈의 누님 캐롤라인은 외사촌 조시아 웨지우드와 결혼하였고, 다윈은 그의 외삼촌의 딸 에마 웨지우드와 결혼했다.

| 찰스 다윈의 초상, 죠지 리치몬드, 1840

글 호의 항해 The Voyage of the Beagle』는 그 당시 가장 인기 있는 책들 중의 하나가 되었으며 그래서 다윈은 기뻐서 '나의 첫 번째 문학 작품이 거둔 성공은 나의 어떤 다른 책들보다 나에게 자신감을 북돋아준다'라고 썼다. 다윈은 남아메리카를 탐사하고 있었을 때 그에게 가장 크게 영감을 주었던 알렉산더 폰 훔볼트Alexander von Humboldt에게 그 책 한 부를 소개서와 함께 보냈다. 훔볼트는 감탄할만한 책이라고 표명하였고 다윈이 앞으로 훌륭한 미래를 가지게 될 것이라는 답장을 보냈다:

귀하가 보내준 편지를 보면, 귀하가 젊었을 때, 열대지역에서 내가 자연을 연구하고 서술한 나의 태도가 귀하에게 먼 나라를 여행하고 싶은 열정과 갈망을 갖도록 자극하는 원인이 되었습니다. 귀하가 이룬 연구의 중요성을 볼 때, 이것은 나의 보잘것 없는 연구가 인도해 줄 수 있는 가장 위대한 성공일지도 모릅니다.

비글 호가 돌아온 이래 여러 해 동안 다윈은 항상 갈라파고스의 핀치들의 의미에 대하여 생각하고 있었다. 그가 처음에 생각한 것처럼 그 새들은 남아메리카 본토에서 발견되는 친숙한 새들의 변종들이 아니었으며, 조류학자 존 굴드가 분류한 바와 같이 그들은 전혀 다른 종들이었다. 왜 이 섬들은 지구상 어디에서도 알려지지 않은 연관 종들을 나누어 갖고 있는가? 종은 변함이 없다고 생각되었기 때문에, 그러면 이것은 신이 계속하여 새로운 종들을 창조하고 있다는 뜻인가? 그는 아마도 어떤 결론을 내린 것 같은데, 왜냐하면 『비글 호의 항해』 제2판에서 그는 조심스럽게 생각해 냈지만 아직도 애매한 단어들을 넣어서 이 부분을 고쳐 썼기 때문이다:

> 하나의 밀접하게 연관된 한 작은 새무리에서 나타나는 형태적인 구조의 단계적 차이와 다양성을 보면, 이 섬들에 본래 있었던 얼마 안 되는 새들로부터 한 종의 새가 다른 종들로 변형되었다고 실제로 상상할 수 있다.

다윈은 – 지구상에 새로운 생물의 최초 출현 – 이라는 그 수수께끼중의 수수께끼에 대한 어떤 결정적 결론을 내릴 준비가 되어 있지 않았다. 아마도 누군가가 그 결론을 낼 것이었다.

9

앨프리드 러셀 월리스 – 초기 활동
Alfred Russel Wallace – The Early Years

앨프리드 러셀 월리스Alfred Russel Wallace[54]는 1823년 9남매 중 여덟 째로 가난한 중산층 가정에서 태어났다. 그의 아버지는 사무변호사 교육을 받았음에도 변호사 사업은 전혀 하지 않았고 물려받은 작은 희망이 없는 벤처사업을 서서히 소진하며 살았다. 젊은 월리스는 자연에 심취되었으며 웨일스의 우스크Usk 마을에서의 어린 시절의 기억을 회상하고 있다:

> 집의 모양과 색조, 길들, 그 아래 가까이에 있는 강, 밑에 오두막이 있는 다리, 우리들과 다리 사이의 좁은 밭, 뒤에는 나무가 우거진 가파른 둑, 채석장 그리고 우리들이 낚시를 하며 서 있었던 평평한 널빤지들의 바로 그 모양과 놓인 위치, 길 조금 멀리에 있는 오두막집들. 이들 어린 시절을 되돌아보니, 이러한 모든 장면 속에 있는 변함없는 친구들의 희미한 어슴푸레한 모습과

---

54 앨프리드 러셀 월리스(1823-1913)는 웨일스의 몬마우스서 랜배덕(Llanbadoc)에서 태어났다. 모두 9남매 중에서 그는 여덟째다.

이상하게 대조를 이루며 뚜렷하게, 모든 것들이 내 앞으로 다가온다.

그의 가족은 저렴한 거처를 찾아서 자주 이사를 해야만 했으며, 그가 6살쯤이었을 때 그가 초등학교에 들어간 하트퍼드로 이사했다. 그의 학교는 1617년에 세워져서 월리스가 그의 자서전에 쓴 것처럼 세워진 이래로 변한 게 하나도 없어 보였다:

> 학교는 큰 방 하나로 되어 있었다. 끝에 교장 선생님의 책상, 다른 양쪽 벽에 책상 두 개, 그리고 벽난로가 두 개가 있었다. 겨울에도 아침 7시에 학교에 가서, 일주일에 3일 오후 5시까지 학교에 남아 있었기 때문에, 어떤 식이든 인공조명이 필요하여, 학생들마다 자신들이 쓸 초나 초 동강들을 가져가는 원시적인 방법으로 해결되었다.

다행스럽게도 월리스의 아버지가 하트퍼드 시 도서관에 직장을 얻어서 정기적으로 많은 책을 빌려와서 집안사람들이 읽었는데, 그의 아버지는 애들에게 책을 크게 읽어 주었다. 앨프리드는 비 오는 토요일 오후에는 매일 구석에 쪼그리고 앉아서 탐독하며 도서관에서 보냈다. 그의 종교적인 가정교육은 관습적인 영국 국교회의 방식이어서, 일요일에는 두 번 교회에 가고 집에서는 성경을 읽었다. 이때가 그의 일생에서 그가 종교적 열정의 무엇인가를 느낀 시기였다. 그러나 후에 그는 '이해할 수 있는 사실 또는 나의 지능을 만족시켜주는 연결된 논리의 충분한 근거가 없어서, 그러한 느낌은 나에게서 곧 사라졌으며, 그런 느낌은 결코 다시 돌아오지 않았다'라고 적었다.

월리스가 12살이 되었을 때 그의 아버지는 그의 수업료를 더 지불할 형편이 안 되었다. 그의 학급의 그 또래의 많은 아이들은 이때쯤이면 직업 도제들이 되기 위하여 학교를 떠났다. 그의 가장 큰 형은 측량사 도제였으며 다른 형은 목

수 도제였다. 앨프리드는 그의 나이로는 총명하였으므로, 그의 아버지는 교장 선생님과 상의하여 수업료를 내는 대신에 어린 학생들을 가르치는 것을 도와주며 학교에 남아 있도록 주선해 주었다. 월리스는 이 어려운 시기의 수줍고, 민감하며, 자의식이 강한 젊은 자신을 이렇게 묘사하고 있다:

> 라틴어와 기하학 정기 수업을 계속하는 동안 나는 나보다 어린 학생들에게 읽기, 받아쓰기, 산수, 글쓰기를 가르쳤다. 무엇을 하든 그 일 자체에 이의는 없었으나, 학교에서의 나의 이례적인 위치는 나에게 고통스러운 암시와 짜증스러운 비판을 받았다. 나는 특히 모든 남자애들이 나를 싫어하는 것에 감정이 상하여 – 언제나 이례적인 위치에 있거나 또는 다른 남자애들과는 다른 어떤 것을 해야만 했다. 교실에 들어갈 때는 언제나 나는 수치스럽게 느꼈다.

부유한 가정에서 태어나고 케임브리지에서 교육을 받는 특혜를 누린 찰스 다윈과는 달리, 앨프리드 러셀 월리스는, 다윈이 *비글* 호 항해를 끝내고 잉글랜드로 돌아온 그 즈음, 14살 나이에 학교를 떠났다. 그해 늦게 앨프리드는 베드퍼드셔 시골 교구를 측량하는 형 윌리엄의 조수로 일을 시작했다. 젊은 앨프리드는 학교에서 벗어나 야외에 있는 것이 좋았다. 측량 일은 지도를 만들고 삼각법을 이용하여 면적을 계산하는 것이었으며, 그는 학교에서 배운 수학을 실제로 응용하는 것이 행복했다:

> 나는 측량 장대 또는 기를 가지고 다니며 고정 말뚝에 찔러 박거나 훗날을 위해 표식을 할 수 있는 곳의 잔디에 삼각형의 구멍들을 냈다. 우리들은 나무 봉과 말뚝을 자르고 앞을 가리는 나무가지들을 치는데 쓰는 낫을 가지고 다녔다. 우리들은 이른 아침을 먹은 후에 일을 시작하였으며, 보통 간단한 식품들과 맥주 반 갤런을 사서, 오후 한 시경 산울타리의 아래 쉼터에 앉아서 점심을 즐겼다.

월리스는 야외에 있는 것이 즐거웠다. 여가 시간에는 멀리 산책을 하였으나, 곤충, 새, 꽃, 나무들은 학교에서 가르쳐주질 않았기 때문에 이것들은 전혀 몰랐다. 식물학이라는 과목이 있는 것에 놀란 나머지, 그가 산책하면서 본 식물들을 동정하는 데 도움을 주는 『식물학 기초』라는 책을 사는 데 그가 가진 적은 돈 모두를 썼다. 그래서 그는 새로운 것들을 발견할 때마다 자연을 사랑하게 해주는 기쁨을 경험하였다:

> 나는 산책 중에 같은 종의 식물을 중복하여 여러 번 채집하여 내가 많은 시간을 소비하는 것을 알았다. 그래서 나는 좋은 표본들만을 채집하여 조심스럽게 건조하여 건조식물표본을 모으기 시작했다. 그러나 나의 형은, 내가 할 일이 전혀 없어서 그러는 데도 불구하고, 이런 공부에 몰두하는 것을 찬성하지 않았다. 그 당시 형은 물론 나 자신도 그것이 나의 장래에 어떻게 영향을 미칠지를 전혀 예견할 수 없었다.

영국 전역에 걸쳐 월리스와 같은 젊은이들이 실용적 기술을 스스로 배울 수 있도록 기계 공업학교들이 설립되고 있었다. 그즈음, 그의 흥미에 따라 월리스는 스웨덴의 과학자 칼 린네우스가 식물들과 동물들을 강, 목, 과, 속, 종으로 분류하는 분류법을 고안했다는 것을 알게 되었다. 그래서 월리스는 영국 식물 백과사전을 빌려 한 달 동안 모든 토종 식물들의 속들과 종들을 그가 산 책 『식물학 기초』에 베껴 써넣었다. 그래서 마침내 인상적인 아마추어 식물학자가 되었다.

월리스는 교육과 특히 과학을 통하여 인류가 발전할 수 있다고 믿었다. 그는 그 자신의 독학 경험에서 영감을 받아, 18세 나이에 「킹스턴 기계공업 학교 최고의 운영 방법에 관하여」라는 5쪽짜리 논문을 썼다. 영국의 빠른 산업화와 더불어 지방의 사업가들은, 기계 공업학교들이 그들이 필요로 하는 훈련된 기술자들을 공급해 줄 수 있기 때문에, 기계 공업학교들에 투자하려는 흥미를 느끼고 있었다. 이런 학교들과 지역의 도서관들은 세상에 관한 지식을 열심히 습득하는 월리스와 같은 똑똑한 젊은이들이 독학할 수 있는 방법들을 제공해 주었다.

측량사업 경기가 하락하여 형 윌리엄은 앨프리드에게 다른 일을 찾아보라고 하였다. 앨프리드는 가르치는 것에 가능성이 있을 것이라고 생각했으며 그는 레스터에 있는 사립학교에 자리를 얻었다. 교장 힐 씨는 그를 부 교장에 임명하여, 영어, 기하, 제도를 가르치게 했으며, 학교의 숙소에 살며 저녁에 약 20명의 기숙생을 돌보아 주게 하였다. 20세인 월리스는 그의 생애에서 아마 처음으로 자신만의 방을 가졌으며, 그가 묘사한 바에 의하면 그 방은 매우 편안해 보였다:

> 두 명의 부 교장이 있었는데, 둘은 모두 쾌활했다. 제도에는 나는 초보자였다. 그러나 나는 곧 내가 내 자신을 향상시켜야만 한다는 것을 알았다. 그래서 나는 열심히 제도를 연습하였다. 나는 아주 편안한 침실을 가졌다. 겨울에 매일 오후 불을 켰고, 학생들을 돌보는 한 시간과 교장 힐 씨 내외분과 함께 식사하는 반 시간을 제외하면, 오후의 4시간 혹은 5시간 후의 시간은 나 자신만의 시간이었다.

레스터에도 기계 공업학교와 책 빌려주는 도서관이 있어서, 식물학, 나비, 곤충과 같은 그가 좋아하는 주제의 책들을 찾을 수 있었다. 월리스가 헨리 월터 베이츠Henry Walter Bates를 처음 만난 때는 1844년 아마도 레스터에서 산보를 하고 있는 중에서였다. 월리스는 그 나이 또래의 젊은이 베이츠와 함께 그들의 고향 주위에 있는 자연 세계에 대한 흥미를 느끼고 있었다. 베이츠는 양말류 사업의 도제로 일하기 위하여 열두 살 때 학교를 그만두어야만 했으나, 그는 딱정벌레 수집에 열정을 가지고 있었다. 그는 자기의 크고 깔끔히 정리된 컬렉션과

3천 종 이상의 영국의 딱정벌레 종들을 기재한 두꺼운 책을 자랑스럽게 월리스에게 보여주었다. 헨리 베이츠 말고는 거의 모든 사람에게 알려지지 않은, 모양 색깔 크기가 모두 다른 수천 종의 딱정벌레들이 레스터 근처에 살고 있었다. 놀랍게도 이 책은 월리스를 완전히 사로잡았다. 그는 이렇게 썼다:

> 만약 누군가가 나에게 마을 근처 어떤 작은 지역에 얼마나 많은 딱정벌레들이 있을까를 묻는다면, 나는 아마 50종 정도라고 추측했을 것이 틀림없다, 또는 기껏해야 100종이랄까. 지금 아마도 10마일 안에 1,000종이 있다는 것을 나는 알게 되었다.

월리스는 채집 병, 핀, 저장 상자를 샀으며 그들의 이름과 분류를 배우기 위하여 제임스 스테펜스의 『영국 딱정벌레류 매뉴얼』을 '도매 값으로' 겨우 살 수 있었다. 이 두 젊은이는 그들의 생애의 이 시기에 서로 알게 된 것이 운이 좋았다. 그들은 레스터 주변 교외를 돌아다니며 딱정벌레도 잡고 자연사에 대하여 읽은 책들에 대하여 토론하였다. 그들 둘은 다윈의 *비글* 호 항해에서 연구한 『연구저널』을 읽었다. 월리스는 다윈의 이해하기 쉬운 문체에 감명받아 베이츠에게 다음과 같이 표현하는 편지를 썼다: 나는 그의 문체를 대단히 존경한다. 힘들이지 않고 꾸밈이나 자기중심적인 생각 없이, 그러나 자연에 대한 흥미와 본래의 생각에 충만하여 쓰는 그의 문체에 감탄한다.

그들 둘은 알렉산더 폰 훔볼트의 여러 권으로 된 『신대륙 적도지방 여행기』도 읽고, 그의 남아메리카 여행과 열대 우림의 장관에 대하여 토론하였다. 훔볼트는 자연계에서는 단 하나의 사실도 별개로 생각되어 질 수 없다는 것을 알았다. 그는 우리가 오늘날에 알고 있는 인간이 초래한 기후 변화를 포함하여 생명의 그물과 자연의 개념이라는 의미들을 지어냈다. 그의 탐사를 책으로 발행한 후에 훔볼트는 잉글랜드로 여행을 와서 지금은 왕립학회의 회장이 된 조셉 뱅크스 경을 만났다. 뱅크스 경은 오스트레일리아의 특이종들이 많은 그의 거대한 식물 표본들을 그에게 보여주었다. 훔볼트, 조셉 뱅크스, 그리고 찰스 다윈은 젊은 월리스와 베이츠에게는 영웅들이었으나, 그 영웅들의 여행, 모험, 자연사 관찰의 삶은 단지 그들의 꿈에 불과했다.

월리스가 레스터에서 가르치고 있었던 1846년 그는 자기 형 윌리엄이 갑자기 사망했다는 소식을 받았다. 윌리엄은 웨일스에서 측량사 일을 계속하고 있었는데, 사우스 웨일스 철도법안 제안서를 심사하는 위원회에서 증언하기 위하여 런던으로 호출되어 갔다. 어쩔 수 없이 탄 싸구려 철도 무개 객차로 웨일스로 돌아오는 중에, 그는 심한 오한에 걸려 폐 폐색증으로 브리스톨의 한 습기 찬 침대에 누워 숨졌다.

월리스는 형의 장례식에 참석하여 그의 친구들과 이야기 하는 중에 투기꾼들이 영국 전역에 건설되는 새로운 철도선 건설에 자본을 투자하는 철도건설사업 호황에 대하여 알게 되었다. 월리스는 그의 형이 쓰던 측량기구들을 물려받았으며, 지금 측량사들이 엄청 많이 필요했다. 니스에서 머서티드빌까지 계곡을 달리는 철도를 측량하는 사업을 하는 토목기술자와 고용 계약하였다. 월리스는 그의 몫으로 일당 2기니의 아주 큰 금액에 더하여 거리 측정기와 직원들 그리고 식사와 호텔 숙소 등의 모든 비용을 제공받았다. 이 야외 작업은 여름 내 계속되였고, 월리스는 다시 야외에서 일하며 사우스 웨일스 지방의 자연의 아름다움을 즐기는 것이 좋았다:

> 나는 숲을 거쳐 냇가로 이어지는 쾌적한 시골길들을 따라 작업을 했으며, 내가 가본 적이 없는 야생상태로 남아 있는 그림과 같은 계곡을 따라 올라갔다. 여기에서 우리들은 숲이 울창한 지역의 집채만큼 거대한 바위를 기어 올라가고 폭포도 올라가고 가파른 경사지와 벼랑의 경사각을 측량해야 했다.

1844년 『창조의 자연사 흔적 Vestiges of the Natural History of Creation』이라는 제목으로 익명으로 발행된 한 권의 책이 영국 전체의 측량 제도실들에 논란을 일으켰다. 그 책은 생물진화의 일반적인 생각을 제안한 사실과 허구를 혼합한 것이었다. 자극적인 사실들과 논란에 근거했지만, 진화가 어떻게 작용하는지에 대한 이론이 없었다. 비평을 많이 하지 않는 독자들에게는 크게 성공한 책이었으나 과학계는 선정적인 쓰레기 책이라고 고려할 가치가 없다고 묵살해 버렸으며, 성직자회와 영국 국교회는 맹렬히 비난했다. 그러나 그 책은 월리스가 그의 마음에 이미 자리하고 있었던 결정적인 의구심에 집중하도록 도와주었다 – 『창조의 자연사 흔적』이 주장하는 대로 자연적인 변환에 의하여 종이 생긴다면, 종이 생기는 기작은 무엇인가? 베이츠는 그 책에 대한 그의 생각을 편지를 보내왔고, 그는 웨일스의 측량 일을 하는 곳에서 답을 썼:

> 나는 『창조의 자연사 흔적』을 자네가 생각하는 것보다 한층 호의적으로 보네. 나는 그 책을 성급한 일반론이라고 보지 않고, 놀랄만한 사실들과 비유들의 강력한 지지를 받는 상당히 독창적인 가설이라고 생각하네. 그러나 더 많은 연구를 통하여 문제를 풀 수 있는 부가적인 사실들에 의하여 증명될 것들이 남아 있네. 그 책은 자연을 관찰하는 사람은 누구나 갖게 되는 하나의 주제를 제시하고 있네; 그가 관찰하고 있는 모든 사실들이 그것을 찬성케 하거나 반대가 되도록 할 것이네, 그럼으로써 사실들의 수집을 조장하며, 또한 그 사실들이 수집될 때 그것들이 적용되어질 수 있는 대상으로 작용하네.

1847년 철도건설 붐이 붕괴하였다. 투기꾼들의 엄청난 돈이 날아 가고 월리스도 직장을 잃었다. 그러나 열심히 일하고 습성에 밴 절약으로 100파운드라는 엄청난 금액을 저축하였다. 이 돈으로 두 젊은이가 그들의 젊은 꿈을 이룰 기회가 생긴 것이다. 헨리 베이츠는 앨프리드 러셀 월리스로부터 온 운명적인 편지

를 이렇게 묘사하였다:

> 1847년 말경 월리스는 아마존강 유역 자연사 탐험을 위하여 아마존 강으로 공동탐험을 가자고 나에게 제안하였다. 월리스가 종의 기원 문제를 풀기 위해서 쓴 그의 편지 중 하나에서 설명한 것처럼, 그 계획은 우리들 자신이 생물들을 채집하고, 중복 채집물들은 영국으로 보내서 경비를 지불할 수 있게 처리하고, 그리고 많은 자연사 표본들을 수집하는 것이었다.

열의에 차고 모험을 할 준비가 되어, 월리스와 베이츠는 그들의 재원들을 한데 모으기로 하고 아마존 유역 탐사를 준비하였다. 동식물들을 채집하여 시장에 내어 그들이 채집한 표본들을, 다른 사람들이 예술품들을 전시하듯이, 자연사 표본들을 사고 전시하는 부유한 개인 수집가들에게 팔아 탐사경비를 조달하려 하였다. 1848년 초, 그들은 런던에서 만나서 주요 수집처들에 있는 남아메리카의 식물들과 동물들에 대하여 – 자연사 박물관에서 나비류, 인도 박물관에서 곤충류, 큐 식물원에서 식물들을 배웠다. 그 당시 어느 날 젊은 월리스는 자연사 박물관 복도에서 찰스 다윈을 만났다고 회상하였으나, 먼 훗날 다윈은 그를 만났다는 기억을 못하는 것처럼 보였다. 대영박물관을 방문한 후에 월리스는 베이츠에게 그는 곤충의 한 속 또는 한 과만을 깊이 있게 연구하기를 원한다고 썼다:

> 나는 어느 한 지방에서 채집한 단순한 수집물에는 충분히 만족하지 못하게 되었다. 원칙적으로 종의 기원 학설의 관점에서, 나는 한 과의 곤충들만을 철저하게 연구하고 싶다. 그렇게 함으로써 어떤 결정적인 결과에 도달하리라고 나는 굳게 믿는다.

무엇보다 중요한 것은 그들은 박물관의 큐레이터들로부터 파손되기 쉬운 표본들을 고정하여 잉글랜드로 손상 없이 온전하게 보내는 방법들을 배웠다. 또한 그들은 그들의 표본들을 받아 팔아서 그 대금을 아마존강둑에 있을 애매한 주거지로 보내줄 수 있는 믿을 만한 사람을 찾아야 했다. 다행히도 그들은 영국의 나비류와 딱정벌레류를 수집하는 새뮤얼 스티븐스Samuel Stevens를 알게 되었다. 스티븐스는 그들의 중복 표본들을 '이익을 가장 많이 남게' 팔아서 그들이 보내 달라는 곳으로 속히 탁송물을 안전하게 보내 줄 수 있는 전형적인 중개인이었다. 그는 그들이 필요로 하는 장비들을 사주었으며, 현금을 확보하거나 정해져 있지 않은 애매한 장소들에서도 그들의 신용을 보증해줄 수 있고, 아직 받지 않은 표본들에 대하여 선불하여 주고, 채집자들이 찾고 있으며 일반 과학적 흥미에 관한 것들에 대한 최신 정보를 제공해주는 여러 가지 수단을 찾아 주었다. 그는 정직하고 신용할 수 있으며 능률적이고 그들이 필요한 것을 예상하고 처리해주어서, 이 점에 대하여 월리스와 베이츠는 언제나 감사하였다.

아마존으로 여행하려는 그들의 결심을 굳힌 것은, 그들이 최근에 발행된 『아마존강 항해』라는 윌리엄 헨리 에드워즈의 책을 둘 모두가 읽었을 때였다. 에드워즈는 아마존의 아름다움과 위험함에 대하여 열성적으로 글을 써서, 아마존의 여인들, 인육을 먹는 인디언들, 위험한 아나콘다들과 살점을 뜯어먹는 피라냐에 대한 여행자들의 폭넓은 이야기들을 수록하였다. 그러나 이러한 무시무시한 이야기들도, 저자의 아마존강 유역의 장엄한 묘사에 매료된 월리스와 베이츠가 여행을 그만두도록 단념시키지는 못 했다. ─ '강의 웅대함이 끝없이 펼쳐진 원시림을 뚫고 장대하게 흘러가고, 감추고 있음에도 불구하고 가장 아름답고 다양한 동식물들을 생산하는 아마존강'.

10

앨프리드 러셀 월리스 – 아마존강 항해
Alfred Russel Wallace – The Voyages on the Amazon

    1848년 4월 25세 앨프리드 러셀 월리스와 23세 헨리 월터 베이츠는 리버풀 항에서 배를 탔다. 아마존에서 주로 딱정벌레, 나비, 조류와 같은 자연사 표본들을 채집하여 영국의 박물관과 수집가들에게 보내는 꿈을 이룰 준비가 되어 있었다. 그들은 승객이 그들뿐인 작은 바크형 범선 무역선 *미스취프* 호를 타고 가는 값싼 선임의 항로를 택했다. 29일간의 항해 후 그들은 아마존강 하구에 있는 벨렝 도 파라Belém do Pará에 도착하여 그들의 모험을 시작할 수 있었다. 월리스는 그 도시가 『아마존강 항해』에서 윌리엄 에드워즈가 쓴 그림 같은 묘사와는 어울리지 않는다는 것을 알았다. 공공건물들은 허물어져서 수리를 많이 해야 했으며, 어떤 건물들은 완전히 폐허가 되어 있었다. 그래서 그는 "아름답고 그림 같고 웅장하다"고만 묘사한 화가 여행자들에 의해 그려진 도시의 이미지에 대하여 불평을 했다. 그러나 베이츠는 도시의 여인들이 "아름답고 그림 같다"고 분명히 묘사하였다:

    거리를 처음으로 걸으며 받은 인상은 나의 마음에서 결코 전부 잊지지 않는다. 그 중에 몇몇 아름다운 여인들은 지저분하게 옷을 입고, 맨발이거나 헐렁한 슬리퍼를 신었으나, 장식이 많은 귀걸이를 달고 목에는 아주 큰 금방울이 달린 목걸이를 차고 있었다. 그들은 인상적인 검은 눈은 가졌고, 눈에 띄게 머리숱이 많았다. 그것은 상상에 불과했다. 그러나 내 생각에는 이 여인들의 누추하고 풍성하고 아름다움이 어우러진 모습은 다른 나머지 풍경들과 분명하게 조화를 이루고 있었다.

월리스와 베이츠는 그들이 채집을 시작할 수 있는 교외에 집을 하나 얻었다. 동식물 연구자가 처음으로 열대림에 들어가는 것은 일생일대의 경험이 된다. 그래서 월리스는 이 첫 사건을 그보다 전의 그의 영웅들인 알렉산더 본 훔볼트와 찰스 다윈이 그러했듯이 같은 경외감을 가지고 묘사하였다:

> 열대 태양의 한 줄기 빛이 겨우 어둠을 밝혀주는 어둠침침한 그늘, 엄청난 크기와 높이의 나무들, 그들 대부분이 가지를 하나도 뻗지 않고 100피트 또는 더 높은 거대한 기둥처럼 솟아 있고, 무엇인가의 기저부를 둘러싸고 있는 괴상한 버트리스들. 여기에서 아주 희귀한 새들과 매우 아름답게 생긴 곤충들과 가장 흥미로운 포유동물들과 파충류들이 발견될 것이다.

월리스와 베이츠는 동이 트기 전에 일어나서 새들을 잡으며 아침 시간을 보내고, 나비류와 곤충은 낮의 열기가 시작되기 직전에 가장 활동이 왕성하므로 오전의 중반은 나비류와 곤충을 채집하며 보내는 정해진 일과를 수행했다. 그리고 숙소로 돌아와 점심을 먹고 낮잠을 잤다. 오후 늦게 그들은 표본들을 정리하고, 노트를 쓰고, 다음 날의 계획들을 상의했다. 짧은 채집 기간에 그들은 특이한 나비 종들을 많이 채집하였으며, 월리스는 그들의 성공적인 채집에 대하여 묘사하였다:

우리들은 곤충들을 아주 조금 채집했다. 그러나 우리가 채집한 곤충들의 대부분이 우리들에게는 생소했다. 우리들의 가장 귀중한 표본은 아래 날개 위에 밝은 자색 조각 무늬를 가진 아름다운 투명한 나비, 회테라 에스메랄다 Hoetera esmeralda인데, 우리는 처음으로 보았고 채집했다. 또한 희귀한 곤충들도 많이 있었고 거대한 푸른 나비 모르포스 Morphos도 가끔 우리들 위로 지나갔으나, 그들은 너울너울 날아가 우리들의 채집 노력을 허탕 치게 했다.

벨렝 Belém에서 3개월간 채집한 후 그들의 표본 선적 화물을 처음으로 런던으로 보냈다. 다행히도, 그들이 런던에서 맺은 계약자들로부터 받은 조언을 잘 따라 채집하고 처리했기 때문에, 표본은 최상의 상태로 도착했다. 새뮤얼 스티븐스는 『자연사학회연보 및 자연사학회지, Annals and Magazine of Natural History』저널에 다음과 같은 광고를 냈다:

새뮤얼 스티븐스, 박물학 중개인, 불름버그가 #24, 베드포드 스퀘어
브라질 파라주에서 채집한 곤충의 모든 목들에 속하는 최상 상태의 곤충표본 탁송물 두 개를 남아메리카로부터 최근에 받았기에 광고합니다. 이 표본들에는 아주 희귀한 종들과 신종들이 많으며, 개별연락 판매합니다.

한편 영국에서는 월리스의 동생 허버트 월리스 Herbert Wallace는 학교를 떠난 후 직장을 얻지 못하여 여러 가지 도제직을 가지기 시작했다. 앨프리드 러셀 월리스는 브라질로 와서 같이 일하자고 제안하여, 새뮤얼 스티븐스에게 부탁하여 선비를 지불해 주도록 주선하였다. 1849년 7월 허버트가 벨렝에 도착한 후, 이 세 젊은이는 아마존강을 정기적으로 왕복하는 연락선을 타고 아마존강의 상류로 900킬로미터 여행하였다. 매일 그들은 강둑 바로 아래까지 자라난 정글, 살아 있는 잎들과 (열대산 칡의 일종인) 리아나스 넝쿨로 뒤덮인 살아 있는 '팰리세이

드'[55]를 관찰했다. 그들은 열대우림의 깊은 이곳이 지구상에서 웅장한 생명의 그물망을 만드는 식물들과 곤충들 그리고 동물들을 관찰 할 수 있는 더 좋은 곳이 없다는 것을 알았다. 그래서 아마존강이 타파조스 Tapajos 강과 만나는 합류 지역에 있는 종착지 산타렝 Santarem 에 도착할 때까지 기다릴 수가 없었다.

이 생소한 지역에서 나비류의 다양성은 끝이 없어 보였다. 그들은 산타렝 주위에서 아름다운 나비들과 이상한 딱정벌레들을 많이 채집하며 수확이 많은 3개월을 보냈으며, 런던에 있는 컬렉션들에서는 본 적이 없는 많은 표본을 채집할 수 있어서 매우 기뻤다. 서식처들은 매우 중요해 보였으며, 월리스는 곤충, 조류, 원숭이류의 종들은 서식 장소마다 다른 것을 주목하였다. 그 이유가 즉시 분명해 보이지 않아서 그는 자신에게 그 문제에 관하여 묻고 있었다. 왜 어떤 원숭이 종은 아마존강의 한쪽에서만 사는가? 어찌하여 날개가 있는 동물들은 특정한 지역에만 국한되어 있는가? 그들은 꿈에서 깨어나서 꿈에 그리던 생활을 실제로 경험하고 있었다. 오전에 채집을 성공적으로 끝내고 난 후에는 강 언덕에서 몸을 식힐 수 있었으며, 월리스에 의하면:

> 이곳 타파조스는 물이 맑고 모래사장이 있으며, 수영하기에 아주 좋다; 땀방울이 뚝뚝 떨어지는 한낮에 우리들은 여기에서 수영을 하는데, 너는 이것보다 더한 사치는 상상조차 못 할 것이다.

브라질에는 커피가 엄청 많아서 월리스는 곧 모닝커피에 중독이 되었다. 그는 커피가 떨어져서 포르투갈어를 조금 말할 수 있는 인디언 노인의 오두막까지 내려가서 커피를 좀 달라고 한 이야기를 하고 있다 – "제발 좀 주세요":

> 나무에 익은 커피 열매들이 달려 있고, 해는 빛나고, 그는 그의 어린 딸에게

---

55 팰리세이드(palisade), (특히 강가나 해안을 따라 울타리처럼 서 있는) 깎아지른 절벽.

바로 일을 시키기로 했다. 아침 10시경이다. 나는 숲속으로 들어갔다가 약 4시경에 돌아왔는데, 내가 주문한 커피가 준비되어 있었다. 그들은 커피를 따다가 펄프를 씻어내고 햇빛에 말려 겉껍질을 벗겨내고 볶아서 절구에 찧었다. 약 반 시간이 더 되어서 나는 내가 지금까지 먹어본 커피 중에서 가장 맛있는 커피를 음미했다.

이러한 목가적인 생활 후에 그들은 마침내 헤어지기로 하였다. 두 친구 간에 약간의 마찰이 생기게 한 것은 허버트의 합류였다. 아마도 레스터 또는 런던보다 야생의 아마존에서 더욱 심각해진 두 사람의 성격 차이 때문이었다. 베이츠는 한층 사교적이며 다른 사람들 특히 여자들과 어울리기를 즐겼으며, 한 곳에서 여러 달 동안 머무는 것을 좋아했다. 반면에 앨프리드는 혼자 있기를 좋아했으며, 좀 더 진귀한 표본들을 찾아서 아마존강 유역의 안쪽으로 더욱더 멀리 여행하고 싶어 했다.

월리스 형제는 아마존강과 리오 네그로 Rio Negro 강의 합류지점에 있는 조그만 정착지 바라 Barra: Manaus 까지 또 다시 상류로 600킬로미터를 여행하기로 했다. 여기에서 월리스는 리오 네그로강 상류에서 채집하여 몇몇 진귀한 표본들을 발견했으나, 곧 우기가 시작되어 바라로 돌아왔다. '바다의 파도들과 같이 구르며, 마치 수중에서 폭발이 일어난 것처럼 사이사이에 공중으로 40 또는 50피트 솟아오르는' 거대한 급류들로 강이 범람하여, 우기에 여행은 모두 멈추었다. 심하게 뇌우가 치며, 계속 호우가 내리며, 지붕들이 모두 물이 새고, 가끔 해가 날 때면 숨 막히는 태양열과 습기 때문에, 4개월 간의 우기를 바라에서 기다리고 있는 것은 처량하였다. 아마존을 여행하는 모든 사람은 모기들에 고통을 받는다. 월리스에게 그것들은 엄청난 고통이었고, "매일 밤 매우 짜증 난 상태가 되어, 잠시도 눈을 붙일 수가 없었다." 소똥이 구해지면 그것을 태웠는데, 악취를

참아야 했지만 잠시나마 모기에 물리지 않았다. 허버트 월리스는 이런 생활은 충분히 경험하였다고 생각하여, 우기기 끝나고 강 운송 배편이 생기면 곧, 벨렝으로 내려가기로 하였다. 앨프리드는 적었다:

> 일 년간 경험해보니 내 동생은 훌륭한 박물학 수집가가 되기에는 분명히 적합하지 않다. 그는 새들과 곤충들에 흥미가 없어 성공할 것 같지 않다.

앨프리드 월리스는 리오 네그로강 상류로 채집을 계속했으며, 허버트는 잉글랜드로 돌아가려 하였다. 허버트는 3주간의 배편 여행을 하여 벨렝 도 파라에 도착하였는데 한때 생기 넘치고 활발했던 도시는 황량하였다. 모기들이 옮기는 황열병이 만연하여 도시 인구의 3/4이 열병에 걸리고 많은 사람이 사망했다. 아직도 황열병 또는 말라리아는 나쁜 공기 또는 '말 아리아$_{mal\ aria}$'에 의해 생긴다고 믿고 있었고, 작은 모기들과 그들이 전염시키는 황열병 또는 말라리아와의 연관 관계는 아직도 과학자들이 밝혀내지 못하였었다. 황열병의 증상은 고열이 나고 어지럽고 두통이 나며 피부가 노랗게 꺼칠해져서 그러한 이름을 가졌다. 4일 혹은 5일간 심하게 앓고 난 후 죽거나 살아나면 긴 회복기가 시작된다. 허버트 월리스는 열병이 났고 바이러스에 걸려, 많이 앓고 막 회복한 월터 베이츠가 그를 5일간 간호를 했으나 '흑색토사물을 쏟아내다' 그 후 숨을 거두었다. 아이러니하게도, 시인이 되기를 원했던 마음씨 좋은 불행한 젊은이, 허버트 월리스는 아마존에 있을 때 그가 쓴 이 시에 의하여 영원히 기억될 것이다:

여기 아마존 모기들이 문다 – 열병으로 병을 일으킨다.

살인자들은 얌전히 잠들고, 주의하고 짜증이 날 때까지,

우리는 거의 울 지경이다!

그러나 아직 고통은 있으나,

그들이 우리를 죽일 수 없음을 안다 –

우리들이 브라질에 있음을 속삭임에서 모두는 숨 쉰다.

동생의 운명도 모른 체, 앨프리드 월리스는 1850년 8월 리오 네그로강 상류까지 탐험하려고 출발하였다. 이 강은 오래되고 평평한 가아나 순상지Guiana Shield에서 내려오는 식물 부식물에서 생기는 탄닌 성분에 의해 강물의 색이 검어져 '흑색 강'이라 불렸다. 반면에 아마존강은 안데스의 산들이 침식된 침전물이 엄청나게 많아서 백색 흙탕물이었다. 좋은 소식은 모기의 유충들이 리오네그루 강의 흑색 산성수에서는 번식하지 못한다는 것이었다. 그래서 모기가 없었으며 월리스는 '이 안락한 환경'에 주목했다:

> 흙탕물이 흐르고, 단조롭고 모기들이 우글거리는 아마존을 벗어난 후에 흑색 강에 우리가 있음이 매우 즐겁다 – 잉크처럼 검어서 그런 이름이 잘 붙여졌으며, 강기슭은 험준하고 그림 같다 – 모든 게 안락하고, 모기들은 작은 섬들을 제외하고는 없었다.

높이 평가할만한 월리스의 성격은 가장 어려운 상황에서도 그의 끊임없는 열정이었다. 그래서 지금 리오 네그로강 상류로 3일간 더 올라가면 발견되는 진귀한 장관의 우산새umbrellabird의 표본을 채집하려고 흥분해 있었다. 이 새는 까만 깃털에 우산 모양의 머리 가리개를 가지고 있으며, 그 가리개는 아마도 가장 잘 발달하여 있고, 현재까지 알려진 어느 새들 중에서도 가장 아름다운 머리 장식이다:

> 우산새는 까마귀 정도의 크기이며, 길이가 평균 약 18인치이다. 색은 전부 까맣고 깃털 바깥 가장자리에 금속성 청색을 띤다. 머리 위의 가리개와 목에 달린 육수wattle가 없으면 보통 사람들에게는 짧은 발 까마귀처럼 보일 것이다.

우산새의 동물 묘화도, *인간의 혈통*, 찰스 다윈, 1871

급류에서는 끌어 올릴 수 있는 작은 보트들을 이용하여, 월리스와 인디언 노꾼들은 리오 네그로 강의 유명한 폭포들을 거슬러 올라갔다. 그들은 멀리멀리 비교적 잘 알려지지 않은 지역까지 들어가서 마침내 아라와크에 도착했다. 월리스는 강으로 흘러내리는 격렬한 급류들과 특히 어느 날 급류의 한쪽에서 다른 쪽으로 건너야만 했던 상황을 묘사했다:

강을 가로질러 암반들과 튀어나온 바위들이 널려져 있고, 그들 사이로 위험한 소용돌이와 아래서 부서지는 파도를 만들며 엄청난 양의 물이 격렬하게 쏟아져 내렸다. 여기에서 빠져나가기 위해서 반대편 기슭으로 건너가야만 했다. 우리는 급류로 뛰어들었고 빠르게 쓸려 내려갔으며 흰 포말이 솟아오르는 파도들 속에 갇혔고, 갑자기 조그만 모래섬의 피신처 아래의 조용한 못 안으로 들어갔다. 우리는 드디어 다른 쪽 기슭으로 약 1마일을 가로질러 온 것이다.

아라와크에서 월리스는 완전히 야만의 토착민 마을을 처음으로 목격하였다. 발가벗은 아이들과 거의 알몸인 그들의 부모들 – 바니와 족이다. 우리들은, 키 크고 깡마르고 이상하게 옷을 입은 이 백인이 쇠테 안경을 쓰고 새들과 곤충들을 채집하는 도저히 이해할 수 없는 채집광을 처음 보고 인디언들이 무슨 생각을 했는지를 추측해 볼 수밖에 없다. 여기에서, 월리스의 목적은 오지의 암벽

지역에 사는 '갈로gallo'[56], 또는 '바위 새'가 사는 오지까지 들어가는 것이었다. 어두운 숲속에서 눈부신 불꽃처럼 빛을 발하는 주황 적색의 새, 특히 구애춤을 추려고 수컷들이 모였을 때는 더욱 아름답다. 그는 바니와Baniwa 족들에 그 새 한 마리 당 값을 잘 쳐 주겠다고 하였다. 그리고 새들이 둥지를 틀고 있는 곳을 아는 사람들이, 새들을 잡기 위하여 입으로 부는 화살 총과 독화살을 가지고, 그를 데리고 정글 속으로 멀리 들어갔다. 바이와 족 사람들은 정글

바위 새, 갈로 Gallo, cock-of-the rock, 그림, 스미소니안 도서관

속을 쉽게 미끄러지듯 달려갔다. 그러나 월리스는 나뭇가지들과 가시 돋은 넝쿨들에 걸렸다. 그는 이렇게 적었다. '그들은 나를 쓸모없는 사람의 좋은 본보기이며 정글을 여행하며 옷을 입어서 좋지 않은 결과를 가져왔다고 보는 게 틀림없었다'. 그들은 정글에서 9일간 바위 새 12마리를 포획하여 돌아왔다. 눈부신 깃털을 가진 아직도 살아 있는 바위 새 표본을 처음으로 손에 들었을 때의 기분을 이렇게 묘사하였다:

부드럽고 보송보송한 깃털의 눈부신 찬란함에 감탄했다. 핏방울 하나 묻지

---

56 Gallo 또는 cock-of the rock. *Rupicoa* 속에 속하는 희귀새. 안데스 산맥 지역 볼리비아 콜롬비아 에콰도르 페루 베네주엘라 등 의 암반지역에 분포.

않고, 깃털은 하나도 헝클어지지 않았고, 박제표본은 절대 보여 줄 수 없는 아름다운 모습으로 부드럽고 따뜻하고 유연한 몸이 생생하게 깃털을 부풀렸다.

리오 네그로강 상류에서 채집하고 있는 동안에 주목할 만한 일이 생겼는데, 월리스는 자연사 표본들을 열심히 모으는 단순한 수집가였으나, 탐험가이자 토착민들의 관습 연구자이며 여행기 작가로 변신하였다. 그것은 아마도 알렉산더 본 훔볼트의 암시적인 글의 영향이었다. 그가 리오 네그로강 상류로 계속 올라가서 마침내, 훔볼트가 베네수엘라로 입국하려다가 브라질 당국자들에 의해 되돌아섰던, 마리바타나스Maribatanas에 있는 브라질 국경 초소에 도착하였다. 그래서 월리스에게 이곳은 매우 의미 있는 곳이었으며 그는 그의 소년기 영웅인 훔볼트의 탐험 경로를 따라 가고 싶었다:

> 여기에서는 큰 이익을 기대할 수 없는 나의 수집물들은 별것이 아니었다. 그러나 그 나라와 그곳 사람들에 관심이 대단히 많았기 때문에 그 나라와 그들을 좀 더 보고 알려고 결심하였다. 만약 내가 수익을 챙기지 않더라도, 적어도 부지런하고 끈질긴 탐험가로서의 찬사는 좀 받을 수 있기를 희망했다.

그때 그는 베네수엘라로 들어가서 카스키아레 운하Casiquiare canal 합류점 근처의 산 카를로스San Carlos 마을에 도착했다. 한 세기보다 더 전에 한 예수회 신부가 남아메리카의 가장 큰 강 – 오리노코Orinoko강과 아마존강 – 들을 하나의 강이 연결하고 있다고 보고한 적이 있다. 그 당시의 모든 과학자는 그것이 불가능하다고 말했다. 왜냐하면 큰 강들은 분수계 아니면 고지대들에 의하여 항상 분리되어 있기 때문이었다. 훔볼트와 그의 동료인 본플란은 거의 사람들이 살지 않는 야생의 정글 3,000킬로미터에 걸친 탐험에서 이 불가사의한 운하를 찾으려고 결심하였다. 그들은 베네수엘라에서 4개월간을 인디언 선원들과 함께 노를 저어 오리노코강 상류까지 올라가서, 그리고 급류를 거슬러 오르고, 모기들과 싸워가면서 자연사 표본들도 채집하며 아타바포 강까지 갔다. 드디어 1800년 5월 그들은 카스키아레 운하의 입구를 찾았다. 10일간 노를 저어가 리오네그로강과 아마존강의 근원지 산 카를로스San Carlos에 도착했다. 그 운하는 평지의 우림을 가로질러 320킬로미터를 남서쪽으로 서서히 구불구불 흘러가는 오리노코강 상류의 한 지류였다. 이 지류는 흘러가는 도중에 수면이 25미터 하상 아래로 떨어져 리오 네그로강과 합류하여 아마존강으로 흘러 들어갔다. 그래서 정반대 쪽으로 흐르는 두 엄청난 강 시스템 간의 보기 드문 하천의 연결을 만들어 냈다.

 1924년이 되어서야 하버드 지리학 탐험 연구소의 설립자인 알렉산더 라이스 Alexander Rice가 카스키아레 운하를 횡단하여 오리노코강 상류까지 여행하고 그리고 리오 네그로강과 아마존강을 내려가는 전체 여정을 완료하였다. 라이스는 자기 홍보에 심취하여 남아메리카에서 그가 하는 일들의 흥미로운 특징을 신문에 게재하기 위하여 자주 투고하였다. 굽이굽이 흘러가는 강의 다음 구비에서 기다리고 있는 것처럼 보이는, 거대한 아나콘다에게 공격을 받을 뻔하였다거나 식인종들에게 잡아먹힐 뻔하였다는 등의 기사를 실었다. 드디어 '탐험가 라이스 식인종들에게 잡아먹힌 것을 부인'이라는 한 신문의 유명한 헤드라인을 싣도록 하였다.

 월리스는 리오 네그로강의 발원지를 향해 작은 통나무배를 타고 피미친까지 계속 올라갔다. 피미친에서 그는 육로운반을 하여 아타바포강으로 들어가서 오리노코강의 발원지까지 갔다. 저녁에 혼자 거닐고 있는데 그는 오래전부터 보기를 원했던 정글의 제왕 중의 하나와 마주쳤다:

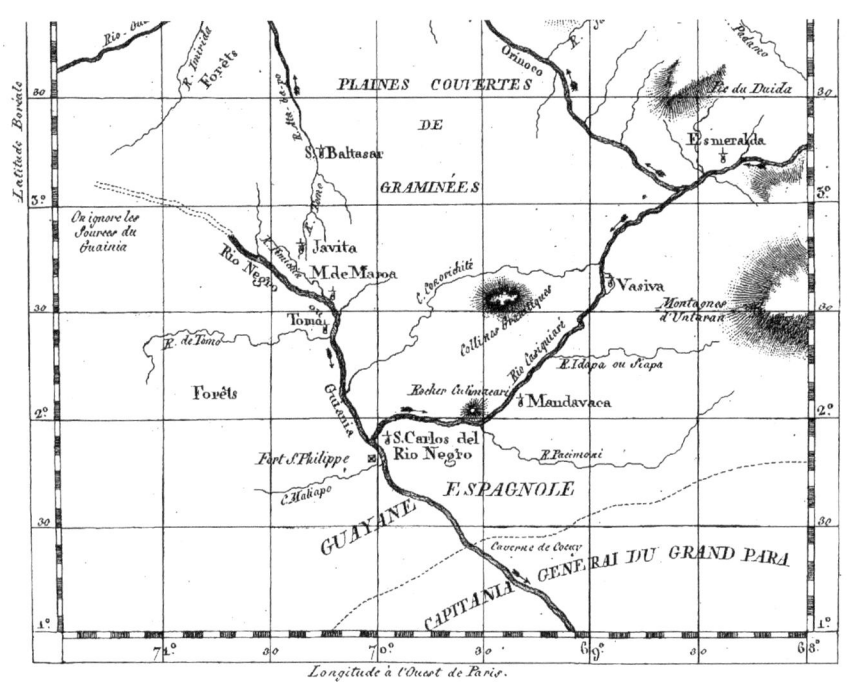

| 오리노코강과 리오 네그로강을 연결하는 카스키아레 운하를 보여주는 알렉산더 훔볼트의 상세 지도

조용히 걷고 있는데, 나는 약 20야드쯤 앞에 새까만 큰 동물을 보았다. 너무 놀라서 무엇인지 상상도 못 하였다. 그것이 천천히 움직이자 몸 전체와 구부러진 긴 꼬리가 길 가운데에 전부 다 보였다. 멋진 흑색 재규어를 본 것이 길 한가운데서 재규어는 머리를 돌려 잠시 멈춘 후 나를 바라보았다. 그러나 내 생각에는 무슨 다른 일이 있는지 천천히 걸어가다 덤불 속으로 사라졌다. 그가 앞으로 가자, 마치 두려운 적에게 길을 터주듯이, 작은 동물들이 날쌔게 움직이고 바닥에 있던 새들이 잽싸게 날아오르는 소리를 들었다.

1852년 5월, 리오 네그로강과 리오 부아페스강을 거의 2년간 탐험한 후 월리스는 바라로 돌아왔다. 큰 우편물 꾸러미와 벨렝 도 파라에서 온 좋지 않은 소

식이 그를 기다리고 있었다:

> 밀러 씨가 내 동생이 앓고 있는 위험한 병에 대하여 나에게 알려 주었다. 그는 황열병에 걸렸다. 그 편지를 가져온 카누가 그곳을 떠날 때 동생은 회복될 희망이 거의 없는 것과 같은 증상을 보이고 있었다. 내 동생에 대하여 한마디의 소식도 전해 줄 사람이 없었다. 그래서 매우 긴장된 상태로 있었다.

월리스 또한 반복되는 말라리아로 매우 쇠약해졌다. 퀴닌을 복용하고 있으나 섬망 증세와 고열이 하루 이틀 가라앉았다가 또다시 우울증과 오한과 피로가 반복되며 나타났다. 그는 그의 방 근처에서 그가 잡은 야생동물들을 돌보며 그의 동생에 관한 소식만을 기다릴 수밖에 없었다:

> 이틀마다 심한 우울증을 겪었고, 우울증 후에는 언제나 밤새 열이 나서 잠을 잘 수 없었다. 그 다음 날 밤에는 땀을 아주 많이 흘리며 예외 없이 잠을 잘 자고, 그 다음 날은 움직일 수 있었고, 입맛도 좀 있었다.

그러나 도대체 왜 동생에 대한 소식이 더 없는가? 월리스는 배를 하나 구하여 많은 짐을 싣고 서둘러 강을 내려갔다. 짐은 표본을 담은 상자들과 그가 잡은 살아 있는 동물 – 앵무새 20마리, 원숭이 5마리, 마코 앵무새 2마리, 작은 새 5마리, 꿩 한 마리, 큰 부리 새 한 마리 – 들이었다. 뱃전에까지 표본 상자들을 쌓아 싣고 잠잘 수 있는 작은 선실을 마련하여 작은 배로 아마존강을 내려가는 여정은 22일이 걸렸다. 벨렝 도 파라에 도착하니 서글프게도 동네 묘지에 황열병으로 희생된 많은 다른 사람들과 함께 묻혀 있는 동생의 십자가를 찾아냈다. 도대체 이해할 수 없었다:

> 날씨는 아름답고, 건기의 여름이 막 시작되고, 식생들은 호화로운 신록으로 아름답고, 하늘은 맑고, 이런 깨끗하고 신선한 분위기는 십자가들로 꽉 찬 묘

지의 불쾌한 공기를 숨기고 또 도시의 모든 집들을 상갓집으로 만들 수는 없는 것처럼 보였다.

월리스는 이 슬픈 소식을 집안사람들에게 알려야 했으며, 자기에게 오한과 통증을 가져온 그 질병이 무엇인지 알았기 때문에, 그 자신의 건강도 회복해야 했다. 10일 후, 1852년 7월 12일 그는 그의 모든 수집물을 싣고서 쌍돛대 범선 *헬렌* 호에 승선하였다. 월리스는 아마존에서 4년간의 탐험을 끝내고 성공리에 돌아가기를 바라고 있었다. 중복 채집물 탁송은 이미 일 년 전에 마지막으로 런던의 스티븐스에게 선적해 보냈다. 좀 더 시간을 갖고 건강이 좋아진 상태에서 그의 선적물들을 나누어 실어 보냈어야 했는데 아쉽게도 그렇게 하지 못하여, 그의 개인 수집품인 조류 박제표본 1만 점, 다량의 식물 건조표본, 비할 데 없는 조류알 표본, 수없이 많은 나비와 곤충 그리고 그가 잡은 야생동물들 모두를 전부 *헬렌* 호에 실었다. 그의 일기들과 아마존강, 리오 네그로강, 리오 부아페스강 탐험 시에 그린 그의 스케치북도 모두 함께 실었다.

헬렌 호는 생고무, 코코아, 니스와 래커를 만드는 가장 중요한 수지성 물질들을 수송하고 있었다. 해상에서 26일간 항해 후에 이 인화성 수지들은 불이 붙어서 배는 흘수선 까지 다 타버렸다. 모든 것을 잃어버렸고 월리스가 구한 것은 오직 몇 가지 개인 소지품들이었다:

나는 내려가서 캐빈으로 들어가자 숨이 막힐 듯이 뜨겁고 연기로 가득 찼으나 구할 값어치 있는 것들이 눈에 띄었다. 나는 나의 시계와 셔츠 몇 개가 든 깡통 상자와 식물과 동물 그림들이 있는 몇 권의 낡은 노트들을 가지고 재빨리 갑판으로 기어 올라왔다.

선장은 주어진 로프를 잡고 구명정으로 내려오라고 월리스에게 소리쳤다. 그는 너무나 쇠약하여 그 자신의 무게를 지탱할 수가 없어서, 그의 손에 화상을 입고 구명정 중 하나로 굴러떨어졌다. 구명정에서 선장과 선원들은 헬렌 호가 화염에 싸이는 것을 암흑 속에서 지켜보았다. 그 후 생존자들은 10일간 표류하며 강한 햇빛에 피부에 물집들이 생기고 마실 물마저 떨어져서 고생하다가, 마침내 런던으로 가던 다른 배에 구조되었다. 월리스는 (1848년 4월에 리버풀 항을 떠난지 4년 6개월 후) 1852년 10월 1일 딜Deal 항에 도착하였다:

> 오호! 영광스러운 날이여! 우리는 지금 딜 항의 해안에 배를 정박하고 있다. 두 명의 선장님들과 함께하는 이런 호화스러운 식사! 오호, 비프 스테이크와 댐슨 타트, 굶주린 죄인들의 천국.

이제야 정신이 들어 월리스는 그가 잃어버린 것들의 방대한 규모를 생각하게 되었다. 그는 살아서 잉글랜드로 돌아왔다. 그러나 그는 그의 동생과 모든 그의 노트들과 스케치북들과 함께 그의 개인 수집물 전부를 잃었다. 어느 정도의 명성 아니면 적어도 안락한 생활을 가져다 줄 수도 있었던 모든 것이 이제 사라져 버린 것이다. 그는 적었다:

> 진귀하고 기이한 곤충들을 하나하나 보는 즐거움으로 나는 나의 컬렉션에 하나하나 더하여 모았다! 말라리아에서 겨우 회복되었을 때, 몇 번이나 우림 속으로 기어 들어가서 알려지지 않은 아름다운 종들을 잡아 보상을 받았는가! 유럽사람 아무도 발을 들여 놓지 않았으나 나는 나의 발로 걸은 얼마나 많은 곳들에서, 나의 컬렉션을 장식해 준 진귀한 새들과 곤충들에 의하여 나의 기억들을 되살려 내는가! 이 야생 지역들에서 새롭고 아름다운 종들을 많이 집으로 가져오려는 유일한 마지막 희망에 차서 얼마나 많은 날들과 주일들을 내가 지나왔는가: 그들이 상기시켜주는 회상에 의하여 나에게는 모든 것들이 사랑스럽다…. 지금 모든 것들은 가버렸고, 나는 내가 걸었던 미지의 땅을

설명하거나 내가 바라보았던 야생의 광경을 회상할 수 있는 표본을 하나도 가진 게 없다! 4년간의 고생과 위험에 대한 거의 모든 보상을 잃어버렸다. 내가 아직까지 집으로 보낸 수집물들의 가치는 내가 지급 받은 모든 경비의 액수와 거의 같았다. 내가 벨렘을 떠난 이래로 수집했던 곤충과 새들의 모든 개인 컬렉션은 나와 함께 있었다. 그것들은 수백 종의 새롭고 아름다운 종들이며, 나의 표본 캐비닛을 장식해 줄 수 있었다. 아메리카의 종들 수집의 관점에서는 유럽에서 볼 때 이 표본들은 가장 멋진 컬렉션이 될 수 있었다.

소인배들에게는 이러한 곤경이 회복할 수 없는 타격일 수 있었지만, 앨프리드 러셀 월리스는 인내와 침착함으로 과감하게 미래와 맞섰으며, 가장 어려운 난관에서도 그의 열정을 계속 간직하였다.

11

찰스 다윈 – 다운 하우스에서
Charles Darwin – At Down House

　앨프리드 월리스가 잉글랜드로 돌아오기 전, 찰스와 에마 다윈은 런던의 고위가에 거주했다. 그러나 찰스는 이미 그의 일생을 괴롭힌 고질병의 병세를 보였으며, 그는 도시에 사는 긴장을 이겨 낼 수 없었다. 1842년 그들은 런던 남부 15마일 밖의 켄트주 브롬리 근처의 들판과 숲으로 둘러싸인 다운 하우스Down House로 이사하였다. 이곳은 애들이 뛰어놀 수 있는 곳이며, 박물학자 다윈이 걸으며 사색할 수 있는 곳도 되었다. 시골에서의 생활은 자연을 아주 가까이에서 관찰하며, 둘러싸인 목초지와 삼림지대를 걸으며, 런던에서의 사회생활의 간섭을 받지 않고 연구를 할 수 있도록 해주었다.

　다운 하우스에서 다윈은 세계 일주 항해 기간에 수집한 자료들과 관찰을 정리하여 책 세 권을 써서 발행했다. 그 세 권은, 『산호초들의 구조와 분포』, 『비글 호 항해 기간에 방문한 화산섬들의 지질학적 관찰』, 『남아메리카의 지질학적 관찰』이었다. 마침내 1846년 10월까지 그의 항해에서 나온 모든 연구를 완료하고, 그의 멘토인 존 스티븐스 헨슬로 교수에게 글을 썼다:

제가 *비글* 호의 모든 자료 연구를 종료하여 얼마나 기쁜지를 교수님께서는 상상하지 못할 것입니다. 제가 항해에서 돌아온 지 10년이 되었습니다. 제 생각에는 가당찮았던 교수님의 말씀이 사실이 되었습니다. 생물들을 수집하고 관찰하는 데 걸리는 시간보다 그것들을 써내는 데 두 배의 시간이 걸린다는 교수님의 말씀이었습니다.

다윈은 갈라파고스 제도에 서식하는 생물들의 중요성에 대하여 계속 생각하였다. 그는 지금 갈라파고스 제도를 그 섬들에 국한되어 있는 하나의 작은 세계로 보고 있었으며, 우리들이 이 작은 세계 안에서 '지구상에 새로운 생물체 최초 출현이라는 – 미스터리들의 미스터리 – 라는 그 위대한 사실에 가까운 무엇인가를 찾아낸 것처럼 보인다고' 썼다. 갈라파고스 제도에 대한 생각에서 그는 어떤 근본적인 질문들에 대하여 답을 하지 않으면 안되었다. 창세기에 쓰인 대로 이 세상은 6일간의 밤과 낮 동안에 창조된 것인가? 아니면 세상은 좀 더 원시적인 어떤 것에서 진화하여 와서 아직도 변하고 있는 것인가? 갈라파고스 제도는 그 자체가 근래의 화산활동에 기원한 것이므로 가능한 설명은 오직 두 개였다. – 하느님이 특별히 갈라파고스를 위하여 이 종들을 창조하였다는 것 또는 그들의 지리적 격리 안에서 섬들로 이주해 온 공통 조상들로부터 그들이 진화했다는 것이다. 다윈은 프랑스 박물학자 장-바티스트 라마르크Jean-Batiste Lamark가 제안한 자연적 형질전환 또는 변이에 대한 학설에 대하여 확신을 갖지 못하였다. 1800년 라마르크는 이렇게 저술하였다. 개체는 환경에 영향을 받고 종 변환의 주된 메커니즘은 용불용설로써, 기관은 사용되거나 사용되지 않음에 따라 발전하거나 퇴화하고, 그에 따른 변화는 다음 세대로 전이된다는 것이다. 다윈은 그의 자서전에 이렇게 적었다:

1838년 10월, 즉 내가 나의 체계적인 의문을 시작한 지 15개월이 되던 때에 나는 우연히 재미 삼아 맬서스[57]의 『인구론Population』을 읽고, 동물들과 식물들의 행동에 대한 장기적 관찰에서 볼 수 있는 현상들이 모든 곳에서 진행되고 있는 생존투쟁struggle for existence을 이해할 수 있는 준비가 잘 되어 있었다. 그 책은 이런 상황에서 유리한 변이는 보존될 수 있으며 불리한 변이는 소멸한다는 생각이 곧 내 마음에 떠오르게 했다. 생존투쟁의 결과로 새로운 종이 생길 것이다. 그리고 여기에서 나는 드디어 그것을 설명해줄 하나의 학설을 생각해 냈다. 그러나 편견을 피하려고 크게 염려하여, 나는 그것의 간략한 초안마저도 써놓지 않기로 마음을 먹었다. 1842년 6월 나는 처음으로 나의 새 학설의 간략한 요약을 연필로 35페이지를 만족스럽게 쓰고 싶은 마음이 들었다. 그 요약은 1844년 여름에 230페이지의 논문으로 확장되었으며, 나는 잘 복사하여 지금도 가지고 있다.

모든 것을 꺼려하는 다윈이 그의 아이디어를 공유하고 출판하는데 대하여 느끼는 것을 오늘날 우리가 이해하는 것은 거의 불가능하다. 그의 학설은 빅토리아 시대 영국의 사회적인 구조와 질서의 일부가 되어 있는 신과 교회에 대한 믿음을 위협했다. 그것은 창조주의 작품인 자연의 질서일 뿐만 아니라 사회의 구조와 질서라고 말해 주는, 교회의 주일학교에서 매주 아이들이 부르고 있는, 찬송가를 떠올릴 것이다:

만물은 찬란하고 아름답고,
모든 생물들은 크고 작고,
만물은 슬기롭고 경이롭네,

---

[57] 맬서스(Thomas Robert Malthus, 1766-1834), 영국의 경제학자, 『인구론An Essay on the Principle of Population』의 저자.

주님은 그들 모두를 만드셨네.

열려진 작은 꽃들 모두,
노래하는 작은 새들 모두,
주님은 그들의 빛나는 색깔을 만드셨네,
주님은 새들의 작은 날개들을 만드셨네.

성에 사는 부자들,
그의 성문에 사는 가난한 자들,
주님은 그들을 만드셨네, 높은 자들과 낮은 자들로,
그리고 그들의 재산을 정리해 주셨네.

1844년 1월, 다윈은 그의 위대한 아이디어를 누군가와 공유하고 싶은 욕구를 느꼈다. 그는 26세의 식물학자 조셉 후커에게 편지를 쓰는 중요한 시도를 하였다. 후커는 전에 남미 대륙들과 남극 탐험 항해에 박물학자로 참여하였으며, 그는 비밀을 지킬 수 있는 친구이자 동료였다:

나는 항해에서 돌아온 이래로 계속하여 아주 주제넘은 연구에 몰두해왔네. 나는 갈라파고스의 생물들의 분포와 남아메리카의 포유동물 화석의 특징들에 매우 감명되어 모든 사실들을 하나도 빠트리지 않고 무작정 수집하려고 결심하였네, 새로운 사실들은 어떤 식으로든지 종이란 무엇인가 대한 의미를 담고 있을 것이기 때문이었네. 마침내 한 줄기 희망이 보였네. 그래서 나는 (내가 처음에 가졌던 생각에 정 반대되는) 종은 (살인을 고백하는 거나 다름이 없이) 불변하지 않는다는 생각을 거의 확신했네. 하늘은 나를 라마르크의 '변화 과정의 경향', '동물들의 서서한 의지로부터의 적응' 등의 터무니없는 생각으로부터 피할 수 있게 해 주었네. 그러나 내가 도달한 결론은 그의 생각과 크게 다르지 않았네. 그러나 변화의 방법은 그가 생각했던 것과는 완전히 다르지만(추정하건데!), 나는 종들이 정교하게, 다양한 방식으로 적응해 나가는 단순한 방법을 찾았다고 생각하네. 자네는 끙끙거리며 속으로 이렇게 생각하겠지 '이런 사람에게 내 시간을 낭비하고 글을 썼다니'. 5년 전의 나라면 그렇게 생각했을 것이네.

조셉 후커와 그의 아이디어를 공유하는 것을 제외하고 다윈은 그의 연구를 비밀로 하려고 결심했다. 종의 변이에 대한 아이디어는 가장 존경받는 과학자들에게는 하나의 저주였으며, 보수적인 기독교국 영국에게는 종교적 이단이었다. 다윈의 아내 에마와 그의 모든 가족과 친지들은 보수적인 기독교인들이어서, 그의 아이디어는 그의 말대로 '살인을 고백하는 것과 다름이 없었으며', 살인도 어떤 단순한 살인이 아닐 것이었다. 창조주 하느님에 대한 신앙의 살인이었다.

다윈은 스스로 서서히 신앙심을 잃었다. 에마와 애들은 정기적으로 그들의 집에서 잠시 걸어가는 교회의 주일예배를 보러 다녔다. 다윈은 가족들을 데리고 교회에까지 가서는 예배가 시작되기 전에 계속 산보를 하거나 집으로 돌아왔다. 훗날 그는 이렇게 설명하려고 하였다:

비글 호를 타고 있는 동안은 나는 전통적 기독교인이었으며, 어떤 점에서는 이의를 달 수 없는 권위자처럼 성서를 인용하며 몇몇 사관들이 (그들도 기독교인들) 다정하게 나를 놀리던 것을 기억하고 있다…. 정신이 온전한 사람을 기독교의 기적을 믿도록 만드는데 필수적인 분명한 증거를 좀 더 숙고해 보면, – 자연의 변치 않는 법칙들을 알면 알수록 기적들을 한층 더 못 믿게 되며…. 나는 점차 신의 계시로서의 기독교를 믿지 않게 되었다…. 나는 나의 신념을

전혀 포기하고 싶지 않았다…. 그러나 나는 나를 확신시켜 주기에 충분한 증거를, 나의 자유로운 상상으로, 만들어 내는 것이 점점 더 어려운 것을 알았다. 그래서 신앙심이 아주 서서히 없어져서, 마침내 믿음을 완전히 잃어 버렸다.

그의 비밀은 그 자신 안에서 불타올랐다. 이것은 과학지식에 중요한 공헌이었으며, 심지어 *비글* 호에 승선하기 전에도 완성을 꿈꾸어 왔던 중요한 것이었다. 만약 그가 죽는다면 어떻게 될까? 그의 아이디어도 그와 함께 사라질 것이었다. 1844년 7월 그는 조심스럽게 종의 변이에 대한 그의 아이디어들을 230페이지의 에세이(Essay)로 썼다. 이 아름답게 꾸며진 문단으로 결론을 내렸다:

> [58]우리가 상상할 수 있는 가장 고귀한 산물인 고등동물의 탄생은 우리가 볼 수 있는 죽음, 기아, 약탈 그리고 자연의 숨겨진 전쟁들로부터 직접 생겼음을 알 수 있다. 절묘한 솜씨로 만들어지고 폭넓게 적응할 수 있는 특징을 가진 개체들을 창조할 수 있는 법칙들을 이해하는 것은 일견 보기에 의심의 여지도 없이 미천한 우리의 능력을 벗어난다. 각 개체는 신의 명령을 따라야 한다고 가정하는 우리의 저급한 능력과 더 잘 어울리지만, 그만큼 전지전능한 창조자의 능력에 대한 우리의 관점을 고양시킨다. 생명이 가지는 성장, 동화 및 생식의 관점에는 명료한 장엄함이 존재한다. 처음에는 하나 혹은 몇몇 물질적인 존재로 탄생하여 지구에서 계속하여 정해진 법칙에 따라 육지와 물에서 변화의 주기를 가지고 계속하여 스스로를 대체하여 왔다. 그 기원은 너무나도 간단하고 미세한 변화를 점진적으로 채택하여 너무 아름답고 너무 훌륭한 수많은 형태가 진화하여 왔다.

---

58 이 삽입 부분은 1844년에 쓴 'Essay'에서 발췌된 부분인데, 후에 간략하게 정돈되어 『종의 기원』의 '14장 요약 및 결론'의 마지막 단락의 마지막 부분으로 쓰였다.

그리고 다윈은 그의 'Essay'를 봉투에 넣어 봉인하여 그의 아내에게 '내 사망 시에만 개봉할 것'이라고 적었다. 영원한 삶에 대한 고별인사가 봉투 안에 안전하게 들어 있었기 때문에, 다윈은 이제 그의 서재 의자에 편하게 앉아서 느긋할 수 있었다. 그는 조용한 시골 생활을 즐겼으며, 그의 가정도 지속할 수 있었고 존경받는 과학자로서의 명망은 그대로 남아있었다. 그 봉투에는 다음과 같은 부탁으로 시작한 긴 편지를 동봉하고 있었다:

나의 사랑하는 에마,

나는 나의 생물 종에 대한 학설의 초안을 막 끝냈네. 내가 믿는 바와 같이 나의 학설은 사실이며, 유능한 적임자가 한 명이라도 인정해 준다면, 그것은 과학에서 상당한 발전이 될 것이네.

그러므로 내가 갑자기 죽는 경우를 대비하여, 나는 나의 가장 엄숙한 마지막 당부로써 이 글을 쓰네, 자네가 나의 법적 대리인인 것처럼 똑같이 생각해 주기를 바라네. 나의 바람은, 자네가 책을 발행하는데 400 파운드를 할애해 주고, 그 이상은 자네 아니면 헨슬레이(에마의 남동생)를 통하여 처리해주고, 그 책을 선전하는데 힘써 주길 바라네.

다윈은 교회와 그리고 교회의 창조주 하느님에 대한 믿음과 충돌하고 싶은 마음이 없었다. 영국 성공회는 이미 로마교황의 가톨릭 무류성[59] 교회에 근거한 교회가 아니었으며 무류성 성서도 믿지 않았으나 적절한 신앙 논리와 종교적 양심에 근거하고 있었다. 수 세기 동안 영국 성공회가 보증한 것은 자연에서의 하느님의 걸작품이였고, 다윈의 위대한 아이디어가 왜 그러한 충격을 주었는지

---

[59] 무류성(infallibility), 가톨릭 교회가 하느님의 말씀을 가르칠 때 절대 그르침이 없다는 말이다(마태 16,18 참조). 가톨릭 교회의 절대적인 신조.

| 다운 하우스의 찰스 다윈의 서재, R. 브라운

설명해준다.

　그의 주치의들도 완전히 이해하지 못하는 만성적 구역질, 두통, 복통, 심장 두근거림, 불면증의 치료를 제외하면, 다운 하우스에서의 그의 결혼생활은 안락하고 연구는 성공적이어서 다윈은 이 시골을 거의 떠나지 않았다. 그는 아마도 남아메리카를 여행하는 동안에 어떤 바이러스에 감염되었을 수 있으며, 그렇지 않다면 그가 비밀을 지키기로 한 그의 아주 위험한 아이디어에 관련된 몸과 마음의 병일 것이라고 어떤 사람들은 말했다. 그가 출판할 수도 없으며 몇몇 가까운 친구들을 제외하고는 같이 의논할 수조차도 없는 가장 혁신적인 생각을 하고 있었는데, 아마도 이것이 그의 건강을 해쳤을 수도 있다. 그는 오늘날에는 돌팔이 치료로 생각될 수 있는 많은 민간치료를 해 보았으나, 그런 치료들은 어떤 일시적 완화였을 뿐, 그는 그의 여생 동안에 그 병으로 계속 괴로워했다. 다윈은 그의 지속되는 병에 대하여 그리고 그의 생활에 얼마나 심하게 영향을 미치는지를 적었다:

> 우리가 살고 있는 것보다 더 편안하게 은퇴 생활을 하고 있는 사람들은 거의 없다. 친척 집들을 잠시 방문하거나 간혹 바닷가나 다른 곳에 가는 것 말고는 우리는 아무 곳에도 가지 않았다. 우리가 이곳에 온 지 얼마 안 되었을 땐 사회 활동을 조금밖에 하지 않아 친구들 몇몇만 방문을 했다. 그러나 나의 건강은 거의 항상 흥분과 격심한 떨림, 구토증에 시달렸다. 그러므로 나는 수년 동안 모든 만찬 파티에 가는 것을 어쩔 수 없이 포기해야만 했으며, 그러한 파티들은 나의 기분을 좋게 해주기 때문에, 파티를 포기하는 것은 나에게 어떤 박탈감을 주었다. 이와 같은 이유로 나는 과학자 친지들을 거의 초대할 수 없었다.

1844년, 다윈이 그의 'Essay'를 쓴 같은 해에 익명으로 발행된 『창조의 자연사 흔적』은 다윈을 놀라게 했으며 그의 병세를 악화시켰다. 그 책은 신문체로 쓰였으나 모든 살아 있는 생물들은 하나의 단순한 형태로부터 진화했다고 제안하였다. 그런데 이것이 다윈 자신의 아이디어와 비슷하였다. 그 책은 매진되었고, 출판 돌풍을 일으켰으며, 상류사회 클럽, 가정집 식탁, 심지어는 노동자 계급의 기계공학 학원들에서도 열띠게 논의되었다. 충격적인 것은 과학계와 종교계들로부터의 반발이 있었다. 과학계와 교회 집단은 그 책의 오류와 종교에 대한 모욕을 줄을 이어 맹렬히 비난하였다. 다윈은 특히 그의 오랜 멘토이며 크라이스트 칼리지의 지질학 교수인 애덤 세지위크 목사의 『창조의 자연사 흔적』에 대한 철저한 비난에 충격을 받았다:

> 만약 그 책이 사실이라면, 냉철한 귀납법의 작업들은 모두 허사이며, 종교는

거짓이며, 인간의 법은 온통 우매한 짓이며, 비열한 불의이며, 도덕은 허튼 소리이며, 아프리카 흑인들을 위한 우리의 노력은 미친 짓이며, 남자와 여자는 좀 나은 짐승들에 불과하다.

1847년 다윈은 완전히 쓴 'Essay'를, 지금은 대영제국 지질조사국의 식물학자인, 그가 신뢰하는 조셉 후커에게 보내는 중요한 절차를 밟기로 하였다. 후커는 글래스고 대학 의학부를 졸업했으며, 20세였을 때 다윈의 앞으로 나올 책 『비글 호의 항해』 교정본을 받아 읽었으며 다윈의 행적을 따라 하려고 결심하였었다. 2년 후 그는 남반구 대륙들과 남극 탐험 항해에 가는 제임스 클라크 로스 선장의 영국 군함 에레보스 호 HMS Erebus에 보조 외과 의사 및 박물학 자원봉사자로서 항해에 참여하였다. 그들의 공동관심사와 항해를 해본 경험들의 결과로 다윈과 후커는 일생에 걸쳐 친구이자 공동연구자가 되었다. 다윈이 묘사한 바와 같이 그들은 '공동 순회 항해자 및 공동 연구자'였다. 후커는 다윈에게 그의 'Essay'에 대한 비판적인 피드백을 주는 글로 답을 하였으며, 그들의 서신 왕래는 다윈의 학설이 발전됨에 따라 계속되었다. 만약 다윈이 종의 기원에 대한 연구를 출판하려 했다면, 그는 완벽한 과학적 증명이 필요했으며, 그는 그의 상세한 따개비 연구로 증명할 수 있다고 생각하였다:

> 나는 해양 하등동물들에 대한 논문 몇 편을 쓰려고 한다. 수개월, 아마도 1년은 걸릴 것이며, 나는 10년간 모아온 종들과 변종들에 대한 연구 노트들을 살펴보고 정리하여 쓰려 한다. 아마도 5년은 걸릴 것이다.

프랑스의 변이 주창자, 장-바티스트 라마르크는 만약 모든 종이 단세포생물로부터 진화하였다면, 해양 무척추동물들이 고등동물들의 진화 과정을 설명할 수 있는 열쇠라고 믿었다. 다윈은 주정에 고정한 1,529개의 따개비 표본들을 가지고 비글 호 항해에서 돌아왔다. 그는 포유동물 화석, 조류, 식물, 파충류들을 분류할 수 있는 여러 전문가들을 초청할 수 있었다. 그러나 따개비들은 변이가 엄청 많아 분류가 매우 어려워서 따개비를 분류할 수 있는 전문가는 없었다. 아직 어떤 것에도 전문가가 아니었던 다윈이 세계의 따개비들을 분류할 수 있었고, 그래서 따개비 전문가가 될 수 있었으며, 그리하여 아마도 종의 기원에 대한 그의 학설에 필요한 과학적 증거들을 찾아낼 수 있었다.

그의 서재에서 편안하게 진행한 1년간의 따개비 연구는 앞으로 10년간 연장되었다. 그동안 그가 죽는 경우에 열기로 된 그의 편지는 그의 책상 서랍에 고스란히 남아 있었다. 지금은 건강이 좋지 않아서, 영국 국교회라는 거대한 배를 뒤흔드는 것보다, 연구와 시골 생활의 작은 기쁨을 즐기는 것이 좋았다. 그의 할아버지 이래즈머스 다윈은 영국 국교회, 즉 교회와 사회에 도전하였으나, 그의 손자는 다운 하우스에서 그의 편안한 생활을 방해받고 싶지 않았다.

아마도 그가 겨우 8살이었을 때 그의 어머니가 돌아가신 결과 때문에 찰스 다윈은 남으로부터 사랑을 받고 또 남들을 즐겁게 해주어야만 하는 필요를 느끼며 자라났기 때문일 것이다. 집을 떠나 기숙학교에 있는 그의 큰아들 윌리엄에게 쓴 편지로부터 이것이 얼마나 중요했는지를 이해하게 된다:

> 삶에서 가장 큰 즐거움은 사랑을 받는 것임을 너는 분명히 알 것이다. 그리고 사랑받는 것은 대부분 너의 상냥한 태도에 달려 있다. 상냥한 태도를 얻게 되는 유일한 방법은 학교 친구들, 하인들, 모든 사람들 그리고 가까이 오는 사람들을 누구나 즐겁게 해주려고 노력하는 것이다. 나의 사랑하는 아들아, 너는 풍부한 감성과 관찰력을 지니고 있으므로, 가끔 나의 이 충고를 잘 생각해 보기 바란다.

[60]다윈은 그가 에든버러 대학의 학생이었던 당시 16세의 나이로 인근의 리스

만 Leith Bay에서 다양한 해양 무척추동물들에 대한 흥미를 느끼게 되었다. 그 후로 비글 호 항해 기간에도 주로 지질학적 현상들을 관찰하고 큰 동식물들을 채집하느라 해양 무척추동물들에 대하여 크게 관심을 주지 못하였다. 그러나 그가 25세이던 1835년 1월 칠레 해안에서 우연히 채집한 고둥 껍데기에 구멍을 파고 들어가 사는 아주 작은 따개비의 한 종을 채집하였는데 형태가 기이하였다. 비글 호 항해 중 많은 따개비 표본들을 채집하여 1836년 1,529개의 따개비 표본들을 가지고 돌아왔다. 그가 채집한 많은 동식물 표본들은 다른 전문가들이 분류해 주었으나, 따개비류를 분류해 줄 적절한 전문가가 없었다. 항해에서 돌아온 후 10년이 지난 1846년 다윈은 칠레 해안에서 채집한 그 기이한 따개비를 미스터 알스로발라누스 Mr. Arthrobalanus[61]로 별명을 붙여 따개비 연구를 시작하여 1854년까지 8년간 따개비 분류에 몰두하였다. 드디어 오늘날에도 따개비 분류에 지침서가 되고있는 세 권의 따개비 분류 모노그래프를 1851년과 1854년에 출간하여 분류학자로서의 공을 세워, 1854년에 왕립학회 메달을 받았다. 다윈은 따개비 연구를 위하여 세계의 따개비 전문가들과 교류하여 넓은 과학적 교류망 구축하였으며, 훗날 그가 『종의 기원』을 발행했을 때 그 인적 교류망은 그의 논란이 많은 아이디어들을 받아들일 수 있게 하는 데 결정적 도움을 주었다. 결과적으로 다윈의 따개비 연구는 그를 당대 최고 권위의 따개비 분류학자로 만들어 주었을 뿐만 아니라 그에게 많은 과학계의 지지자들을 가지게 해주었으며, 『종의 기원』이 발간되었을 때 과학계의 많은 성원을 받을 수 있었다.

---

60   이 단원은 번역서 원본에는 없는 부분인데 역자가 써 붙인 것임.

61   그 후 다윈은 이 Mr. Arthrobalanus를 첨흉목(Acrothoracica)에 속하는 *Cryptophialus minutus* 신종으로 명명하였다.

12

앨프리드 러셀 월리스 – 싱가포르와 보르네오에서
Alfred Russel Wallace – In Singapore and Borneo

앨프리드 러셀 월리스는 1852년 10월 런던에 도착했다. 침몰되는 *헬렌* 호에서 그의 개인 수집품들을 잃어버린 후 그의 옷이라고는 아주 얇은 '옥양목 면직 양복 한 벌' 뿐이었다. 다행히 그의 중개인 새뮤얼 스티븐스를 만나서 그가 따뜻한 옷가지들과 즉시 쓸 수 있는 현금을 마련해 주었다. 한층 다행인 것은 그가 월리스의 귀국 시에 선적했던 수집품들을 200파운드에 보험을 들어 준 것이다. 이 보험금으로 그가 아마존에서의 수집품들을 잃어버린 아픔에서 회복하려고 애쓰는 동안에 그 자신과 가족들을 부양할 수 있었다.

나는 많은 자연사를 관찰한 스케치, 그림, 노트들을 잃었다. 게다가 3년간에 걸친 가장 흥미로운 나의 저널은, 특히 어떤 금전상의 손해와 다르게, 결코 대체할 수 없었다. 그래서 보는 바와 같이 인내와 평정심으로 나의 운명을 이겨내야 하는 철학적인 체념을 해야만 했다. 내 자신을 실제로 존재하는 이 현실상황에 전념하도록 해야 했다.

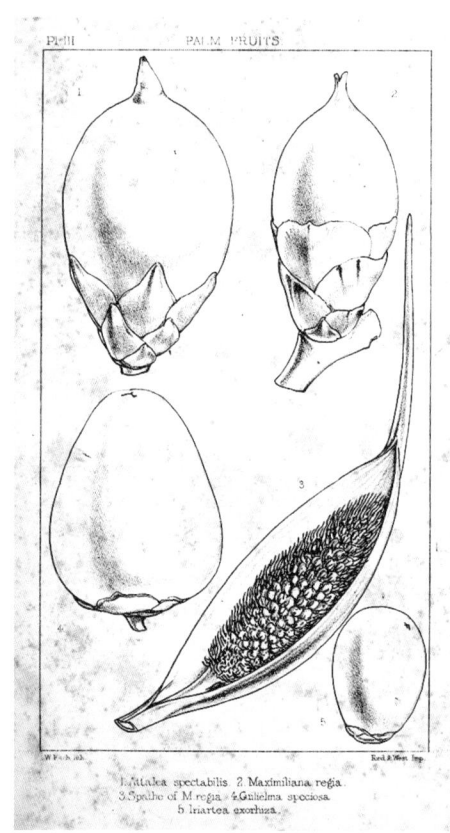

『아마존의 야자수들과 그들의 용도』에서 발췌한 스케치, 앨프리드 러셀 월리스

월리스는 아마도 책을 집필하여 돈을 좀 벌 수 있지 않았을까? 난파선에서 두서없이 들고나온 그 작은 깡통 상자에는 야자수들의 분포와 용도에 관하여 쓴 노트들과 함께 아마존의 모든 야자수 종들의 연필 묘화도 한 세트가 들어 있었다. 그는 『아마존의 야자수들과 그들의 용도』를 집필하며 1853년 전반기를 보냈다. 이 책은 250부를 인쇄하였으나 조금밖에 팔리지 않았다. 돈을 벌려고 다음 책, 『토착민들의 실상, 아마존 유역의 기후 지질학 박물학을 담은 아마존과 리오네그루강 여행기』를 써서, 750부를 인쇄했으나 10년 후까지 500부만이 판매되었다. 그가 그의 노트들과 저널들과 수집물들을 잃어버린 것을 고려하면, 그 책은 오늘날에도 생생한 여행 기록이며 훌륭한 읽을거리이며 주목할 만한 성과다. 훔볼트와 다윈과는 달리 월리스는 책을 써서 생계를 꾸리려고는 하지 않았다.

유일한 해결책은 또 다른 채집 탐사를 하는 것이었다. 이 계획에서 그는 그가 그 동안 런던의 과학계에서 사귄 사람들의 도움을 받았다. 새뮤얼 스티븐스는 월리스를 런던 곤충학회에 소개해 주었으며, 그의 채집물들을 비극적으로 잃은 설명과 대서양 한가운데서 기적적으로 구조된 것에 대하여 듣고는 학회 회원들은 그의 심적 고통을 이해해 주었다. 곤충학회 학회장은 생명의 위험을 무릅쓰고 채집한 그의 헌신을 칭찬하였으며, '시간을 내어 밤낮으로 모든 계절에 온갖 기후조건 하에서도 국내 국외에서 표본들을 채집하고 고정하며 혼신의 노력을 바친' 현장 채집가에게 그들이 얼마나 많은 빚을 졌는지를 회원들에게 상기 시켜 주었다. 회장은 '도서관과 컬렉션과 같은 사회의 모임들에 의해 제공되는 혜택들을 현장에서 활동하고 있는 곤충학자들이 이용'할 수 있도록 내규를 개정함으로써 새로운 회원들로 구성된 특별 회의를 조직하였다. 이것은 실제로 아주 중요한 성사였는데, 그것은 당시의 빅토리아 사회에서는 '노동자들'은 정상적으로 '젠틀맨들'에 의하여 결성된 학회들에는 입회할 수 없었기 때문이다. 곤충학회 회장은 런던에 있는 박물관들의 '전문가들'과 영국 전역의 교구 목사관들과 가정집들에서 곤충을 연구하는 '젠틀맨 수집광'에 비교하여 '실제 채집자'의 가치를 강조했다:

> 이런 현장 채집자들은 위대하며 영원하며 끊임없는 선행을 하고 있다: 그들은 의심할 여지 없이 우리들이 취미로 하는 과학을 도와주며, 그들의 동기는 노력에 대한 정당한 대가를 받는 예술가나 작가와 같이 순수하다.

월리스는 왕립 지리학회에 강의 초빙을 받았으며, 그가 그린 리오 네그로강과 리오 바우페스강의 지도가 지리학회 저널에 발행되었다. 그는 훈련받은 측량사여서 프리즘 컴퍼스와 휴대용 육분의만으로 지도에 표시되어 있지 않은 강들의 놀랄 만하게 정확한 지도를 제작했다 – 급류들과 폭포들과 다루기 힘든 인디언 노꾼들과 싸우며 또 말라리아에 시달리며 일했다.

월리스는 이제 동남아시아에 관심을 두게 되어 – 자연사 박물관에서 말레이 군도의 다양한 섬들에서 발견되는 진귀하고 좀 더 값비싼 조류, 나비 그리고 딱

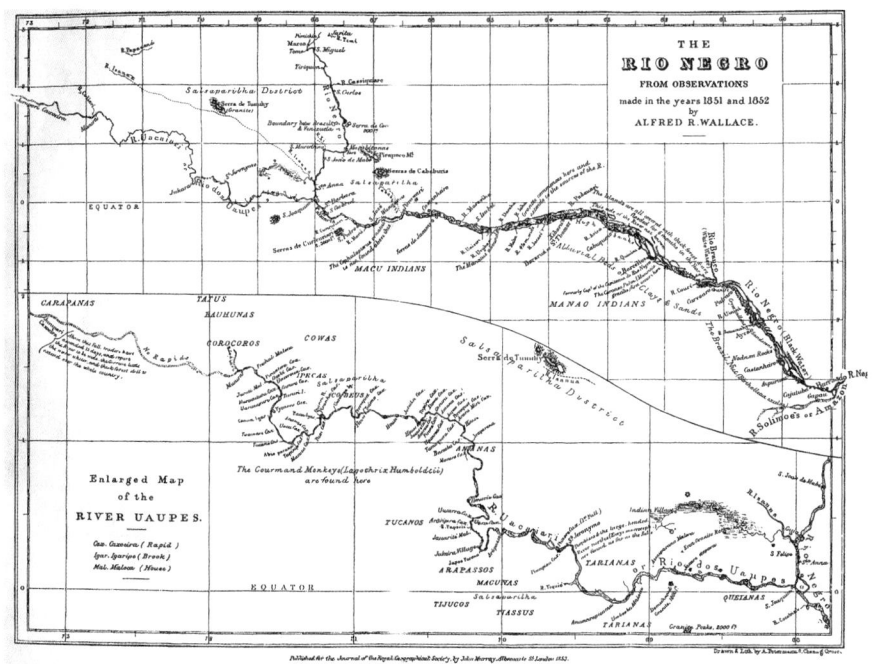

| 앨프리드 러셀 월리스의 관측에 의한 리오 네그로강과 리오 바우페스강의 지도, 영국 왕립 지리학회

정벌레 종들의 노트를 만들고 스케치하며 박물관의 컬렉션들을 검토하는데 긴 시간을 보냈다:

> 왕립 동물학회와 왕립 곤충학회의 모임들에 계속 참석하는 동안 대영박물관의 곤충부와 조류부를 여러번 방문하여 보니, 탐험하고 채집하는 박물학자에게 가장 좋은 현장은 대 말레이 제도일 것이라고 나를 만족시켜 줄 충분한 정보를 수집하였다. 그곳의 놀랄만한 생물 풍도를 증명해 줄 수 있을 만큼 충분히 알려졌으며, 자바섬을 제외하면 어느 섬들도 자연사의 관점에서 잘 탐사된 곳은 없었다.

중요하게도 그는 제임스 부르크 경 ('사라왁의 백인 왕')이 런던을 방문하였을 때

만날 수 있었다. 그는 월리스가 보르네오Borneo섬의 남서쪽 해안에 있는 그가 관장하는 사라왁Sarawak주를 탐사할 때 모든 지원을 해 주겠다고 약속하였다. 젊었을 적에 부르크는 사라왁 강 상류로 항해하여 가서 그 지역의 왕과 친구가 되었으며 수개월 동안 지속되었던 반란을 평정하도록 그에게 도움을 주었다. 돌아올 때 그는 어느 정도의 땅을 하사받고 그곳에 머물러 그 해안에서 해적들을 제거해 달라고 부탁을 받아, 영국해군의 도움으로 그렇게 도와주었다. 부르크 경은 더 많은 땅을 취득하거나 하사 받았고, 반란을 더 많이 퇴치하고, 말레이, 중국, 그리고 다야크Dayak 토착민들의 신망을 얻었다. 그는 1841년 영국 정부로부터 작위를 받고 부르나이 왕으로부터 사라왁의 추장으로 승인받았다.

월리스는 싱가포르로 가는 항해를 지원해 줄 것을 왕립지리학회에 신청했으며, 보르네오, 필리핀, 셀레베스(술라웨시), 티모르, 몰루카(말루쿠), 뉴기니섬들의 자연사를 탐사하기 위하여 6개 섬에서 각각 1년씩 머무를 것을 제안하였다. 학회의 탐사 위원회는 그의 신청서를 검토하여 많은 논의를 거쳐 다음과 같이 의결하였다:

> 월리스 씨가 과학적인 목적을 성공적으로 수행하기 위하여 로더릭 뮬치온 경은 월리스 씨가 싱가포르를 입국할 수 있도록 허가해주고 스페인과 홀랜드의 동인도 식민지들로부터 소개서를 취득할 수 있도록 해줄 것을 영국 정부에 신청한다.

그의 탐사 신청이 허락된 후 월리스는 16세의 찰스 앨런Charles Allen을 조수로 뽑아서, 1854년 3월 극동지역과 영국이 지배하는 동남아의 해협 정착 식민지들로 가는 배의 일등석을 타고 항해를 시작하였다. 싱가포르는 중국과 동남아시아 제도들로부터 오는 모든 교역물의 수출입항이었으며, 거리와 항구에는 섬나라들의 산물들을 무역하는 중국인, 말레이인, 인도인, 아랍인, 자바인, 수마트

라인들 뿐만 아니라 이들 식민지를 지배하고 있는 영국과 홀랜드의 식민지 관리자들도 있었다. 활동적인 중국인들은 후추, 육두구, 갬비어(아선약)를 수출하기 위하여 그것들을 재배할 수 있는 농장을 만들려고 바쁘게 숲을 벌채하고 있었다. 그는 부킷 티마(틴 힐) 근처의 한 예수회 선교회 안에 있는 정착지 외곽에 거처를 구하여, 나무껍질들과 딱따구리들이 남긴 톱밥 무더기에 사는 곤충들과 딱정벌레들을 모두 채집하기 시작하였다. 월리스는 그와 조수인 찰스 앨런의 일과를 적었다:

> 5시 반에 기상하여 샤워하고 커피를 마신다. 앉아서 전날 채집한 곤충들을 정리하여 그들이 마르도록 안전한 곳에 놓아둔다. 조수인 찰스는 곤충채집망을 수선하고, 곤충을 고정하는 핀 쿠션(바늘 방석)의 속을 채우고, 채집 나갈 준비를 한다. 8시에 아침 식사, 9시에 정글로 출발. 정글로 가려면 가파른 언덕들을 걸어올라가야 하며 땀방울을 흘리며 도착한다. 그리고 오후 두세 시경까지 우리들은 중국 벌목꾼들이 낸 길들을 따라서 기분 좋은 그늘 속을 돌아다니며 채집을 하다가, 흔히 50 또는 60개의 딱정벌레들과, 그 중에는 아주 희귀하거나 아름다운 것들이 있으며, 몇 마리의 나비들을 채집하여 돌아온다. 옷을 갈아입고 앉아서 딱정벌레들을 죽여 핀으로 고정한다. 찰스는 파리류, 말벌류와 갑충류들을 정리한다. 나는 아직도 그가 딱정벌레들을 처리하는 것을 믿지 못한다. 4시에 저녁을 먹고 6시까지 다시 일을 한다. 그 후에는 책을 읽거나 이야기들을 하고, 채집한 곤충들이 아주 많으면 8시나 9시까지 다시 일을 하고, 그리고 잔다.

그들은 무려 700종이나 되는 딱정벌레들을 채집하였으나, 그들 전에 이미 많은 채집자들이 이곳에 채집을 왔었기 때문에, 희귀한 종은 거의 없었다. 오늘날의 싱가포르를 방문하는 사람들이 바로 150년 전에 식인 호랑이가 이 도시 국가의 정글을 돌아다녔다는 것을 이해하는 것은 어렵다. 월리스는 주로 농장에서 일하는 사람들을 호랑이들이 매일 평균 한 사람을 죽였다고 말했으며, 그리고 그들은 예수회 선교회에 있는 숙소에서 저녁이면 호랑이의 포효를 한두 번 들를 수 있었다. 월리스가 쓴 것과 같이 호랑이와 호랑이 덫의 위험 없이는 자연사 표본을 수집할 수 없었다:

> 여기저기에 호랑이 채포용 함정들이 나뭇가지들과 잎들로 조심스럽게 덮여 있고 잘 숨겨져 있어서, 나는 여러 번 함정에 빠지지 않고 겨우 피해 나올 수 있었다. 함정들은 마치 쇠 용광로처럼 생겼는데 위보다 밑이 넓고 깊이가 약 15 또는 20피트 정도 되어서, 한번 빠지면 다른 사람의 도움 없이 빠져나오는 것은 거의 불가능하였다. 전에는 함정 바닥에 날카로운 말뚝들을 박아 놓았으나 운이 나쁜 여행자들이 함정에 떨어져 죽은 후에는 그렇게 하는 것이 금지되었다.

색다른 표본들을 채집하기 위해서는 더 멀리 떨어진 곳을 볼 필요가 있었다. 그래서 그들은 말레이반도에 있는 해협 정착 식민지 중의 하나인 말라카Malacca로 가는 배를 탔다. 말라카는 1511년 이래 최초로 포르투갈인들에 의하여 점령당했으며, 다음에는 홀랜드인들, 그리고 마지막으로 영국인들에 의해 점령당했다. 이곳의 주민들은 말레이인, 중국인 그리고 여러 점령국의 자손들이었으며, 특히 포르투갈인들의 자손들이 많았다.

월리스가 오래된 성에서 묘사하고 있는 것을 보면, 큰 정부 청사와 사원의 폐허들은 오늘날의 싱가포르와 같이 한때는 동방무역의 중심지였던 이곳의 옛날의 부유함과 중요성을 상기시켜 주었다. 말라카에서부터 그들은 내륙의 마운트 오피르Mount Ophir까지 가며 채집하였다. 이 산에서 월리스는 아름다운 나비들과, 믿기힘들만큼, 길이가 1피트나 되는 지네와 전갈들을 많이 채집하였다. 제임스 부르크 경은 논란이 많은 그의 반 해적 활동들을 조사하기 위한 특별 심의회가 결성되기 전에 법정 진술을 하기 위하여 지금 싱가포르에 와 있었다. 그들이 런던에서 만났을 때, 이 '사라왁의 추장'은 월리스에게 사라왁을 방문해 달라고 초청하였으며, 지금이 그의 초청을 받아들일 때였다.

월리스는 부르크 경을 잘 알게 되었으며, 전의 말레이 통치자들 치하에서 억압받고 노예가 되었던 사라왁의 원시민족 다야크 사람들과 맺은 친선관계에 깊은 감명을 받았다:

> 나는 부르크 경을 많이 알게 되었다. 그를 보면 볼수록 더욱더 탄복한다. 정부와 일하는데 탁월한 능력을 발휘하며 매우 친절하고 신사도를 겸비하였다…. 서로 싸우는 야만인이나 다름없는 두 종족을 그들 자신의 합의에 따라서 한 유럽의 젠틀맨이, 아무런 강압도 없이 그들의 보호와 지원에 의지하며, 그들을 지배한다는 것은 세계역사에서 매우 특이한 경우이다.

사라왁Sarawak에는[62] 처녀림들이 해안 평야 산들 위로 사방으로 수백 마일을 뻗어 있었다. 월리스는 시문잔 강가에 딱정벌레와 나비들을 채집할 수 있는 완전한 장소를 찾아냈다. 여기에는 중국과 다야크의 노동자들이 석탄 탄광을 개발하기 위하여 벌채를 하고 있었으며 석탄을 강으로 운반하는 철도를 놓기 위하여 정글을 한 줄로 넓게 베어 길을 내고 있었다. 도처에 베어낸 목재들과 톱밥들과 나무 껍질들이 땅 위에 놓여 있으며 햇빛이 내리 쬐는 벌목지에 모여드는 딱정벌레들과 나비들을 채집하기에 좋은 곳이었다. 어느 기록적인 날 그는 무려 76종의 딱정벌레들을 채집하였는데 그중의 34종이 월리스에게 생소한 종들이었다. 나비들은 눈이 부셨으며 그중에는 이 거대한 표본도 있었다:

---

[62] 월리스는 1854년 11월 1일 사라왁에 도착하여 1856년 1월 25일까지 머물렀다.

이 아름다운 나비는 아주 긴 뾰족한 날개를 가졌으며, 모양이 스핑크스 나방을 거의 닮았다. 색깔은 벨벳 흑색이며, 날개의 끝에서 끝까지 가로질러서 반짝이는 금속성 녹색 점들의 줄무늬가 있다. 각각의 점들은 작은 삼각형 깃털과 똑같이 생겼으며, 흑색 벨베트 위에 놓인 멕시코산 트로곤 새의 날개 덮개의 줄무늬와 거의 같은 효과를 보여 준다. 유일한 특징은 선명한 진홍색의 넓은 목 부분이며 뒷날개 외연변에 몇 개의 섬세한 백색 터치들이 있다. 아주 새롭고, 제임스 부루크 경의 이름을 따서 명명한 이 종은 매우 희귀한 종이다.

| 부루크 추장의 비단나비63, 트리고노프테라 부루키아나 *Trogonoptera brookiana*

---

63 추장의 비단 나비, Raja Brooke's birdwing butterfly, *Trogonoptera brookiana*.

한번은 채집을 나갔는데, 월리스는 근처의 나무 위에서 바스락거리는 소리를 들었다. 올려다보니 오랑우탄을 처음 보았다. 몸의 털들은 특징 있는 오렌지색이며 나뭇가지들을 옮겨 다녔다. 이 나무에서 저 나무로 느리게 줄을 타고 이동하므로 정글 속으로 따라가서, 가지 난 큰 나무 둥치 위에 놓인 막대기들과 큰 가지들로 만든 둥지를 발견하였다. 월리스는 수집가여서 이들 '숲의 사람'(말레이어로 orang hutan)을 14마리나 쏘아 잡아서 껍질을 벗겨서 잉글랜드의 수집가들에게 보내는데 조금도 가책을 느끼지 않았다. 한번은 그가 수집하느라 어미를 쏘았을 때 어미에서 떨어져 진흙에 누워 있는 고아 오랑우탄 새끼를 발견하였다. 어린 오랑우탄들은 어미에 매달려 6개월을 보낸다. 그 어린 것은 아주 편안하게 월리스에 매달렸으며 그의 큰 턱수염에 그의 작은 손들을 올려놓았으며, 우리들의 아기들처럼 혼자 있게 내려놓으면 울었다. 월리스는 먹을 것을 병에 담아 먹였다. 그러나 월리스는 그의 어린 딸을 런던 사회에 데려가 소개하고 싶었으나 그 어린 것이 살지 못하고 죽음에 따라 그 희망은 사라졌다.

말레이인, 중국인은 물론 다야크족 조차도 우유를 사용하지 않아서, 불행히도 나는 그에게 줄 우유가 없었다. 나는 나의 작은 아기에게 젖을 먹여 줄 어떤 동물이든 암컷들을 찾아보았으나, 허탕이었다. 나는 큰 깃털 아랫부분 깃대를 빨대처럼 코르크에 꽂아서 병마개를 하여 병에 쌀 물을 넣어 먹일 수밖에 없었다. 몇 번 빨아 본 후 그것은 잘 빠는 것을 배웠다. 이것은 아주 빈약한 음식이었고, 좀 더 영양 있게 해주려고 간혹 설탕과 코코아 너트 밀크를 더해 주었지만, 이 어린 것은 이것을 먹고 잘 자라지 못했다. 내가 입에 내 손가락 하나를 넣어주면, 젖을 빨아내려 하지만 아무것도 안 나와서 두 볼이 홀쭉하게 들어갈 정도로, 아주 힘 있게 빨았다. 오랫동안 그렇게 참으며 빨아본 후에는 싫증이 나서 포기해 버리고, 비슷한 경우에 아기들이 그렇게 하듯이, 소리를 질렀다.

| 어린 오랑우탄 스케치, 구스타브 무트젤

쿠칭으로 돌아와서 월리스는 부르크 추장과 그의 일행들로부터 그들의 산장에서 크리스마스를 보내자는 초청을 받았다. 수개월간 그의 조수와 함께 외롭게 지낸 후 였기에 월리스는 그들과의 어울림은 재미있다고 생각했으며 그들은 폭넓은 대화를 하였다. 추장님은 확고한 창조론자였으나 토론하기를 좋아해서, 훗날 그의 비서에 의하면 '월리스는 우리들의 못생긴 이웃들인 오랑우탄들이 우리들의 선조라는 것을 우리에게 확신시킬 수는 없었지만, 그는 우리들을 기쁘고 즐겁게 해주었으며 재치 있고 무궁무진한 달변으로 우리들을 가르쳤다'라고 썼다.

월리스는 오랑우탄에 대하여 3편의 논문을 썼는데, 첫째 권은 오랑우탄의 종의 수에 관한 것으로 『보르네오의 오랑우탄 또는 미아스』[64], 둘째 권은 『보르네오 오랑우탄의 행동』이었다. 윌리스는 자연 서식지에서 처음으로 오랑우탄들을 관찰하고 묘사한 최초의 박물학자였다. 그는 오랑우탄들이 이빨의 수와 모양과 이빨이 난 위치들이 사람의 이빨과 똑같다는 것을 관찰하였다. 이러한 인간의 형태와 행동들과 유사한 점들은 그의 셋째 논문에서 그는 완전히 다른 새로운 아이디어를 제시했기 때문에 깊은 인상을 주었는데, 사람과 오랑우탄 모두가 어떤 공통의 조상으로부터 유래했다는 주장이다. 이러한 추측은 그 당시에는 전적으로 간과되었을지라도, 1855년에 한 과학자가 인간의 형태를 가진 원숭이처럼 생긴 종의 존재 가능성에 대하여 쓴 것은 아마도 처음이었다.

> 조심스럽게 예상해 보지만, 지금까지의 야생으로 남아 있는 이들 나라들에서 문명이 발달하여 '지난 세계의 기념물'로 개방되는 그때를 기대하여야 한다. 문명의 발달은 현재의 오랑우탄 종이 처음으로 출현한 시기를 대략 알아낼 수 있게 해 주고, 현재 존재하는 덩치가 더 거대한 원숭이 종들의 연관종들이 예전에 존재하였다는 것을 아마도 증명할 수 있게 해 주며, 그리고 그 연관종들의 형태와 구조가 다소 인간과 같은 것을 증명하게 해 줄 것이다.

우기 동안 윌리스는 인상적인 사투봉 산 근처의 작은 집에 숨어 살았다. 깎아지른 사암 절벽들이 있고, 절벽들은 쿠칭의 정착지와 추장의 저택이 있는 곳까지 내륙으로 멀리 배를 타고 갈 수 있는 사라왁 강의 넓은 범위의 입구를 나타내고 있었다. 윌리스는 그곳의 그의 상황을 묘사하였다:

> 나는 요리사인 말레이 소년 하나와 단둘이었다. 저녁과 비 오는 날에는 할 일이 없어 책을 보거나 나의 생각에서 좀처럼 없어지지 않는 문제를 곰곰이 생각하였다…. 전 세계에 걸친 동물들의 분포에 대한 많은 사실을 알 수 있다

---

64 미아스(mias)는 보르네오의 다야크족의 방언으로 오랑우탄을 뜻한다.

면, 이러한 사실들은 종들이 존재하여 온 경로의 표시로서 전혀 제대로 이용되지 않았다는 생각이 떠올랐다.

월리스는 전에 아마존강을 따라 올라가는 탐사를 했으며, 이미 마음에 자리한 종의 기원에 관해 물음을 가지고 지금은 보르네오섬을 가로질러 탐사하고 있었다. 우기에는 수집물들을 돌보며 그는 그가 수집한 사실들과 아이디어들을 종이에 적으며, 야심적인 제목의 에세이, 『새로운 종의 도입을 조절하는 법칙에 대하여』[65]를 썼다. 그는 1855년 2월 그 에세이를 완성하여, 이『사라왁 법칙Sarawak Law』이라고 알려진 원고의 발행 여부를 결정하는『자연사 연보 및 잡지』[66]의 편집국이 있는 잉글랜드로 배송했다. 그가 직접 수집한 광범위한 정보들에 근거한 핵심적 주장은, 새로운 종과 근연종들은 보통으로 동일한 지역에서 발견된다는 것이었다. 월리스는 그의 에세이에서 단순한 법칙을 제시했는데 – '모든 종은 공간 및 시간적으로 전에 존재했던 근연종들과 함께 출현한다'는 것이다. 아마존과 보르네오에서 그가 관찰한 것에 근거한 이 단순한 법칙에 대하여, 그는 이것이 어떻게 일어나는지를 아직도 설명하지 못하였으나, 그는 적어도 다른 사람들과 논의를 시작할 수 있기를 원했으며 갈라파고스 제도에서의 관찰에 근거한 찰스 다윈으로부터의 회답을 아마도 받을 수 있지 않을까 희망했다.

다윈의 출판되지 않은 'Essay'와는 달리 월리스의『사라왁 법칙』은 종의 기원에 대한 완전히 새로운 생각이었으므로 월리스는 잉글랜드 과학계로부터의 회신을 간절히 기다리고 있었다. 그는 몇몇 친구들로부터는 답을 받았지만 기다

---

[65] 'On the Law which has Regulated the Introduction of New Species'.
[66] 『자연사 연보 및 잡지Annals and Magazine of Natural History』, 1841년에 창간되었으며, 1967년 현재의『Journal of Natural History』로 개칭함.

리는 회신은 오지 않았다. 이것을 설명할 수 있는 몇몇 그럴만한 요인들이 있었다. 첫째 그가 거주하는 곳이 분명하지 않은 것이다. 분명히 그는 곤충학회나 런던 동물학회의 회의들에 참석해 있는 것이 아니고 보르네오의 야생 오지 어디엔가 있었다. 둘째 그는 '젠틀맨 전문가'도 아니며 사회적 지위도 없으며 심지어 정해진 주소도 없었다. 셋째 그는 박물학자가 아니며 생계를 위해 곤충 나비 박제한 조류들을 파는 '상업적인' 수집가에 불과했다. 분명히 그의 견해는 그다지 중요하지 않았다.

그의 친구 헨리 베이츠는 아직도 아마존에서 채집하고 있었고 이때 그는 월리스의 『사라왁 법칙』 논문을 읽었다. 베이츠 역시 종에 대한 의문들의 선두에 있었으며, 아마존 정글에 같이 있을 때 그 의문들에 대하여 여러 번 토론했었다.

> 나는 자네가 그 학설의 명확한 체계적 설명을 이미 완성한 것을 보고 놀랐네. 내가 어떤 관심을 가지고 자네의 학설을 읽어 보고 또 연구하였는지를 자네는 상상할 수 있을 것이네. 그것은 완벽하게 잘 쓰여졌다고 말하지 않을 수 없군. 자네의 그 아이디어는 그 자체가 진실이며 아주 간략하고 분명하여 그것을 읽고 이해하는 사람들은 그것의 명료함에 놀랄 것이며, 그리고 그것은 완전히 독창적이네…. 그 논문을 이해하고 진가를 알아보는 사람은 거의 없을 것이지만, 그러나 그 논문은 틀림없이 자네를 높이 평가하게 해줄 것이네.

여러 달이 걸려 그 편지는 인도네시아 제도에 있는 월리스에게 도착했다. 그는 베이츠에게 답했다:

> 만약 하나의 종이 다른 종으로 점차 변해 간다면 어떻게 그렇게 많은 구별이 뚜렷한 별개의 종들이 계속되는지, 그리고 어떻게 많은 종들이 그들의 근연 종들과 조금은 다르지만 완전하게 뚜렷하고 변함없는 형질들을 가지는가를 이해하는 것이 대단히 어렵네.

찰스 다윈은 월리스의 『사라왁 법칙』 논문을 특별히 흥미롭게 생각해서 인지 종의 진화를 암시하고 있어서인지 보지 않았으며, 그의 논문 복사본 가장자리에 '별로 새로운 게 없음'과 '모든 것이 그에게는 창조론처럼 보인다'라고 써 놓았다. 그러나 1856년 4월 찰스 라이엘이 다운 하우스에 수일간 머물게 되었는데 이 방문 기간에 다윈은 그가 지난 18년간 조용히 발전시켜온 그의 학설 —자연선택 설— 을 공개하였다. 라이엘은 그 자신이 정통적인 진화론자임에도 불구하고 한층 통찰력이 있어서 월리스가 동일한 결론을 향해 가고 있다고 다윈에게 경고를 하였다. 월리스는 그의 『사라왁 법칙』 논문에서 섬들 연구의 중요성에 대하여 썼으며, 갈라파고스에서 발견된 종들의 변이에 대하여 다윈이 왜 어떠한 설명도 없는가를 강력하게 따졌는데, 실제로 이때 월리스는 이미 간접적으로 다윈을 비판한 것이다:

> 그러한 현상은 갈라파고스 제도에서 보여지고 있다. 이곳에는 작은 무리들의 특이한 동물과 식물들이 있다. 그러나 그들은 남아메리카의 종들에 가장 가까운 근연종들이다. 그러나 (다윈은) 아직까지 어떠한 설명도 없었으며 하나의 추측적인 설명조차도 없다.

물론 갈라파고스의 동물상과 식물상을 가장 잘 기재한 사람은 바로 찰스 다윈이었다. 그러나 월리스는 모르고 있지만, 종의 기원에 대한 다윈의 230 페이지의 'Essay'는 그의 책상 서랍 안에 잠겨진 채로 남아 있었다.

월리스는 사라왁에서 거의 15개월간을 채집하며 보낸 후 1856년 1월 싱가포르로 돌아왔다. 그는 그의 조수 찰스 앨런을 그곳에 떨어지게 했으며, 앨런은 '개종하여' 쿠칭에 있는 성공회 선교회에서 훈련을 받고 가르치기로 결심하였다. 그러나 그의 자리에, 총을 잘 쏘며 유능한 도제인 것이 이미 증명된, 14세의 알리라는 이름의 말레이 소년을 새로 뽑았다. 싱가포르에서 월리스는 모든 그의 수집품들 배송을 마무리 지어야 했으며, 그는 1,500마리의 나방들과 수없이 많은 나비들을 포함하여 곤충 5,000마리는 물론 오랑우탄의 가죽과 골격들을 런던의 새뮤얼 스티븐스에게 배송했다.

   그의 『사라왁 법칙』은 과학계로부터의 회신을 받지 못하여, 그의 아이디어들에 대하여 원거리 대화를 시작하기를 바라며 또 어쩌면 갈라파고스 제도에서의 그의 관찰에 대한 추측적인 설명을 하도록 다윈을 끌어들이기를 희망하며, 월리스는 찰스 다윈에게 곧바로 편지를 쓰기로 결심하였다. 다윈이 답을 하는 데 수개월이 걸렸으며 그리고 그의 편지가 월리스에게 도착하는 데는 또 여러 달이 걸렸다. 이때 월리스는 인도네시아 다도해의 어느 섬들 아니면 정글에 있었다.

13

오스트레일리아가 아시아에 부딪히는 곳
Where Australia Collides with Asia

앨프리드 월리스는 셀레베스_{Celebes, Sulawesi}의 마카사르_{Macassar}로 여행하려는 계획을 세웠다. 그러나 바로 가는 배편이 없어서, 그는 발리_{Bali}와 롬복_{Lombok}으로 가는 스쿠너 선으로 싱가포르에서 출항했다. 스쿠너 *끔방 제푼* 호 (일본의 장미)는 선주는 중국인, 선명은 말레이 이름, 선원은 자바인 그리고 선장은 영국인이어서 싱가포르의 다문화적 특징을 나타내고 있었다. 자바 해를 항해하는데 20일이 걸려서 발리의 북쪽 해안에 도착했다. 여기에서 월리스는 계단식 논들을 보고 기분이 좋았으며, 이 지역이 아주 잘 경작되고 있는 것과 또한 복잡하게 얽힌 관개 시스템에 놀랐다. 이렇게 잘 경작되고 있는 나라에서 그는 자연사 수집을 많이 할 수 있다고 기대하지 않았으며 *끔방 제푼* 호가 롬복의 암페난으로 출항하기 전에 2일 동안 채집을 해야겠다고 썼다. 의미가 있는 것은 발리에서 본 새들은 그가 이미 아는 종들로서 아시아 금색 멋쟁이 새_{weaver} 개똥지바귀 꾀꼬리 찌르레기였다. 그러나 롬복에서는 새들이 전혀 다른 종들이어서 그의 책 『말레이 제도』에서 이렇게 썼다:

롬복으로 가고 있는 중에 발리의 북쪽 해안에 머무르는 수 일 간에 나는 자바 제도의 조류들에서 아주 특징적인 몇 마리의 새들을 보았다…. 20마일이 안 되는 해협으로 발리와 분리된 롬복으로 건너는 가는 동안 나는 자연히 이러한 새들을 좀 더 다시 볼 수 있기를 기대하였다. 그러나 롬복에 3개월이나 머무르는 동안 나는 그 새들을 전혀 보지 못했다. 그 대신에 나는 전혀 다른 조합의 새들을 발견하였는데, 대부분의 종들이 자바에서 뿐만 아니라 보르네오, 수마트라, 말라카에서 조차도 전혀 알려지지 않은 종들이었다. 예를 들면 롬복의 흔한 새들은 오스트레일리아산 앵무새 cockatoos와 꿀빨이새 honysuckers 이며 이 종들은 자바제도의 서쪽 지역에서부터는 전혀 출현하지 않는 과 family들에 속하는 새들이었다.

이것은 놀랄만한 발견이었다. 발리섬과 롬복섬은 토양, 기후, 지리적 위치가 거의 동일하였으나 이 두 섬은 뚜렷하게 동물학적 분포구역들이 달랐다. 여러 번의 빙하기 동안에 해수면이 낮아졌을 때, 수마트라, 자바, 보르네오의 주된 인도네시아의 섬들은 건조한 육지로 연결되어 있었으며, 오직 수심이 깊은 롬복 해협이 이 서쪽의 주된 섬들과 동쪽의 작은 섬들을 분리하고 있다. 롬복 해협은 아시아의 동물상과 오스트레일리아의 동물상 사이에 있는 경계를 나타내며, 훗날 토마스 헉슬리가 '월리스 라인 Wallace Line'으로 명명한 동물 분포 경계선이다. 오늘날의 해저지도를 보면 월리스 라인은 아시아 대륙의 대륙붕 연변을 나타내고 있는 것을 알 수 있다.

월리스 라인의 아시아 쪽에는 아시아 코끼리, 수가 많지 않은 자바 코뿔소, 수마트라 호랑이, 보르네오 표범, 수마트라와 보르네오의 우랑우탄 그리고 아시아 특유의 많은 새들이 산다. 반면에 오스트레일리아 쪽에는 오스트레일리아산 앵무새 cockatoos를 비롯하여 알을 부화시키기 위하여 커다란 무덤을 만드는 무

| 윌리스 라인과 윌리스가 여행한 인도네시아 다도해를 보여 주는 지도, 이안 버넷

덤새류megapodes, scrub birds와 같은 오스트레일리아 특유의 다른 새들, 주머니쥐 possum cuscus와 같은 쿠스쿠스류, 나무 캥거루tree kangaroo와 같은 유대류들과 그리고 파푸아와 몰루카(말루크)에서 발견되는 화려한 새들이 산다. 무덤새류는 주로 포유류 포식자들이 없는 대륙에서 진화를 했기 때문에 롬복의 서쪽에 무덤새류들이 없는 것은 놀랄만한 것이 안 된다. 무덤새와 같은 땅에 사는 새들이 호랑이나 표범들이 차지하고 있는 숲속에서 얼마나 오래 살아남을 수 있었을까?

빙하기에 해수면이 낮아진 기간에 드러난 육지는 오스트레일리아의 식물상과 동물상들이 수심 깊은 롬복 해협을 제외한 먼 곳까지 인도네시아 동쪽의 섬들 전체에 분포하도록 하였으며 보르네오와 술라웨시 사이 −윌리스 라인 북쪽으로 분포를 확장했다. 이러한 관찰 사실들로부터 윌리스는 동물학과 지리학 간의 연관성에 대한 결정적인 관찰을 한 것이다. 유럽이 아메리카와 다른 것처럼 동물들의 분포가 다른 것에 근거하여 지구상의 이 두 구역이 설명하였다.

지구의 표면은 두 종류의 물질들로 구성되어 있는데, 지구의 맨틀 상부에 연결된 반액 상의 무거운 해양 지각과 연못 표면의 거품과 같이 지각 위에 '떠있는' 가벼운 대륙 지각이다. 지구의 상부 맨틀 안에서 일어나는 거대한 용암 대류의 힘으로 해양 지각은 움직이는 여러 개의 분리된 지판으로 조각이 나 있다. 지구가 팽창한다는 증거는 없으므로, 새로운 해양 지각 물질이 대양저 산맥을 따라 형성되며, 또한 해양 물질은 세계 여러 곳의 섭입대를 따라서 지각 밑으로 들어간다. 예를 들면 오스트레일리아와 남극 대륙 사이의 대양저산맥 따라서 새로운 해양지각이 생성되며, 해양 지각과 그 위에 놓인 오스트레일리아-뉴기니 대륙 지판은 북쪽으로 이동하여 해양 물질들은 자바의 남쪽 해안을 따라 있는 섭입대에서 지각 밑으로 내려간다.

 2,000만 년 전, 마이오세 때 남극대륙으로부터 분리된 오스트레일리아 대륙이 적도를 향하여 북쪽으로 이동하여 아시아대륙에 부딪 치기 시작하자 그 속도가 줄어들었다. 파푸아 뉴기니를 포함하는 오스트레일리아 대륙이 처음으로 진행 방향에 있는 인도네시아 호상열도의 일부를 한쪽으로 비켜 부딪쳐 태평양 지판 안으로 충돌하여 두 지판을 연결시켰다. 태평양 지판은 서서히 서쪽으로 이동하여 오스트레일리아-뉴기니 대륙의 큰 덩어리가 변류단층에 의하여 베여 나가, 인도네시아 호상열도 시스템 안으로 삽입된 술루 해각Sulu spur[67]을 만들어 그 위로 휘어지게 하였다. 남쪽의 거대 대륙 곤드와나랜드Gondwanaland와 북쪽의 거대 대륙 로라시아Laurasia로 2억 년 동안 분리되었던 두 땅 덩이가 지금 다시 만나게 된 것이다.

 태평양 지판과 오스트레일리아 지판이 서로 맞물리게 됨에 따라서 오스트레일리아 지판은 계속 북으로 이동하였다. 이러한 계속되는 부딪힘은 한때는 얕

---

67 술루 해각, 술루 해 술루 제도 해저의 구조적 지괴의 경동(tectonic tilting)에 의하여 생긴 해저 산맥이 융기되어 형성된 섬들.

은 바다였던 해저를 스러스트로 밀어 올려 파푸아 뉴기니의 많은 부분이 생겨 나도록 하였으며, 더 충격이 계속되어 양 대륙 꼭대기에 스러스트가 가해져서 파푸아 습곡대Papuan fold belt에 큰 산들을 만들었다. 뉴기니의 마운트 푼작자야 Mount Puncak Jaya과 같은 산들은 5,000미터로 높으며 산 사면에 열대의 빙하들이 아직도 남아 있다. 이러한 지각의 일부가 다른 지각 위로 올라가는 운동인 추력과 융기 과정에 관련된 지구 구조활동은 구리와 금을 저장하고 있는 마그마의 응축지들을 생성했는데 파푸아 뉴기니의 그라스버그Grasberg와 포르게라 Porgera 금광들에서 현재 발견된다.

월리스가 말레이 제도에 처음으로 도착한 이래 50년이 지난 1912년에 앨프리드 베게너Alfred Wegener가 대륙이동설을 제안했다. 베게너의 학설은 그 당시 대부분의 지질학자들에 의하여 받아들여지지 않았으나, 동인도제도에서 활약하고 있었던 홀랜드의 지질학자들은 그 학설을 바로 받아들였다. 왜냐하면 그들은 뉴기니 북쪽의 습곡을 이룬 산들을 대륙들이 충돌한 지역으로 보았기 때문이었다. 충돌만이 몰루카(말루쿠)의 섬들이 위로 구부러져 있는 것을 설명할 수 있었다. 이러한 사실은 몰루카의 세람섬Plau Ceram 북쪽에 있는 파푸아습곡대의 산들과 같은 높은 산들이 있는 것으로도 설명된다. 베게너의 학설을 처음으로 받아들인 홀랜드의 지질학자는 구스타프 몰렝그라프Gustaff Molengraaff였으며 뒤를 이어 스미트 지가Smit Sibinga였으며 그는 다음과 같이 적었다:

> 소순다열도Small Sunda Islands(발리, 롬복, 숨바와, 플로레스 숨바, 티모르, 바랏다야, 타님바르) 셀레베스, 몰루카는 본래 순다 땅 덩어리Sunda land mass에서 잘려져 나온 연변 열도들을 나타낸다. 처음에는 그 섬들은 두 줄의 열도들로 형성되었으나, 후에 오스트레일리아와 충돌 때문에 현재의 모습을 갖게 되었다.

파푸아 뉴기니의 산들의 융기는 곤드와나랜드의 잔존 우림을 더 높고 습기

아시아에 부딪치고 있는 오스트레일리아를 보여주는 입체지도. NASA의 레이다 지형학에 근거한 육지의 고도와 NASA의 해수면 고도측정법과 선상 수심측정에 근거한 해양 수심측량, 캘리포니아 대학교, 샌디에고

가 많은 곳으로 밀어 올려 우림과 그곳에 사는 동식물들을 보존하였다. 그러므로 고지에 삼림들은, 2,000만 년 전에 살았던 방식과 비슷하게 살고 있는 주머니쥐, 쿠스쿠스, 반디쿠트bandicoots, 바늘 두더지와 같은 오스트레일리아 기원의 유대류들에게, 서식처를 제공했기 때문에 하나의 살아 있는 박물관이 되었다. 유대류의 한 무리는 특이한 진화경로를 따라왔는데, 나무캥거루*Dendrolagus*는 주머니쥐와 같은 조상들의 나무 위에 사는 수상생활로 되돌아 전환한 것으로 보인다. 숲 바닥에는 더 이상 어떤 풀들도 있지 않아서 다육질의 잎들은 나무 위에만 남아 있고, 아직도 나무 타기에 서투른 나무캥거루는 조심스럽게 나

무꼭대기로 올라갔다. 나무 가지를 감아 잡을 수 있는 꼬리와 마주 볼 수 있는 엄지손가락이 이미 퇴화되어서, 나무 캥거루는 우림의 나무들의 잎들과 과일들을 먹는 동안 떨어지지 않도록, 발에 도톨도톨한 발바닥과 나뭇가지를 단단히 잡을 수 있도록 도와주는 강한 발톱들을 발달시켰다.

| 파푸아 뉴기니의 나무캥거루 무리

파푸아 뉴기니는 극락조들의 땅이다. 수컷들은 장식용 깃털들을 가지고 있는데 짝짓기를 할 때 가장 화려한 색상의 수컷을 선택하는 것은 암컷이기 때문이다. 수컷의 눈부신 색깔과 다채로운 색상, 리본들, 부채들, 색테이프들과 깃털들이 어떻게 암컷이 수컷을 선택하도록 진화시켰는지를 보여 준다. 인간 사회도 이와 같은 이유로, 스코틀랜드 북부 하일랜드의 남자들은 몸에 페인트칠과 깃털 장식을 하고 여자들을 유혹하며 축제분위기에서 극락조들과 같은 행태로 춤을 추며 활보한다.

파푸아 뉴기니는 지금 오스트레일리아 우림 조류들의 주 서식처이다. 오스트레일리아 본토에 남아 있는 작고 고립된 우림지역에 비하여 이곳에서 그들은 현재 더 좋은 진화적 미래를 가지고 있기 때문이다. 오스트레일리아의 우림에서 살고 있는 파푸아 뉴기니의 극락조들의 연관 종들에는 어두운 무지개 빛 트럼펫 극락조manucode와 구애의 춤을 출 때 동양의 부채와 같이 반짝이는 검은

13. 오스트레일리아가 아시아와 부딪히는 곳 | 215

| 얼룩무늬 황제비둘기 또는 육두구 비둘기

날개를 가진 라이플버드 극락조 paradise riflebird가 있다.

상거래가 되고 있는 육두구 nutmegs는 반다 열도 Banda Islands 에서만 자란다고 알려져 있으나, 오스트레일리아에도 토종 육두구 *Myristica insipida*가 퀸즐랜드 북동부의 데인트리 Daintree 우림에서 자라고 있다. 아시아 녹색 제국 비둘기 imperial pigeon는 목구멍과 식도를 엄청나게 크게 벌릴 수 있어서 큰 육두구 열매를 통째로 삼킬 수 있으며, 육두구 열매 두세 개를 한꺼번에 삼켜서 사냥에 넣을 수도 있다. 주위의 열매들은 빠르게 소비되며, 씨는 소화관을 거쳐 나가므로, 이 비둘기들은 씨를 잘 분산시키는 완벽한 종자 분산자들이다. 시판용 육두구는 토종 육두구 나무 *Myristica fragrance*의 열매이며, 말루쿠의 제국 비둘기들은 씨를 둘러싸고 있는 기름이 많은 마른 육두구 씨껍질을 좋아한다. 이 비둘기들은 말루쿠와 파푸아 뉴기니 남부에서 겨울을 나며, 퀸즐랜드 북부의 우림들에서 여름을 난다.

두 곳에서 공존하는 우림들의 식물들을 볼 때 식물학자들은 아시아 대륙의 식물상이 파푸아 뉴기니로 동쪽으로 이동한 것은 열대 아시아의 우림에서 우점하며 뉴기니에서는 발견되지만 오스트레일리아에는 없는 디프테로카프 Dipterocarp 속의 나무들과 같은 아시아의 식물들이 한층 성공적이었다고 결론을 내렸다. 매우 건조한 환경에 이미 적응해온 오스트레일리아 종들의 서쪽으로의 이동은 열대지방에 재적응을 해야만 했기 때문에 훨씬 성공적이지 못했다. 그러나 유칼립투스 모양의 싹를 가지는 정향나무Myrtaceae, *Syzygium aromaticum*와 마니파Manipa섬과 부루Buru섬에서 자라는 오스트레일리아 기원의 멜랄루카나무들은 예외였다.

과학적으로 월러시아Wallacea[68]로 알려진 술라웨시와 말루쿠 지역은 아시아 대륙의 조각들과 인도네시아 호상 열도 시스템의 일부와 태평양 지판에 의해 서쪽으로 이동한 오스트레일리아 대륙의 조각들이 합쳐진 혼합지역이다. 예를 들면 세람Ceram, 마니파Manipa, 부루Buru섬들은 오스트레일리아에서 떨어져 나온 대륙의 조각들이라고 알려졌다. 이 조각들의 몇몇은 술라웨시섬과 같은 이상한 혼성체가 되도록 다시 만들어졌다. 술라웨시의 서쪽의 반은 고대의 로라시아의 일부분이며, 동쪽의 반은 고대의 곤드와나랜드의 일부분으로 생각되는데, 아프리카의 일부분도 또한 섞여 있는가? 앨프리드 월리스는 술라웨시섬의 특이한 동물상을 이해하려고 하였으나, 이런 모든 지질학적 사실들은 그를 당황하게 만들었다.

---

68 월러시아, Wallacea: 생물지리학적 구역으로 술라웨시, 롬복, 숨바와, 플로레스, 숨바, 티모르, 할마헤라, 부루, 세람과 동쪽의 작은 섬들을 포함한다. 아루섬은 포함되지 않는다.

14

앨프리드 러셀 월리스 – 아루섬으로 항해
Alfred Russel Wallace – The Voyage to the Aru Islands

롬복에서 월리스는 북쪽으로 술라웨시(셀레베스)로 가는 작은 스쿠너 선을 얻어서 그곳의 가장 큰 도시인 마카사르로 갔다. 이곳은 동인도제도에서 그가 방문하는 최초의 네덜란드 도시나 다름없는 곳이었다. 마사카르는 동인도 제도의 다른 곳에서 본 어느 도시들보다 한층 아름답고 깨끗했다:

> 네덜란드인들은 지역을 통치하는 훌륭한 규제들을 시행하고 있었다. 모든 유럽인들의 집들은 흰색 회칠로 단장해야 하며, 오후 4시에는 누구나 집 앞에 있는 길에 물을 뿌려야 했다. 거리에는 쓰레기들이 없었으며 덮개가 덮여 있는 배수구를 통하여 모든 오물들을 흘려보내고 있었다…. 도시는 주로 바닷가를 따라서 하나의 길고 좁은 거리로 구성되어 있고, 거리는 주로 상업을 하고 있고, 네덜란드인과 중국인 상인들의 사무실들, 창고들, 원주민들의 상점들과 시장거리들로 차 있었다…. 그 거리는 부기스Bugis 또는 마카산Macasan 원주민 사람들의 인파로 붐볐으며, 그들은 허리에서 넓적다리 반까지 덮는 약 12인치 길이의 면바지와 허리에 또는 여러 형식으로 어깨에 걸치는 회색

| 마카사르의 말레이 시골, C.W.M. Van de Velde, Gezigten uit Netherlands Indie

줄무늬의 일반적인 말레이 사롱을 입고 있었다.

월리스는 마카사르 외곽의 한 마을에 자리를 잡았는데, 그곳에는 단 한 사람도 말레이어를 하는 사람이 없었으며, 어느 누구도 유럽 사람들을 거의 본 적이 없다는 것을 곧 알게 되었다. 이런 사실들 중에 기분 나쁜 것은 그가 어디를 가든지 극심한 두려움을 느끼게 하는 것이었다. 개들은 짖어대고, 애들은 소리를 지르며, 여자들은 달아나고, 남자들은 그가 마치 이상한 괴물인 것처럼 쏘아 보았다. 거리의 짐 나르는 말들과 물소들이 그의 모습에 어떻게 놀라서 소란을 피웠는지를 묘사하였다. 그리고 그가 여자들이 물을 긷거나 애들이 목욕하는 우물가에 가게 되면 갑자기 소란들이 일어났다. '미움을 사는 것을 좋아하지 않으며, 무서운 괴물 같은 사람으로 취급되는 것에 익숙하지 않은 나에게 모든 것들은 매우 불쾌하였다'.

그러나 월리스가 마카사르 외곽의 숲속에서 발견한 사실은 가히 놀랄 만하였다. 곤충도 거의 없고 딱정벌레들도 거의 없고 나비들도 매우 적었기 때문이다.

새들만이 좀 있을 것으로 보였으나, 그가 싱가포르와 말레이나 보르네오에서 본 새들과 같은 오색조barbets, 트로곤trogon, 넓적부리broadbills와 때까치shrikes도 없었다. 전체 과와 속이 전혀 없었으며, 그들을 대신하는 어떤 종들도 없었다. 내륙으로 더 들어가서 그가 발견한 것은:

> 술라웨시에는 종의 수가 적은 반면에, 특이한 종들이 이상할 정도로 많고, 그들 중의 다수가 이례적이거나 아름답다. 어떤 종들은 세계에서 틀림없이 유일무이하다.

생물지리학적으로 볼 때 술라웨시는 인도네시아 다도해의 중앙 위치에 있다. 그래서 월리스는 야생생물들의 다양성이 클 것이라고 예상했다. 그러나 자바섬 면적의 두 배인 이 섬에는 포유류와 조류 종들이 반 밖에 안 되었다. 놀랍게도 그는 술라웨시가 생물 종의 수가 가장 적은 곳이며 인도네시아의 큰 섬들에 비하여 종의 특징들이 가장 다른 것을 알았다.

> 술라웨시는 인도네시아 다도해의 정 중앙에 위치해 있다. 이러한 경우 이 중앙에 위치한 섬의 생물생산은 전체 인도네시아 다도해의 생물의 풍도와 다양성을 어느 정도 대표해 줄 것이라고 당연히 예측한다…. 그러나 자연에서는 흔히 일어나는 일로서, 실제로 사실은 우리가 예측한 것의 정반대로 된다. 술라웨시의 동물 생산을 검토해본 결과 술라웨시는 종들의 수가 가장 적으며 다도해의 큰 섬들의 동물 생산의 특징들과는 전혀 다르다. 그곳에 사는 종들에 비례하여 볼 때 다른 섬들의 종들보다도 훨씬 적어 보인다. 반면에 그보다 더욱 독특하였으며, 동물들의 형태들이 매우 놀라울 정도여서 세계 어디에서도 닮은 동물들이 없었다.

갈기가 있는 검은 꼬리 짧은 원숭이macaque, 특이한 바비루사babirusa 멧돼지,

난쟁이 물소anoa와 같은 술라웨시의 고유한 동물들은 아시아와 오스트레일리아보다는 아프리카에 한층 더 연관이 있다. 바비루사는 이상한 동물이다. 위턱의 뿔이 보통 아래로 자라는 대신에 완전히 거꾸로 위로 자라서 뼈 구멍에서 나와 양쪽 주둥이의 피부를 뚫고 자라서 눈 가까이 까지 뒤로 휘어져서 성체에서는 뿔의 길이가 흔히 8 또는 10인치까지 된다. 술라웨시의 또 다른 독특하고 아마도 가장 이상한 동물은 안경원숭이tarsier인데 크기가 단지 10센티미터 밖에 되지 않는 세계에서 가장 작은 영장류 중의 하나이기 때문이다. 그들은 야행성이어서 몸의 크기에 비하여 엄청나게 큰 눈을 가지고 있고, 영장류로서는 특이하게 오직 곤충만 먹는다. 이 섬은 월리스가 방문하는 이 특이한 지역의 네 번째 방문지 중 첫 번째인 섬이다. 술라웨시는 계속하여 그를 어리둥절하게 만들었다:

> 술라웨시는 인도네시아 다도해의 가장 오래된 지역 중의 하나이다. 보르네오, 자바, 수마트라가 아시아 대륙으로부터 분리되기 전 시기에 시작되었을 뿐만 아니라, 이 섬들을 이루고 있는 땅이 아직 바다 위로 융기되지 않았을 아주 오래전 시대부터 시작되었다.
>
> 술라웨시가 보유하고 있는 동물들의 수를 설명하는 데는 그러한 오래된 고대의 역사가 반드시 있어야 한다. 술라웨시의 동물들은 인도나 오스트레일리아의 동물 형태와 아무 연관이 없고 아프리카의 동물 형태와 비슷하여, 이들 멀리 떨어져 있는 지역을 연결하는 교량 역할을 할 수 있는 하나의 대륙이 한때 인도양에 존재했었다는 가능성을 추측하게 한다.

마카사르의 무역상들은 진주조개 패각, 말린 해삼 그리고 가장 중요한 극락조의 껍질을 수집하기 위하여 인도네시아 다도해의 맨 동쪽 끝에 있는 아루Aru 섬에 매년 항해해 갔다. 수집가들에게 극락조 껍질은 지구상의 어떤 새의 껍질

| 유령과 비슷한 안경원숭이 tarsier

보다 값어치가 있었으며 그것은 마카사르에서 전 세계로 거래되었다. 중국시장에 파는 마른 해삼을 수집하러 동부의 섬들과 멀리 남쪽으로 오스트레일리아의 아넘랜드Arnhem Land까지 매년 항해하는 것으로 마카사르의 상인들을 유명하게 만든 토착민들의 배, 부기스 프라우[69]를 타고 수천 마일을 항해하였다.

마카사르의 항해자들을 몬순의 바람을 따라 이동하여 매년 서편 몬순이 시작하는 12월 또는 1월에 떠났다가 동편 몬순이 오는 7월 또는 8월에 돌아오는 9개월간 멀리 집을 떠나는 항해를 하였다. 매년 아루섬으로 가는 항해는 마카사르인들에게 새로운 경관과 이상한 모험을 경험할 수 있는 자연 그대로의 낭만의 탐험이었다. 월리스를 인도네시아 다도해로 오게 한 것은 첫째로 극락조의 유혹이었으며, 이곳에는 다도해의 먼 오지의 섬들로 갈 기회가 있었다. 항해의 두려움에도 불구하고 유혹을 뿌리칠 수가 없었다:

내가 정말로 지금 그렇게 할 수 있다는 것을 알았을 때, 부기스 프라우를 타고 수천 마일을 항해한다는 것에 대하여 내 자신을 믿는 용기 밖에 없었다. 무법천지의 장사꾼들과 흉폭한 야만인들 사이에서 6개월 또는 7개월 동안을

---

69 부기스 프라우(Bugis prahu), 술라웨시의 Bugis족들의 범선, 오늘날 인도네시아어로 phinisi.

마카사르에서 온 상인들, 프랑수아-에드몬드 파리, 훼이보리트섬의 항해 1830-1832

지내야 하는 것이다. 마치 어린 학생이었을 때 기분이 들었다.

부기스 프라우는 19세기 중엽 서구의 스쿠너선과 부분적으로 거의 같았다. 그 시대에 인도네시아 다도해를 돌며 무역을 하였으며, 이 배는 선장이며 영국의 작가인 조셉 콘래드의 소설들에서 여러 번 상세히 묘사되었다.

이 배는 못이나 어떤 철물도 사용하지 않고 건조된다. 배를 건조하는 대목은 도끼, 작은 톱, 자귀, 통송곳만을 사용하여 유서 깊은 전통적인 방법으로 선박의 늑재와 널빤지를 성형하고 맞춘다. 배들은 목재의 특성에 따라서 그리고 최고 대목장만 알고 있는 계획에 따라서 조직적으로 건조된다. 유럽의 최고의 대목들도 목재의 연결부들을 결코 더 단단하고 더 꽉 조이게 만들 수 없다고 월리스는 적었다.

배 건조를 정식으로 배우지 않은 월리스의 눈에는 목재 또는 대나무로 된 마스트, 야드, 돛대 기둥들을 등나무 줄기로 묶어 맨 야생의 조잡한 배처럼 보였다. 선장은 네덜란드 출신 자바인이고 30명의 선원들은 마카사르인, 부기스인, 자바인들이 혼합되어 있었다. 월리스에 따르면 선원들은 분명한 명령체계가 없어 보였으나 모든 선원들이 일하려는 의지가 충분히 있어 보였다. 여섯 마디 정도의 소리로 명령을 하였고 소리를 지르고 혼란이 있는 속에서도 결국은 모든 일이든지 잘 되어 갔다.

월리스는 8개월간 쓸 물건들 – 설탕, 커피, 차, 버터 1통, 식용유 16병, 조리 도구, 램프, 양초 그리고 12병의 와인과 약간의 맥주와 같은 사치품들을 가져왔다. 사냥과 채집을 위한 준비물들은 총, 탄환 자루, 화약, 곤충 상자, 핀, 고정용 알코올, 그리고 원주민들과 거래하는데 쓰려고 담배, 구슬, 무거운 칼parang들을 준비하였다. 그는 사라왁에서 만난 그의 믿음직한 조수인 알리와 마카사르에서 고용한 젊은이 두 명을 대동하였다. 월리스는 갑판에 있는 대나무와 짚으로 만든 조그만 선실을 차지하였는데, '내가 즐겁게 보낸 선생 생활 중에서 가장 아늑하고 편안한 작은 선실이었다'고 묘사했다. 대나무를 통하여 들어오는 엷은 빛과 짚의 자연적인 냄새가 그늘진 숲의 조용한 광경을 생각나게 했다. 밤에는 하늘에 별들이 밝게 빛나고, 물속을 들여다보며 수없이 많은 발광생물들이 선미의 후류에서 소용돌이치며 반짝이는 인광의 흐름을 보는 것은 매혹적인 정경이었다. '좋은 망원경으로 하늘에서 볼 수 있는, 계속 변화하는 모양과 춤추는 움직임으로 한층 매력을 더 해주는, 크고 불규칙이며 구름 모양의 별 무리의 하나'를 닮았다고 묘사했다.

반다제도Banda Islands는 반다 해를 건넌 후 그들의 처음 기착지였으며, 식수와 보급품을 구할 수 있는 편리한 정박지였다. 이들 작은 섬들은 깊은 바다로부터 5,000미터 높이로 솟아오른 화산의 남은 부분 가장자리에 형성된 것처럼 보인다. 월리스는 작은 마을 반다 네이라 뒤에 있는 섬에서 가장 높은 곳까지 나있는 아름다운 길을 걸어 올라갔다. 이곳으로부터 그는 피라미드 모양의 반다제도의 구눙 아피(불의 산)라 불리는 새 화산을 저 멀리 건너 볼 수 있었다. 윌리스가 화산을 가까이에서 볼 수 있는 것은 처음이었다. 많은 유럽인들은 윌리스가 지구는 안정되어 절대 변하지 않는다고 믿고 있다고 생각했으나, 화산은 이러한 배운 경험과는 완전히 반대였다. 활화산을 보고 있을 때에만 지구 내부의 막강한 힘을 잘 깨달을 수 있으며, 그곳으로부터 화산 정상에서 연기를 뿜어 내는 무궁무진한 불이 솟아오른다는 것에 주목하였다:

> 화산은 처음 보기에 – 이집트의 피라미드 윤곽같은 완전한 원뿔이며 균형 잡혀 보인다. 저녁에는 연기가 마치 작은 정지된 구름처럼 정상 위에 머물러 있다. 활화산을 보는 것은 처음이었으나 내가 본 그림들과 실제 정경이 하나되어 매우 인상적이었다.

1512년 반다제도에 도착한 최초의 유럽인들은 포르투갈의 탐험자들이었다. 그들이 지중해와 유럽의 향료 시장에 진출할 때까지, 자바인, 말레이인, 인도인, 아랍인 그리고 페르시아인들에 의하여 수 세기 동안 거래되어 온 귀중한 육두구nutmeg 향료를 찾아서 그들은 바다와 사막을 건너서 이곳에 왔다. 포르투갈인들이 그들의 무역 제국을 시작한 지 100년 후, 네덜란드와 영국의 동인도회사들은 이 귀중한 무역의 한 몫을 차치하려고 반다제도에 모여들었다. 영국과 네덜란드의 동인도회사들은 향료 무역에서 이익을 얻으려고 각각 1601년과 1602년에 설립되었고, 이들은 세계최초의 공동 합자회사들이었다. 네덜란드인들은 경쟁자들을 물리치고, '반다 대학살'[70]로 반다제도의 원주민들을 거의 제

---

70 Banda Massacre, 네덜란드가 인도네시아를 식민지화 하는 과정에서, 1621년 네덜란드의 현지 총독 쿤(Jan Coen)은 반다제도에서 원주민들을 대량 학살하여 반다제도의 원주민들의 약 90%를 살해하였다. 그 후 네덜란드 동인도회사(VOC)는 반다제도에 인도네시아, 인도, 중국 등에서 노예들을 데려와 육두구와 정향을 본격적으로 재배하기 시작하였다.

| 반다제도, 루이 르 브레톤 1846, 나비레스 파 메이어

거한 후, 네덜란드 동인도회사 VOC는 네덜란드 농장주들로 그들의 식민지를 건설할 수 있었으며, 육두구 나무들을 재배하기 위하여 노예들을 들여와 육두구를 전매하여 막대한 이익을 거두어들였다.

반다 네이라Banda Neira는 네덜란드 동인도회사의 행정 수도였으며 현재에도 과거 식민지 시대의 건물들이 남아 있다. 희게 회칠을 한 총독 관저는 고전적인 건축양식을 보여주며 정문 위에 놓인 금도금을 한 사자상에서부터 앞마당의 잔디에 있는 사용되지 않는 분수와 데라스 네 기둥의 우아한 단조로움과 덧문이 달린 문들과 창문들의 대칭성까지 아름다움을 보여 준다. 넓은 길들에는 한때 거대하였던 집들이 줄지어 있고, 한때 우아하였으나 지금은 다 허물어져 가는 다찌 클럽하우스가 쓸쓸해 보이는 과거의 장엄한 분위기를 도시 전체에 드리우고 있었다.

반다제도의 섬들은 코코넛 야자수가 섬 둘레에 자라고 있으며 육두구 나무 상록 수림과 뜨거운 열대의 태양을 막아 주는 그늘을 드리우는 큰 호두나무들로 덮여 있었다. 이 외딴 섬들이 세계에서 유일하게 육두구가 본래 자라난 곳이다. 그런데 육두구 나무들이 어떻게 반다해의 가운데에 있는 이 섬들에 오게 되었는지는 하나의 미스테리다. 그러나 현재에도 오스트레일리아의 북 퀸즐랜드에는 아직도 토종 육두구나무들이 자라고 있는데, 이러한 사실들은 어떻게 연관되며, 어느 곳의 육두구가 최초인가? 월리스는 반다제도의 육두구 나무들을 이렇게 묘사하고 있다:

> 육두구[71] 나무보다 더 아름다운 재배식물은 거의 없다. 그들은 아름답게 생겼으며 잎은 윤이 나며 약 8미터 높이로 자라며 작은 노란색 꽃들이 핀다. 열매는 살구 크기에 색깔도 같으나 약간 타원형으로 생겼다. 과육은 질기고 농밀하지만 익으면 찢어져서 벌어지며 안에 있는 검은 열매가 보인다. 열매는 심홍색 가종피(씨껍질)에 싸여 있으며, 그러면 그 아래에 가장 귀한 열매가 있다. 열매는 반다의 큰 비둘기들이 먹으며, 씨껍질을 소화시키고 열매는 배설하는데, 열매는 하나도 손상되지 않는다.

육두구 열매가 익으면 찢어져서 벌어져 윤기 나는 검은 갈색의 씨를 둘러싸고 있는 심홍색 가종피(씨껍질)의 그물 구조인 메이스mace가 들어나며, 그 아래 씨가 둘러싸여 있다. 메이스와 씨는 모두 햇볕에 하루 동안 말려서 출하 준비가 된다. 월리스는, 육두구 비둘기라고도 알려진, 큰 제국비둘기의 흰색과 라일락 청색의 번쩍이는 모습을 보고 흥분되었다. 이들은 육두구 열매들만을 먹는데 부리를 넓게 벌려 열매를 삼킬 수 있으며, 작은 복숭아 크기의 열매 전체를 소화 시킨 후 씨를 배설한다. 그러므로 그들은 씨들이 떨어지는 곳에서 자랄 수

---

[71] 육두구(nutmeg, *Myristica fragrans*): 인도네시아의 몰루카 제도가 원산지이다. 씨를 둘러싸고 있는 심홍색 가종피(씨껍질)을 말린 것을 메이스(mace)라 하며, 씨는 말려서 메이스와 함께 향신료와 약재로 쓴다. 식민지 시대에 열강들은 육두구 무역을 위하여 서로 싸우고 반다제도의 주민들을 수탈하고 학살하였다. 열강들의 향신료 전쟁과 식민지 침략의 대상의 하나였던 비극적이 향신료의 대표이다.

| 반다 네이라에 있는 네덜란드 동인도 회사의 본부

있도록 씨들을 이동시키는데, 아마도 이 비둘기들이 이들 외딴 섬들에서 북오스트레일리아로 최초로 육두구 씨들을 옮겼을지도 모른다. 아니면 정반대로 이동시켰을까?

마카사르의 교역 상인들이 다니는 항로의 다음 정박지는 카이Kai 제도였는데, 지도에서 보면 오스트레일리아와 뉴기니가 충돌한 후 말루쿠 제도들이 이 호상열도의 일부와 그 자신들의 위에 서로 겹쳐져 있는, 지판들 연변의 경첩 부위 근처에 위치해 있다. 윌리스가 아르젠친의 리오네그루강을 탐험하고 아마존에 사는 바니와 족을 처음 만난 이래로 윌리스는 그가 처음으로 만나는 종족들의 습관들을 조심스럽게 관찰하고 기록하여 나름대로 인류학자와 박물학자가 되어 있었다. 그는 또한 그들의 언어들도 기록하였으며, 인도네시아 다도해를 여행하는 동안 57개의 지역에서 말레이어와 자바어에서 어휘들을 수집하였다. 다도해에서 가장 많이 사는 말레이인들 속에서 3년을 지낸 후, 카이 제도에 도착하여, 그는 파푸아인들을 처음 만났다. 그들은 피부색이 검고, 머리털은 곱슬곱슬하며 다른 특징을 가지고 있었다. 그는 그들에 대하여 전혀 모름에도 불구하고, 다

른 종족들이 살고 있는 새로운 세계에 들어왔다는 것에 대하여 적었다:

육두구 열매, 삼홍색 가종피의 메이스와 껍질

> 목소리가 크고, 말이 빠르며, 말투가 열성적이며, 쉴 새 없이 몸을 놀리며, 말과 행동에서 드러나는 강렬한 활동성은 조용하고 침착하며 활기 없는 말레이 인들과는 정반대의 사람들이었다. 이들 카이 제도의 사람들은 노래를 부르고 소리를 지르며 노를 물속 깊이 넣어 저어 물방울을 사방으로 튀기며 다가왔다. 가까이 오자 그들은 카누에서 모두 일어서서 소리를 높여 몸짓을 많이 했다. 그리고 우리 배 옆에 카누를 대자, 허락도 받지 않고 조금도 거리낌 없이, 마치 자신들이 나포한 배를 차지하려는 듯이 많은 사람이 우리 배의 갑판으로 기어올라 왔다… 이들 40명의 새카만 벌거벗은 더벅 머리의 야만인들은 기쁨과 흥분으로 들떠 있었다. 단 한사람도 잠시도 조용히 있지 못하였다.

월리스는 이곳 사람들에게는 완전히 다른 종족인, 그 자신에 대한 재미난 이야기 하나를 소개하고 있다. 그가 카이섬에서 곤충을 채집하고 있을 때 마을 사람 하나가 그를 지켜보고 있었다. 그 노인은 이 이상하게 생기고 키 크고 수염을 기르고 안경을 쓴 유럽사람이 곤충 한 마리를 채집하여, 곤충의 외피를 핀으로 깔끔하게 꿰어서, 마치 장례식을 치루는 것처럼, 정중하게 그 곤충을 작은 나무 박스에 넣는 것을 조심스럽게 관찰하고 있었다. 그 모습을 보고 어리벙벙해진 노인은 이 광경을 아주 조용하게 서서 지켜보고 있었는데, 그 때를 월리스는 이렇게 묘사하고 있다. '몸을 바짝 구부려 보고 있다가, 그 노인은 감정을 더 이상 억누르지 못하고, 참다못해 갑자기 크게 쾌활한 웃음을 터트리며 즐거워 하였다'.

이 항해를 처음으로 계획하고 있을 당시 초기의 두려움에도 불구하고, 윌리스는 전에도 그 후에도 전혀 두려움을 느끼지 않았으며, 이 20일간의 항해가 아주 즐거웠으며, 조금도 불편함이 없었다고 말했다:

> 나는 여행이 아주 즐거웠으며, 이 야만 수준의 프라우 선의 사치스러움이 우리 문명의 최고 걸작인 거대한 증기선의 사치함을 능가한다고 평하고 싶다.

긴 항해의 끝머리에 그들은 아루Aru섬 본도의 바로 연안에 있는 왐마Warmar 섬의 도보Dobo 항 무역 거래지에 도착했다. 이 곳은 모래톱 양편에 안전히 정박 하기 위하여 증축한 부기스인들과 중국 상인들의 이엉 집들 또는 큰 오두막들이 세 줄로 서 있었다. 윌리스는 곧 집을 구하여, 대나무로 만든 침대, 등나무로 만든 의자와 테이블, 소지품을 넣을 서랍들을 들여놓고 마치 잘 갖춰진 저택을 발견한 것처럼 만족스러워했다.

아루 군도의 원주민들은 피부색이 검고 머리털이 곱슬곱슬한 멜라네시아인들과 피부가 더 검고 곱슬머리의 파푸아 인들과 그들의 자손들이다. 그러나 윌리스가 거기에 있었던 상거래 기간에는 도보에는 거의 500명의 많은 다른 인종들이 들끓었다. 그들은 중국인, 마카사르인, 부기스인, 세람인[72], 그리고 그 외의 동쪽 섬들에서 온 잡다한 사람들이었으며, 그들의 대부분은 사기꾼이며 사악하다는 평을 듣고 있었다. 윌리스는 이 무지한, 피에 굶주린, 훔치는 버릇이 있

---

[72] 세람(Ceram Island; Seram Island), 몰루쿠 다도해의 세람 해, 반다 해, 뉴기니, 부루섬 사이에 있는 섬. 말루쿠 주에 속함.

무역거래 시기의 도보의 풍경, 말레이 제도 『The Malay Archipelago』에서 발췌.

는, 잡다한 사람들이 어떻게 이곳에 와서 경찰도, 재판소도, 변호사도 없이 아무런 정부의 보호도 없이 이곳에 살게 되었는지를 계속 설명한다. 월리스는 상거래가 그들을 평화롭게 해주며 또한 조화를 이루지 못하는 요소들을 품행이 바른 공동체를 이룩할 수 있도록 결속시켜주는 마술이라고 결론지었다. 월리스와 마찬가지로 이 사람들도 무역거래 기간에 도보에 오기 위하여 먼 거리를 항해하여 왔다. 그래서 그들은 모두 평화와 질서가 성공적인 상거래에 필수임을 잘 알고 있었으며, 어떠한 불법도 서로의 이익을 위하여 그들 안에서 속히 해결되었다.

이 외딴 섬에는 네덜란드인들이 없어서 월리스는 이 주거지에서 유일한 백인이었다. 이러한 명백한 이유로 인하여 그는 주민들의 호기심의 대상이 되었으며, 지역 사람들이 그를 보러 많이 찾아온 것에 대하여 쓰고 있다:

진짜 백인이 그들에게 온 것은 처음이었다. 그래서 그들은 '어떻게 사람들이 주위의 마을들에서 매일 당신을 보려고 오는지를 당신은 보았지요'라고 말했다. 이것은 듣기 좋으라고 하는 말이었으며, 나는 처음에는 우연히 많이 왔겠지라고 생각했으나, 그들의 말은 아주 많은 방문객들이 온 이유를 해명해 주었다. 수년 전에 나는 런던에서 아프리카의 줄루인과 남미의 아즈텍인을 유심히 바라본 적이 있다. 지금은 상황이 완전히 바뀌어서, 이 사람들에게 나는 하나의 새로운 이상한 인종이며, 매력적인 전시물이 되는 나 자신으로서 그들을 도와줄 수 있는 것이 나의 영광이다.

왐마섬의 숲을 탐험한 첫날 월리스는 뉴기니에서 채집된 몇 안 되는 표본만으로 알려졌던 진귀하고 아름다운 변종들을 포함해서 30종의 나비들을 채집하였다. 그다음 이틀은 비가 오고 바람이 불었다. 그러나 그다음 날 세계에서 가장 거대한 곤충의 하나인 거대 비단나비, 오르니쏘프테라 포세이돈 *Ornithoptera priamus posiedon*을 채집하는 행운을 얻었다.

나는 이 나비가 위풍당당하게 나에게로 날아오는 것을 보고 흥분하여 몸이 떨렸다. 채집망을 잘 휘둘러 잡아 망에서 나비를 꺼내어, 몸은 금색, 가슴은 진홍색, 폭이 7인치 날개에 새카만 흑색과 눈부신 초록색을 가진 나비에 홀딱 반해서, 바라보고 있었던 것을 나는 좀처럼 믿을 수가 없었다. 실제로 나는 집에서 표본 캐비닛에 있는 비슷한 곤충들을 본 적이 있었으나, 그러한 것을 직접 잡는 것은 완전히 달랐다 – 손가락 사이에서 버둥거림을 느끼는 감촉과, 어둡고 복잡하게 뒤얽힌 숲의 적막한 어둠 가운데서 빛나는 눈부신 보석과 같은, 생생하게 살아 있는 아름다움을 바라보고 있었다. 그날 저녁 도보 마을에는 적어도 한 사람이 아주 만족해하고 있었다.

극락조의 표본들은 포르투갈 탐험가들이 처음으로 유럽에 가져왔다. 말루쿠

| 거대 비단나비 Birdwing butterfly, *Ornithoptera priamus posiedon*

제도에 도착한 초기의 탐험가들은 눈부신 색조의 호화로운 무늬가 있는 새들의 표본을 처음 보았다. 어떤 이유에서인지 이들 최초의 표본들은 다리가 없었으며, 이 새들은 절대로 땅에 내려앉지 않지만, 천상의 낙원에서 짝을 짓고 산란한다는 이야기를 듣게 되었다. 최초로 세계 일주 항해를 완료한 페르디난드 마젤란Mazellan의 함대의 유일한 배인 *빅토리아*Victoria 호가 바찬Bacan의 술탄이 스페인 국왕에게 보내는 선물로 두 개의 극락조 표본을 스페인으로 가져온 것은 1522년이었다. 그 배의 항해일지 기록자인 안토니오 피가페타가 쓴 바에 의하면:

> 술탄 역시 가장 아름다운 죽은 새 두 마리를 스페인 국왕에게 선물하였다…. 그 새들은 날개가 없었으나 그 대신에 여러 색깔의 긴 깃털들을 가지고 있었다… 그 새들은 바람이 불 때 말고는 절대 날지 못한다. 원주민들의 말로는

그 새들은 지상의 낙원에서 와서 그들은 그 새들을 신의 새라는 이름으로 볼론 디유아타 bolon diuata 라고 부른다.

월리스는 왐마섬에서 극락조들을 아직도 보지 못하여 실망했다. 그러나 월리스는 일 년 중 이 시기에는 그 새들이 깃털이 없다는 것을 곧 알게 되었다. 그러나 작은 빨간색 종인 왕극락조 King bird-of-paradise[73]는 일 년 내내 깃털을 가지고 있어서, 아루섬 본도로 건너가면 그 새들을 아직도 몇 마리 잡을 수 있었다. 그러나 왐마섬과 아루섬 본도 사이의 좁은 해협은 건너는 것은 해적들의 위협 때문에 연기되었다:

아루섬 본도로 가는 여행을 준비하려 할 때 마구인다나오 해적떼가 나타나서 대대적으로 마을들을 파괴하고, 전 지역에 소란을 피우고, 그들이 돌아가고 난 후에야 안전이 회복되어, 원주민들은 가까운 곳들을 항해를 할 수 있도록 하였다. 이러한 일로 나는 한 마리의 극락조도 보지 못하고 도보에서 두 달간 지체하였다.

마구인다나오 해적들은 필리핀 남부의 술루 다도해로부터 와서 인도네시아 다도해 동부의 작은 무방비 상태의 해안가 마을들을 자주 공략하였다. 그들은 여자들과 아이들을 포함하여 그들이 약탈할 수 있는 것은 무엇이든지 가져갔으며, 그 후 그들은 다음번 약탈을 위해 잘 정비된 쾌속 범선을 타고 사람이 살지 않는 섬들로 도망갔다. 어느 날 저녁 월리스가 아루섬으로 건너가서 와눔바이

---

[73] 왕극락조(King bird-of-paradise; *Cicinnurus regius*), 참새목 극락조과(Paradisaeidae)의 귀한 새로 뉴기니와 인근 섬들에 서식한다. 극락조들 중에서도 가장 작고 (수컷, 약 16센티미터) 깃털이 아름답고 구애행동이 정교하고, 희귀하여 '살아 있는 보석'으로 불린다. 1875년 네덜란드인들에 의하여 명명되어 The King of Holland's bird of paradise, King William III's bird of paradise, the exquisite little king 등으로 불린다.

의 그의 숙소에 도착했을 때 "해적이다! 해적이다!"라고 외치는 소리를 들었다. 마을 사람들 모두가 각자 무기들을 들고 바닷가로 몰려나왔다. 그러나 곧 가짜 경고임이 들어났고 고기 잡으러 나갔던 그들의 동료들만이 돌아오고 있었다:

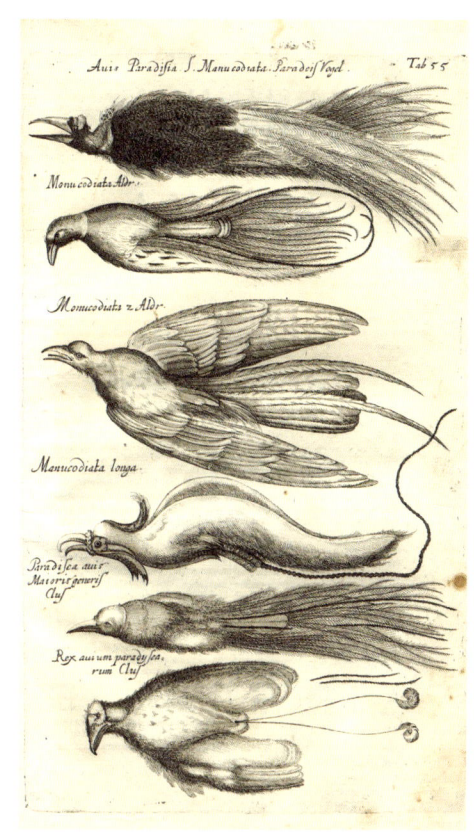

다리가 없는 극락조 표본들, Paradiesvögel, Jan Jonston, 1650

> 모든 것이 다시 조용해졌을 때 말레이 말을 조금 할 줄 아는 사람 하나가 나에게 와서 너무 깊이 잠들지 말라고 말했다. "왜?"라고 나는 물었다. 그는 "아마도 그 해적들은 틀림없이 또 올 것이다"라고 심각하게 말했다. 이에 나는 웃었으며 나는 내가 잘 수 있는 만큼 아주 깊이 잠을 자야 한다고 그에게 분명히 말했다.

월리스는 여기에서 잠자는 것이 힘들었다. 개미, 거미, 지네 그리고 전갈들이 그의 오두막에 같이 살았다. 생물 채집도 잘 안 되었다. 그러나 2-3일 후 그의 조수 하나가 보석처럼 귀한 — 어느 유럽인도 야생에서는 본 적이 없는 — 왕극락조 한 마리를 채집해 왔다. 월리스는 이 새를 보기 위하여 지금 여기까지 온 것이며, 그는 정말 황홀하였다:

나에게 처음으로 가져온 왕극락조는 이와 비슷한 전에 보았던 새보다 정확히 한층 더 큰 감탄과 기쁨을 주었다. 이 새는 자그만 새로 지빠귀 보다 좀 작았다. 깃털의 대부분은 유리 섬유의 광택이 나는 짙은 선홍색이며… 색깔의 배열과 깃털의 질감 하나만으로도 이 작은 새는 최고의 살아 있는 보석이었다. 그러나 이러한 것들은 이 새의 묘한 아름다움의 일부에 불과 했다… 어깨에 있는 초록색 연변의 부채꼴 모양의 깃털과 맨 끝에 동그란 초록색 깃털을 가진 긴 철사모양의 꼬리 깃은 지구상에 사는 8,000종의 어느 새들에서도 볼 수 없는 특징이며, 가장 절묘한 아름다움과 함께, 자연의 많은 아름다운 것 중에서 가장 완벽한 것의 하나였다. 내가 감탄하고 기뻐하는 것을 보고 아루섬의 나의 집주인들도 아주 즐거워했으나, 그들은 찌바귀나 방울새보다 이 '왕의 새burung raja'를 더 아름답게 보지 못했다.

4개월 후에 월리스는 비단 같은 완전한 긴 깃털을 기진 좀 더 몸집이 큰, 큰 극락조Greater bird-of-paradise[74]를 처음으로 볼 수 있었다. 날이 밝기 전 오두막에 누워 있는데 아침먹이를 찾아 나와 우짖고 있는 새들의 소리에 잠이 깨었다. 교미기가 시작되어 수컷들을 바라보고 있는 암컷들을 차지하려는 구애행동을 하는 화려한 '댄스파티'를 볼 수 있었다. 춤을 출 때 수컷들은 긴 꼬리를 화려한 황금색 날개 속으로 들어 올려서 진동하고 있는 부채 깃털을 흔들며, 마치 활짝 핀 꽃처럼 동작을 멈춘 후, 다시 진동을 시작한다. 이 새들의 정교한 구애춤을 보는 최초의 유럽인, 월리스는 이 극락조가 정말로 그러한 이름을 가질만하고

---

[74] 큰극락조(Greater bird-of-paradise; Woo hoo; *Paradisaea apoda*), 참새목 풍조과의 희귀한 새로, 뉴기니와 아루섬에 분포 한다. 칼 린네우스는 다리가 없는 불완전한 표본들에 근거하여 천상에서 와서 땅에 앉지 않아 발이 없다는 의미의 속명을 붙였다. 수컷은 깃털이 화려하고 구애행동이 정교한 것으로 유명하다. 수컷은 약 43센티미터, 암컷은 약 48센티미터 크기이다.

| 왕극락조 *Cicinnurus regius*, J. Wolf and J. Smit, 다양성 도서관

아울러 가장 아름답고 가장 경이로운 생물 중의 하나로 순위를 차지한다는 것을 지금에야 알았다:

> 그 새들은, 숲의 나무들 위에서, 지금 댄싱 파티를 시작하였다… 이들 나무들 중의 하나 위에 12 또는 20마리의 깃털이 다 난 수컷들이 함께 모여, 날개들을 올리고, 목들을 빼고, 정교한 깃털들을 들어 올려, 깃털들을 계속하여 진동

시켰다… 그래서 새들의 하나하나의 다양한 자세와 움직임으로, 나무들 전체가 흔드는 깃털들로 꽉 덮였다. 이 새는 거의 까마귀 정도의 크기이며, 화려한 갈색이다. 머리와 목 위에는 밀짚의 깨끗한 노란색이며, 그 밑에는 화려한 짙은 초록색이다. 금색 노랑 깃털의 긴 깃털 다발이 양 날개 아래서 옆으로 뻗어 나왔고, 새가 휴식을 취하면 긴 깃털들에 부분적으로 가려진다.

큰극락조를 잡기 위하여 아루섬의 주민들은 수컷들이 구애춤을 췄던 곳 가까이에 있는 나무들의 낮은 가지들에 은신처를 세웠다. 그들은 여기에서 귀중한 깃털을 다치지 않도록 새를 기절시키거나 죽일 수 있도록 뭉툭한 화살촉을 가진 화살을 쏠 수 있었다. 월리스는 자신이 새 수집가였고 그가 할 수 있는 한 이 화려한 새의 표본을 가능하면 많이 가져갈 계획이지만, 그러나 그들의 아름다움이 그에게 정반대의 생각을 하게 하였다. 그는 앞으로 많은 희귀종들과 멸종 위기 종들의 장래가 어떻게 될 것인가를 예견할 수 있는 장기적 안목을 가지고 있었다:

> 한편으로 이러한 아름다운 동물들이 황량하고 척박한 지역에서만 자신의 삶을 살아가고 매력을 발휘해야 한다는 사실이 처량해보였다. 반면에 문명인이 이 외진 지역에 들어와서, 이 처녀림의 구석지에 도덕적, 지성적, 물질적 등불을 비추고 있는데, 유기적 무기적 자연이 균형을 이룬 상호관계를 교란시켜, 이 존재들을 결국에는 사라지게 하여 멸종시키는 것은 확실해 보인다. 이들 중에서 그 문명인 혼자만이 그 가치를 인정하고 즐길 수 있는 경이로운 모양새와 아름다움을 가진 바로 그 존재가 사라지는 것이다. 이러한 생각들은 모든 생물들이 인간을 위하여 만들어진 것이 아님을 분명히 말해 준다.

소중한 표본들을 가지고 도보로 돌아와서 월리스는 이 마을이 상인들로 가득 차서 '코트 하우스'라 불리는 곳에 임식 숙소를 찾을 수 있었다. 그는 모래 파리에 물려 부어오르고 감염된 발이 낫도록 치료하며 6주간 집안에만 있었다. 그동안 그는 노트들을 쓰고 표본의 선적을 준비하며 시간을 보냈다. 그는 9천 개의 표본들을 모았는데 그중 1,600개는 분류학적으로 구별이 뚜렷한 종들이었으며 런던에서 거금을 받을 가치가 있었다. 마카사르에서 온 상인들은 동풍 몬순을 받으며 돌아갈 항해를 준비하며 배에 짐들을 싣고 있었으며, 보물들을 싣고 마카사르로 돌아가는 항해를 할 것이었다. 아루섬에 있는 동안 월리스는 정체불명의 잘 알려지지 않은 종족의 남자들과 사귀게 되었고, 이 다도해의 상인들과 친해졌으며, 식물상과 동물상을 탐험하는 기쁨을 즐겼으며, 거대한 큰 극락조가 그들이 사는 숲에서 춤을 추는 구애 의식을 볼 수 있었다.

마카사르로 돌아가는 항해 중, 대나무와 짚으로 지붕을 덮은 그의 작은 오두막 선실에 앉아서 노트를 쓰는 작업을 하며 이번 항해 기간에 그가 관찰한 것들에 대하여 생각할 수 있는 충분한 시간이 있었다. 아루 섬의 다른 새들과 마찬가지로 극락조는 뉴기니에서도 발견된다는 것을 알아차렸다. 그는 아루섬의 동물상과 뉴기니의 동물상이 유사하며, 뉴기니의 동물상과 오스트레일리아의 동물상이 유사한 것에 주목하였다. (먼 거리를 날아 이동하는) 박쥐들과 (사람들이 들여온) 돼지들을 제외하면 아루섬에서 그가 발견한 모든 포유동물들은 더스키 덤불월러비 dusky pademelon[75] 또는 아루섬 월러비와 같은 유대류들이었다. 이 유대류들은 닭벼슬 앵무새 cockatoos, 화식조 cassowaries[76], 덤불칠면조 brush turkeys와 함께 전형적인 오스트레일리아의 동물들이다. 월리스는 다음과 같이 적었다:

---

[75] 더스키 덤블월러비(dusky pademelon), 오스트레일리아산의 작은 캥거루. 꼬리를 제외하고 길이 1미터 정도까지 자란다.

[76] 화식조(cassowary; *Casuarius casuarius*), 날개 없는 주금류의 새. 뉴기니, 말루쿠섬, 북동부 오스트레일리아의 열대 다우림에 서식한다. 타조 다음으로 큰 새.

| 큰극락조, *Paradisaea apoda*, J. Wolf and J. Smit, 다양성 도서관

아루군도가 한 때는 뉴기니와 연결되었었다는 사실은 이 증거 하나에만 근거하는 것이 아니었다. 이 두 지역의 생물들 간에는 그러한 놀랄만한 유사성이 있었다. 하나의 공동 영역 안에 있는 부속 지역 간에서만 존재하는 것과 같은 유사성이었다. 나는 아루섬에서 100종의 육상 조류를 채집하였는데, 그들 중 약 80종은 뉴기니 본도에서 발견된 종들이었다. 이들 중에는 (타조 비슷한) 날개 없는 큰 화식조 cassowary, 육중한 덤불 칠면조 2종, 짧은 날개 지빠귀 2종이 있었는데, 이 새들은 분명히 뉴기니 해안으로부터 바다로 150마일 이상을 날 수 없었다… 또한 진짜 캥거루도 아루섬에서 발견되었다. 그리고 또 하나의 작은 유대류 동물, 반디쿠트 *Perameles doreyanus*이 아루섬과 뉴기니에 흔하였다.

월리스는 아루섬의 토종 동물상이 뉴기니의 동물상과 유사하고 이 두 지역의 동물상들과 오스트레일리아의 동물상이 유사함에 매우 큰 흥미를 가질 수밖에 없었다. 물론 우리는 지금 아루섬과 뉴기니가 오스트레일리아의 동물상을 가지고 있음을 아는데, 그 이유는 이 지역은 언제나 오스트레일리아 대륙의 일부였기 때문이다. 대륙 연변에 마치 주름이 잡혀 융기되어 올라온 것과 같이 서로 분리되어 지금은 해수면 위에 있을지라도, 여러 번의 빙하기에 해수면이 낮아졌을 기간에 그들은 분명히 연결되어 있었다.

마카사르로 돌아와 월리스는 「아루 제도의 자연사에 관하여」라는 제목의 논문을 『자연사 연보 및 잡지』에 투고하기 위하여 원고를 런던으로 보낼 준비를 하고 있었다. 1857년에 발표된 그의 논문은 아루 군도의 섬들이 한때에는 랜드 브리지에 의하여 뉴기니에 연결되었으며 나중에 해수면의 상승으로 분리되었다고 제안하였다. 아시아와 오스트레일리아 간의 차이점들을 설명하려는 시도에서, 월리스는 보르네오와 파푸아 뉴기니의 예를 들었다. 그 이유는 이들 두 거대한 섬들은 기후와 해안 단구가 비슷하고 이 섬들에는 열대 수목 종들이 풍부하기 때문이다. 그러나 이 두 섬의 동물상들은 완전히 달랐다. 반면에 파푸아 뉴기니와 오스트레일리아는 기후와 해안단구가 완전히 다르지만, 그들의 동물상들은 매우 비슷하였다:

> 보르네오와 뉴기니는, 뚜렷이 다른 두 나라에서 볼 수 있는 환경적인 차이와 같이, 양극지방이 완전히 딴판인 것처럼, 동물지리학적으로 전혀 달랐다. 반면에 오스트레일리아에는 건조한 바람이 불고, 넓은 평원이 있으며, 돌이 많은 사막이 있고, 온대의 기후임에도 불구하고, 뉴기니의 평원들과 산들과 같이 덥고 습하며 울창한 숲에 살고있는 동물들과 매우 유사한 새들과 포유동물들이 서식한다. 보르네오와 뉴기니는 같은 기후 환경에 가까이 위치해 있으나 그들의 동물상들이 완전히 다르고, 반면에 뉴기니와 오스트레일리아는 기후 환경이 다르므로 멀리 떨어져 있으나 그들의 동물상들이 매우 유사하였다.
>
> 내가 가정하기에 이러한 큰 대조를 가져온 메커니즘을 좀 더 분명히 설명하기 위해서는, 만약 이들과 같이 크게 대조되는 지상의 생물권들이, 어떤 자연적 방법에 의하여 지리적으로 가까워질 수 있는지 생각해 보자. 아시아와 오스트레일리아는 지상의 어느 곳보다도 그들의 생물상들에서 아주 근본적으로 다르다.

앨프리드 베게너 Alfred Wegener가 대륙이동설을 처음으로 발표하기 50년 전, 판구조론이 현대적으로 이해되기 100년 전, 앨프리드 러셀 월리스는 그의 동물지리학적 관찰로부터 오스트레일리아가 아시아와 충돌하였다고 결론지었다.

15

앨프리드 러셀 월리스 – '트르나테에서의 편지'
Alfred Russel Wallace – The 'Letter from Ternate'

월리스는 아루섬에서 9개월을 지낸 후 마카사르에 돌아오니 많은 우편물이 그를 기다리고 있었다. 우편물에는 1857년 5월 1일에 발송한 찰스 다윈의 편지가 있었는데, 월리스의 『사라와 법칙』 원고 발행에 관한 것이었으며, 월리스는 다윈이 갈라파고스 제도에서 관찰한 것에 대한 '추측적인 설명'을 해주었을 뿐인데 이것은 다윈에 대한 간접적인 도전이었다. 다윈은 이런 편지를 보내왔다:

> 우리 둘은 매우 비슷하게 생각하고 있었음을 저는 분명히 알 수 있으며, 어느 정도 비슷한 결론을 내리고 있습니다. 『자연사 연보 및 잡지』에 투고한 귀하의 논문에 대하여 나는 그 이야기에 전적으로 동의합니다… 그리고 나는 어떤 사람이 어떠한 이론적인 논문에 대하여 아주 긴밀하게 동의하는 것은 매우 드물다는 것을 귀하도 동의해 주기를 감히 말씀드립니다. 내가 종들과 변종들이 어떻게 그리고 어떤 방법으로 서로 다르게 되었는가에 관한 의문에 대하여 처음으로 노트를 쓰기 시작한 이래 이번 여름으로 20년(!)째가 됩니

다. – 나는 지금 나의 연구를 발간하려고 준비 중 입니다. 그러나 이 주제는 매우 방대하여 비록 나는 이미 많은 글을 썼지만, 2년 안에는 발간할 것 같지 않습니다… 자연상태에서 변종들이 생기는 원인과 방법에 대하여 편지 하나에 제 견해를 다 쓰는 것은 정말로 불가능 합니다. 그러나 나는 분명하고 실재하는 견해를 점차 갖게 되었습니다. – 사실인지 거짓인지는 다른 분들이 판단해야 합니다.

그해 12월에 다윈은 또 편지를 썼다:

당신은 『자연사 연보와 잡지』에 투고한 당신의 논문이 채택되지 않은 것에 대하여 다소 놀랐다고 말했습니다: 내가 그렇게 되었더라면 나는 그렇게 말하지 않았을 것 입니다; 종을 단순히 기술하는 것을 넘어 다른 것을 하는 박물학자들은 거의 없습니다. 그러나 당신의 논문이 잘 심사되지 않았다고 생각해서는 안 됩니다: 두 명의 아주 저명한 (심사위원)분들인, 찰스 라이엘Lyell 경과 캘커타에 있는 블라이스Edward Blyth[77] 씨가 그러한 생각을 나에게 말해 주었습니다.

월리스는 그가 소년기에 우상이었던 다윈이 그의 『사라와 법칙』을 인정하고 동의했다는 내용의 편지를 직접 받고 매우 흥분되었다. 그러나 이것은 한편으로 매우 흥미 있는 서신이었다. 다윈은 월리스에게 그는 이 문제를 20년 동안 연구해 오고 있으며 앞으로 2년 안에 발행을 예상하고 있다고 말하며 어떠한 우선권을 주장하고 있었다. 그러나 다윈이 갈라파고스에서 관찰한 것에 대한 '추

---

[77] 블라이스(Edward Blyth, 1810-1873), 영국 태생의 동물 분류학자. 캘커타 Asiatic Society 박물관의 동물 큐레이터. 아마도 월리스의 『사라와 법칙』 논문을 심사한 것으로 보인다.

측적 설명'을 하지 않고 있으며, 그는 그 자신의 거대한 아이디어의 어느 부분도 월리스에게 내보이려는 의사를 분명히 보이지 않았다. 왜냐하면 그가 말하는 바와 같이, 그것은 너무나 복잡하여 편지 하나로 설명할 수 없었다.

그 후 1857년 월리스는 향신료 제도Spice Islands[78]로 가는 네덜란드 우편물 수송 증기선을 타고 마카사르를 떠나서, 티모르, 반다, 암본의 섬들에 잠시 정박했다가 1858년 1월 북 말루쿠 제도의 할마헤라 섬 트르나테Ternate에 도착했다. 네덜란드 증기선에서의 생활은 정글에서 표본들을 채집하는 그의 일상의 궁핍한 생활에 비하여 정말로 사치였다. 그는 계란과 정어리를 먹는 6시 아침식사 전에 차나 커피를 마셨다. 점심 전에는 갑판에서 마데이라 와인 아니면 진과 비터스가 나왔다. 저녁식사 전에 진과 비터스, 클라레트 적포도주나 맥주를 마시고, 저녁식사 후에는 남자 전용 라운지에서 여송연을 피웠다. 저녁 8시경에는 그날의 마지막으로 차, 커피, 케이크가 나왔다. 월리스는 이 모든 것들을 긴 항해의 지루함을 잠시나마 잊게 해 주는 작은 '미식의 향연'으로 묘사하였다:

> 나는 풍요롭고 거의 탐험되지 않은 스파이스 아일랜드를 방문하는 나의 여행을 만족스럽게 기대한다 – 이곳은 아름다운 앵무새lory, 닭 벼슬 앵무새 cockatoos 그리고 극락조의 땅이며, 거북 등껍데기, 진주, 아름다운 조개껍질들과 희귀한 곤충의 나라이다. 잠자고 있는 화산과 그와 연관된 지진들 때문에 생기는 재앙에 무방비로 노출되어 있는 지역을 방문하는 기대와 더불어 외경심을 갖고 있으며, 다양한 인종들을 관찰하고 그들의 행동, 관습 그리고 그들의 사고방식과 친숙해지는 즐거움도 적지 않게 예상한다.

---

[78] 향신료 제도(Spice Islands; Molluka Islands), 북 몰루카섬과 몰루카섬을 포함하는 몰루카 다도해의 많은 섬들과 인근의 섬들과 술라웨시(셀레베스) 등을 지칭한다. 네덜란드 동인도 회사가 정향과 육두구 재배와 무역을 위하여 원주민들을 학살, 수탈하고 세계 향신료 시장에서 많은 부를 축적한 지역이다.

옛날부터 무역상들은 향신료 제도에서 물이 새는 배에 정향cloves 꽃봉오리와 육두구를 싣고 광대한 해양을 건너서 동아프리카, 중동지역, 인도 그리고 중국의 시장까지 가져갔다. 낙타 등에 짐으로 실려 이 향신료들은 이집트, 아라비아, 중앙아시아의 사막들을 건너서 수송되어 마침내 지중해와 유럽 시장에 도착했다. 이 여정의 총 길이는 세계 일주의 반 길이였으며, 여정의 매 단계에서 이익과 세금은 빠져나갔는데, 이것이 무엇을 의미하느냐 하면, 수요가 최고로 높을 때는 이 단순한 정향 꽃봉오리들과 육두구는 그들의 중량만큼의 금값과 맞먹을 만큼 값이 고가였다는 말이다. 7세기에 중동 전역에 이슬람이 팽창한 후 향신료 무역은, 지금은 기독교 유럽의 불구대천지 원수인, 무슬림들이 독점했다.

로마 교황과 유럽의 군주들은 스파이스 아일랜드로 가는 직항로를 찾기 위하여 미지의 땅으로 항해해 들어가서 그들이 발견한 미개의 땅에 기독교를 전파하려는 많은 탐험가를 국가적으로 지원하였다. 바르톨로뮤 디아스Bartholomeu Dias와 바스쿠 다가마Vasco da Gama와 같은 포르투갈이 지원한 탐험가들과 그리고 크리스토퍼 콜럼버스Christopher Columbus와 페르디난드 마젤란Ferdinand Magellan과 같은 스페인이 지원한 탐험가들의 항해는 인도와 스파이스 아일랜드로 가는 새로운 항로를 발견하려고 시도하였으며, 인류가 지구상의 대양들과 대륙들을 최초로 분명한 모양새와 배치도를 그릴 수 있게 해준 것은 지리상의 발견 시대의 역사적인 탐험 항해들이었다.

포르투갈의 탐험가 프란시스코 세라오Francisco Serrao는 1512년 말라카에서 항해하여 트르나테Ternate 섬에 도착한 최초의 유럽인이 되었다. 1515년과 후속 탐험이 있었으며, 1518년 포르투갈인들은 트르나테의 술탄 볼리프와 그들에게 무기들을 제공해주고 트르나테에 요새를 건설해 주는 교환 조건으로 정향 무역을 독점을 할 수 있는 협정에 이르게 되었다. 포르투갈인들은 1523년 요새의 건설을 완료하고 요새 개소식에서 안토니오 드 브리토 총독은 술탄 보리프를 포르투갈 국왕의 위대한 신하로 선포하고 '전체 몰루카 제도의 왕'으로 임명하였다. 후임 총독들의 통치하에 가마라마 요새로 알려진 이 요새는 커져서 정향과 다른 물품들의 저장 시설은 물론 총독 관저와, 군인, 선원, 상인, 공인 그리고 그들의 처자들의 거처들이 있는 성곽 도시를 이루게 되었다. 초기에는 이 제도의 섬들은 이국의 향신료 향이 나는 서늘한 해풍이 불어오는 평온하고 이상적인 열대의 천국처럼 보였으며, 순응하는 주민들도 강력한 식민지 통치자에 의해 쉽게 통제될 수 있었다. 그러나 술탄의 법정 안에서 생겨 나오는 적대관계와 음모에 휘말리게 되어, 마침내 60년 후에는 가마라마 요새는 트르나테의 술탄에 의하여 함락되었다. 네덜란드의 동인도 회사는 1606년 트르나테 인근의 티도레섬에 있는 포르투갈의 요새를 점령하여, 포르투갈을 패배시켰다. 그들은 그 후 트르나테의 동쪽 해안에 있는 버려진 포르투갈의 요새를 점령하여 요새를 재건하고 주둔지를 강화한 후 그 요새를 오란제Oranje 요새로 개명하였다. 오늘날 트르나테의 중심에 서 있는 요새가 바로 이것이다.

1670년대에 박물학자 게오르그 룸피우스[79]는 정향나무를 모든 알려진 나무들 중에서 가장 아름답고, 가장 우아하며, 가장 귀중한 나무라고 묘사했다. 대부분의 하층 식물 나무들과 마찬가지로 정향나무는 열대의 내려 쪼이는 강한 태양 아래서는 재생이 불가능하며 그 씨앗은 아주 짧은 기간에만 싹이 틀 수 있기 때문에, 왜 이 나무의 분포가 세계에서 이들 소수의 섬들에만 국한되었는지를 설명해준다.

도금양과family Myrtaceae에 속하는 정향나무는 약 10미터 높이로 자라며, 윤

---

[79] 게오르그 룸피우스(Georg Eberhard Rumphius, 1627-1702), 독일의 식물분류학자. 네덜란드 동인도회사에 고용되어 인도네시아 암본지역의 식물상 연구를 많이 함. 주 저서『Herbarium Amboinense』.

이 나며 강한 향을 내는 잎들로 덮여 있다. 그러나 귀중한 것은 이 나무의 꽃봉오리이다. 정향의 꽃봉오리는 여러 개가 송이송이 뭉쳐 자라며 성숙함에 따라, 초록에서 노랑을 거쳐 분홍으로 그리고 마지막에 진한 적갈색으로 색깔이 변한다. 향유의 양을 최고로 함유할 수 있도록, 꽃봉오리들은 꽃이 피기 전에 수확하며, 매트 위에 펼쳐서 말린다. 태양열이 꽃봉오리를 딱딱하고 까맣게 말리면 봉오리 안에 있는 향유가 밀봉된다. 정향의 꽃봉오리와 줄기를 말리면 정향이라 불리는 전형적인 작은 쇠못과 같은 모습이 된다. 정향clove은 쇠못을 뜻하는 라틴어 단어 *clavus*에서 유래하였다. 정향은 옛날 사람들이 그것이 가진 특이한 냄새와 향기 때문에 사용한 것뿐만 아니라, 그것의 항균성과 진통제의 성질도 이용하였으며, 현대적인 약품이 없었던 옛날에는 대단히 귀중하였다. 건조한 정향 1킬로그램을 만들려면 약 3,000개 이상의 꽃봉오리들을 말려야 하는데, 이는 정향이 대단히 귀중하다는 것을 말해 준다.

월리스는 1858년 1월에 트르나테에 도착하여 네덜란드인 마르텐 반 두이벤보데 씨의 집 한 채를 빌렸다. 그는 많은 배와 농장들과 스파이스 아일랜드 전역을 소유하고 있어 '트르나테의 왕'이 되어 있었다. 그 집에는 방이 네 개, 큰 거실 하나, 앞과 뒤에 베란다가 있고, 과실수들이 가득 찬 정원과 깊은 우물 하나가 있었으나 수리를 좀 해야 했다. 월리스의 집에서 한 5분간 걸어 내려가면 시장과 모래사장 위에 끌어 올려진 현외장치 어선들이 있는 부두가 있었다. 부두에서는 바다 건너 반대편에 있는 티도레Tidore섬 위에 있는 정상이 구름에 잘 려져 보이는 마운트 키에마타부Mount Kiematabu의 완벽한 원뿔 모양 화산의 아름다운 모습이 보였다. 집 뒤편에는 트르나테섬에서 가장 큰 화산인 마운트 가말라마가 높이 솟아 있고, 연기가 피어오르고, 연기를 내뿜어내며, 가끔씩 마을을 뒤흔들며 언제인가 폭발할 것 같은 위협을 주었다. 산 아래 지역은 망고, 두리안, 망고스틴 그리고 랑사트(롱콩)와 같은 과실수의 숲에 덮여 있었으며, 마을 사람들이 매일 이 자연 과수원에 올라가서 철에 익은 과일들을 채취한다. 여기에 월리스가 자기의 집에 대하여 썼다:

> 집에 있는 깊은 우물은 깨끗한 시원한 물을 준다 – 이것은 이러한 기후에서는 큰 사치다. 5분간 길을 걸어 내려가면 시장과 바닷가에 이른다… 이 집에서 나는 행복한 날들을 보냈다. 몇몇의 미개지역에서 3~4개월을 지내고 돌아와서 나는 우유, 신선한 빵, 어류와 계란, 육류와 채소들을 먹는 뜻밖의 호화로운 생활을 즐겼다. 이러한 식품들은 나의 건강과 에너지를 보충하는데 간혹 몹시 필요했었다. 나는 내가 채집한 보물들을 풀어 놓고, 선별하고, 정리할 수 있는 충분한 공간을 쓸 수 있었고, 마을의 교외를 즐겁게 걸어 다니던가 아니면 산의 낮은 경사지를 올라가곤 하였다.

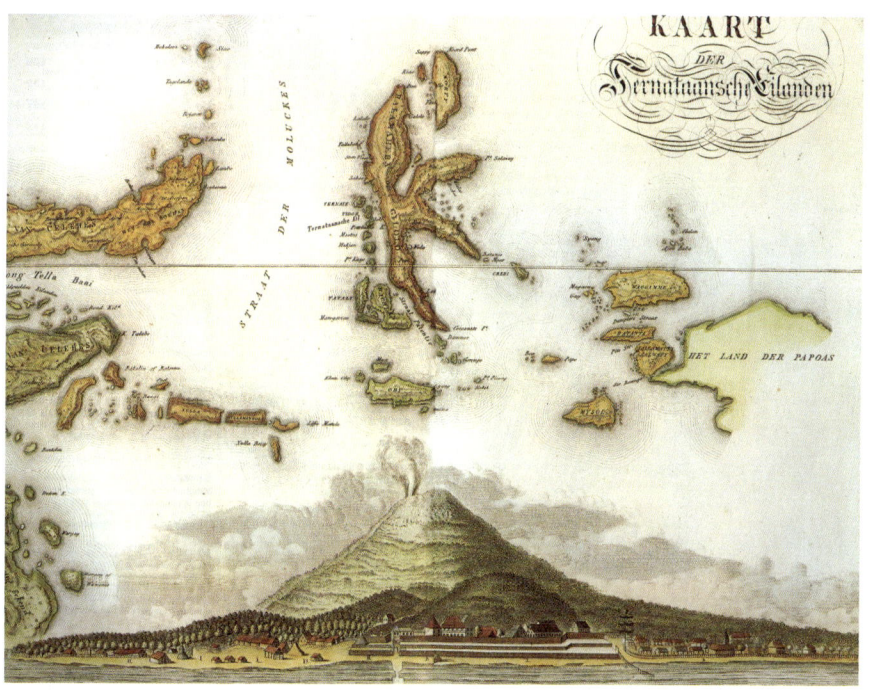

| Oranje 요새, 마운트 가말라마 Mount Gamalama와 스파이스 아일랜드, J, 반 덴 보쉬, 1818

트르나테는 월리스의 주 거주지가 되었으며, 지롤로, 바칸, 세람과 같은 인근 섬들과, 먼 동쪽에 있는 와이게오와 파푸아와 같이 먼 동쪽으로 채집여행을 하는 앞으로의 3년간 기지가 되었다. 섬에 거주하는 네덜란드인 직원들과 식민지 주민들과 사교 생활을 할 수도 있었으나 월리스는 혼자 지내는 것에 익숙해져서, 트르나테로 돌아와서 '나를 찾아오는 사람은 좀처럼 없었다. 그러나 누군가 찾아와도 한 시간 안에 가기를 바랐으며, 이러한 호젓함이 깊이 생각하는데 매우 좋았다.'

월리스는 트르나테에서 좁은 파티니 해협Patini Strait 건너 지금은 할마헤라 Halmahera로 알려진 지롤로섬으로 갔다. 여기에서 그는 도딩가 마을에 있는 오두막 하나를 빌려서, 한 달 이상을 머무르며 아주 새로운 곤충들을 많이 채집하였다. 그러나 처음은 아니지만, 말라리아에 걸렸다. 그는 아무것도 없는 오두막에 갇혀서, 갑자기 오한이 나고, 몸이 덜덜 떨리고, 뒤이어 열이 나고, 땀이 나는, 심신을 쇠약하게 만드는 말라리아 주기가 반복되는 병을 앓았다. 이런 의식

| 트르나테에서 본 티도레섬의 키에마타부 산 전경

이 혼미한 상태에서 그 앞에 어떤 생각들이 섬광처럼 나타났다가 사라지곤 하였다. 종의 기원에 대한 물음은 항시 그의 마음에 자리 잡고 있었으며, 그리고 다행히도 고향의 레스터 시립도서관에 있는 토마스 맬서스Thomas Malthus가 쓴 『인구론Principles of Population』이 불현듯 생각이 났다. 찰스 다윈의 경우와 마찬가지로, 월리스에게 돌파구를 마련해 준 것은 맬서스의 이론이었다.

> 나는 간헐적으로 열이 나는 병을 앓고 있었다. 이 병으로 매일 몇 시간 동안 오한과 뒤이어 열이 나서 몸을 가누지 못했다. 이러한 오한과 열증이 발작하는 동안, 나는 종의 기원에 대하여 다시 곰곰이 생각하고 있었는데, 무엇인가 나에게 (약 10년 전에 읽었던) 맬서스의 인구에 관한 논문을 상기시켜 주었으며, '실제적 억제 요인들' – 전쟁, 질병, 기아, 사고 등 – 그는 이러한 요소들이 모든 야만인들의 인구를 거의 고정화하고 있다고 그 이유를 제시하였다. 이러한 억제 요인들은 동물들 세계에도 작용하여, 동물들의 수를 감소시키는 것이 틀림없다는 생각이 들었다. 동물의 수가 인간의 수보다 더 빠르게 증가하려면… 그들의 경우 이러한 억제 요소들이 한층 효과적이어야 하는 것이 분명하다… 바로 여기에서 적자생존the survival of the fittest이라는 아이디어가 불현듯 생각났다 – 이러한 억제 요인들에 의해 제거되는 개체들은 살아남는 개체들에 비하여, 전체적으로, 열등한 개체들임이 분명하다.

월리스는 어떤 딱정벌레들은 그들의 환경에 따라 항상 그들의 색깔을 잘 적응함으로써 포식자들의 눈에 잘 안 띄게 한다는 것을 주목하였다. 그의 설에 의하면 예를 들어 한 딱정벌레는 많은 다른 색상을 생산할 수 있으나 그중에서 '최적자the fittest'가 – 이 경우에는 가장 눈에 잘 안 띄는 개체가 – 살아남아 생식을 할 수 있을 것이다. 이러한 방법으로 가장 우수한 '변이'가 더욱 확장하여 결국에는 곧 멸종될 조상을 대체할 수 있었다.

한 종의 전형적인 형태로부터 변형된 대부분 또는 아마도 모든 변이들이, 아주 하찮은 것일지라도, 개체들의 습관 또는 능력에 특정한 영향을 분명히 미칠 것이다. 색깔의 변화조차도 그들을 적게 또는 많게 포식자의 눈에 띄게 함으로써 그들의 안전에 영향을 미친다.

말라리아 열병에서 회복되자 월리스는 이러한 아이디어들을 적기 시작 했으며, 트르나테로 돌아오자 그는 그의 유명한 논문, 『변종이 원형으로부터 무한히 멀어지는 경향에 대하여』[80] 논문을 써서 '트르나테 1858년 2월'이라고 탈고 날짜를 적었다. 어떻게 종들과 변종들이 서로 다른가에 대한 그의 연구에 대하여 그가 써 보냈던 편지에 대한 다윈의 답장 편지(1857년 12월 22일)를 기억하고 있었다. 분명히 이것이 바로 다윈이 찾고 있었던 돌파구였다.

같은 날 저녁에 나는 이 글쓰기를 아주 많이 하였으며, 다음 우편으로 다윈에게 보내기 위하여 이틀동안 계속 써서 마쳤다. 우편선은 하루 이틀 안에 떠날 예정이었다… 나는 그 아이디어가 나에게처럼 그에게도 새로운 것이 될 것을 바라며, 종의 기원을 설명하는 필요 요소가 될 것이라고 말했다. 그가 이 아이디어를 충분히 중요하다고 생각한다면, 나의 이전 논문을 높이 평가해준 찰스 라이엘 경에게도 보여 달라고 부탁하였다.

월리스의 일기에 의하면 그의 편지는 네덜란드의 화물선이 몰루카의 여러 섬을 정기적으로 돌아서 트르나테에 도착하는 1858년 3월 9일에 발송되었다. 그는 선장에게 그 편지를 싱가포르에 이송해 주는 데 필요한 금액을 지불하였고,

---

80 『On the Tendency of Varieties to Depart from he Original Type』. 이 논문은 훗날 『Letter from Ternate』 또는 『Ternate Essay』라고 알려진 월리스의 편지에 동봉된 논문으로 1858년 7월 1일 다윈의 논문과 함께 린네학회에서 다윈과 월리스가 불참한 가운데 낭독 발표되었다.

싱가포르에서는 사우샘프턴으로 가는 영국 배에 이송하고, 그다음에는 런던에서 오는 우편으로 다윈에게 배달된다. 여기에서 7월 18일 다윈의 하인 중 한 명이 국제 우편물의 요금납부가 안 된 착불 요금으로 2실링을 지불하였다.

월리스의 아이디어가 그에게 새로운 것처럼 과연 다윈에게도 새로울까? 월리스는 그의 편지가 다윈에게 도착하려면 3~4개월이 걸릴 것이며, 그로부터 답장을 받으려면 거의 같은 기간이 걸릴 것을 알고 있었다. 그는 트르나테에서 빈둥거리고 있을 이유가 없었고, 더구나 탐험해야 할 파푸아 뉴기니의 거대한 섬이 기다리고 있었다.

16

앨프리드 러셀 월리스 – 와이게오섬으로 항해
Alfred Russel Wallace – The Voyage to Waigeo

그의 논문 「변종이 원형으로부터 무한히 멀어지는 경향에 대하여」라는 그의 혁신적인 아이디어를 제안하고서, 월리스는 그가 오랫동안 계획하였던 파푸아 뉴기니와 그를 둘러싸고 있는 섬들을 탐험하기 시작하였다. 이곳은 그가 보고 싶은 극락조, 나무캥거루 그리고 많은 다른 '오스트레일리아'산 종들의 자연 서식지였다. 인도네시아 다도해의 가장 외진 이곳에서 채집하는 것의 잠재적인 어려움을 알기 때문에 그는 이렇게 썼다:

> 여기에서 나는 좀 더 광범위하고 일반적인 연구를 하고 있다 – 시간과 공간적으로 동물들은 어떻게 변하였는지에 대한 연구, 다시 말해서 동물들의 지리학적 그리고 지질학적 분포와 그 원인에 대한 연구를 하고 있다. 나는 인도-오스트레일리아 다도해에 있는 문제들에 대한 연구를 시작하여서, 나는 가능하면 많은 섬들을 탐험해야하고 어떤 확실한 결과를 얻기 위해서는 가능하면 많은 지역들에서 동물들을 채집해야만 했다.

파푸아 북서 해안에 있는 도레이Dorey에서 프랑스 탐험선 라 *꼬낄르* 호의 박물학자 헨느 프리마베르 레쓴은 지금으로부터 약 30년 전 1824년에 자연에서 아름다운 극락조들을 본 최초의 유럽인이라고 여겨진다. 그는 다채로운 깃털들과 꼬리에 긴 깃털을 가진 극락조를 보고 경악하여 얼어붙어서 모든 새들 중에서 가장 화려한 이 새를 쏘아 잡으려는 생각을 잠시 잊어버린 것으로 보인다. 그는 이렇게 썼다:

> 잡목들이 우거진 숲속으로 난 멧돼지들이 다니는 오솔길을 아주 조심스럽게 걷고 있을 때… 극락조Paradisaea 한 마리가 내 머리 위로 우아하게 선회하며 날았다. 그 새는 마치 공중을 가르며 긴 꼬리의 빛의 흔적을 남기며 떨어지는 혜성과 같았다. 우리들은 하도 놀란 나머지 손에 든 총을 움직일 수조차 없었다.

파푸아의 북서 해안에 있는 마노콰리Manokwari 만에 도착하여 월리스와 그의 조수들 네 명은 도레이에서 앞으로 수 개월간 채집에 사용할 움막을 짓기 시작하였다. 움막을 다 짓고 나서 그들은 식품과 소지품들을 모두 옮겨 놓고 파푸아 뉴기니의 광대한 섬에 유일한 유럽인으로 잘 정착하였다고 스스로 생각했다. 우기의 마지막 시기여서 전 지역이 온통 물에 젖어 있었다. 식량이 부족하여 그들은 새의 껍질을 수집하기 위하여 쏘아 잡은 새들의 고기 먹는 양을 줄였다. 월리스는 고작 앵무새 한 마리를 두 끼에 걸쳐 먹었다고 불평했다. 그는 종종 무릎까지 오는 진흙 속을 헤치며 걸어야 했고 쓰러진 나무 둥치와 가지들 위로 기어 올라가며 발목에 상처가 났다. 상처는 곧 감염되어, 그는 수 주일간 움막 밖을 나가지 못했다. 절망에 빠져서 월리스는 그가 처한 상황을 묘사한다:

> 커다란 나비들이 움막 위를 날아가는 것을 보니 애가 탔다. 그리고 매일 곤충이 20~30종의 신종을 잡아야 한다고 생각하였다. 절대로 내가 다시는 방문하지 못할 지역 – 어떤 박물학자도 전에 와본 적이 없는 지역 – 한층 기이하

고 새롭고 아름다운 생물들을 지상의 어느 지역보다 더 많이 가지고 있는 지역 – 이 뉴기니에서도 많은 신종들을 잡아야 한다는 생각은 마찬가지였다. 아침에서 밤까지 작은 오두막에 앉아서 목발도 없어 움직이지도 못하는 현재 나의 심정을 박물학자들은 공감할 수 있을 것이다.

그러나 그들의 움막 주위에는 곤충들이 풍부하여서, 가장 많이 잡은 날에는 월리스는 78종의 특유한 딱정벌레 종들을 채집하였다. 또한 매우 공격적인 작은 새까만 개미 종도 있었는데, 그의 작업대 온 곳에 떼를 지어 몰려들어 바로 그의 코 밑에서 그의 표본들을 물고 가려고 하였다. 분명히 건기였으나 계속해서 비가 왔다. 그리고 상황이 악화되어 그와 그의 동료들 거의 모두가 열병 아니면 이질을 앓거나 열병과 이질을 같이 앓았다. 월리스는 회복하였으나, 그가 트르나테에서 총잡이로 데려온 주마트라는 젊은이는 사망하였으며, 그들은 그를 면포 수의에 싸서 이슬람 장례의식에 따라서 매장하였다. 그들은 모두 지독하게 아팠으며 그들의 친구이자 동족의 죽음은 그들이 이곳을 떠나야 한다고 충분히 깨닫게 했다. 파푸아에 온 탐사는 재앙이었고, 월리스는 이곳에 오기를 그렇게 원했던 만큼이나 지금은 이곳으로부터 탈출하기를 간절히 원하였다. 그러나 도레이에서 출항하는 정기 선편이 없어서, 비참하게 거의 4개월을 지내고 난 후 그들은 배를 타고 마침내 트르나테로 돌아왔다:

우리는 많은 후회도 없이 도레이에 작별을 고했다. 우리가 방문했던 어느 곳에서도 이토록 고생하고 짜증 난 적이 없었기 때문이다. 계속 비가 내리고, 계속 몸이 아프고, 몸에 맞는 음식은 없고, 개미와 파리들에 시달리며, 박물학자의 열정을 쏟아서, 전에 전혀 경험해 보지 못한 난관을 뛰어넘었는데, 채집을 크게 성공하지도 못하여, 더욱더 견디기 힘들었다. 오랫동안 마음에 두었으며 크게 고대했던 뉴기니섬 여행은 나의 기대를 하나도 실현해 주지 못했다. 아루 군도보다 훨씬 좋기는커녕 거의 모든 것이 열악했다. 좀 더 희귀한 극락조 몇 마리를 찾기는커녕 극락조 한 마리도 보지 못했으며, 최상의 새나 곤충을 한 마리도 채집하지 못했다. 그러나 도레이에는 개미들이 엄청 풍부하다는 것을 부인할 수 없다.

월리스는 뉴기니 해안 근처에서 극락조를 찾아보려고 시도했지만 실패했다. 그들은 도레이 남쪽의 주로 험준한 아르화크 산지에 살며, 그곳은 야생의 내륙으로 수 주일 간 걸어가야 가는 곳이기 때문이다. 박물학자들이 볼 수 있도록 유럽으로 보내져야 할 극락조의 껍질은 내륙의 토착민들에 의해 채취되어 마을에서 마을로 사고 팔려서 마침내 해안가까지 이르게 된다. 월리스는 적었다:

> 그것은 마치 자연이 예방 조치로 자기가 가장 선호하는 특상의 보물들이 너무 흔하지 않게 하여 가치가 절하되지 않게 한 것 같았다…. 그 지방은 온통 돌투성이며 어디를 가나 빽빽한 밀림으로 덮여 있고, 늪지와 벼랑들이 많아 톱니 모양의 능선들은 마치 미지의 내륙지역을 차단하는 거의 통과 불가능한 장벽을 이루고 있다. 사람들은 가장 미개한 단계에 있는 위험한 야만인들이다. 이와 같은 지역에서 그리고 이러한 사람들 중에서 자연의 이러한 경이로운 산물인 극락조들이 발견된다. 그들의 형태와 색깔의 극상의 아름다움과 기묘한 깃털의 발달은 가장 문명화되고 가장 지성적인 인류의 놀라움과 감탄을 불러일으키기에 충분하다.

트르나테로 돌아온 지 2개월 후, 월리스는 티도레, 모티르, 마키안섬들을 형성하는 줄지어 있는 화산들을 지나서 남쪽으로 길롤로 또는 할마헤라의 주 섬 서쪽 해안에 위치한 7개의 향신료 제도Spice islands의 최남단 섬이며 가장 큰 섬인 바시안 또는 바찬Bacan섬으로 항해하였다. 이 섬에는 수개의 큰 산들과 수없이 많은 강들과 개울들 그리고 나무들이 빽빽하게 들어선 무성해 보이는 밀림이 있었다. 월리스는 이곳이 밀림에 걸맞게 새들과 곤충들이 풍성하리라고 예상하여, 밀림으로 처음 들어가서 나비 한 마리를 발견하여, 그것이 거대한 황금비단나비 속의 신종 암컷이라는 것을 알았다. 그는 아주 아름다운 수컷을 발견하기를 바랐으며, 그것을 발견하였을 때 강렬한 흥분을 느꼈다:

> 이 곤충의 아름다움과 찬란함은 말로 형언할 수 없으며, 박물학자만이 그것을 마침내 포획하였을 때에 경험하는 강렬한 흥분을 이해할 수 있다. 네트에서 나비를 꺼내어 눈부시게 아름다운 날개를 펼치자마자 나의 심장은 세게 뛰기 시작했으며, 머리로 피가 솟구쳤고, 갑자기 죽을 것 같은 불안을 느꼈을 때보다 더 심하게 졸도할 것 같았다. 나는 그날 하루 종일 머리가 아팠고, 대부분의 사람들에게는 별거 아니게 보일 수 있는 하찮은 일로 생긴 나의 흥분감은 엄청나게 컸다.

바찬섬의 밀림은 또 다른 비밀을 곧 드러내어, 월리스와 그의 조수인 알리에게 그가 가장 큰 수집 성과라고 생각하는 것을 제공해주었다. 월리스는 새로 탄광을 만들기 위하여 닦아 놓은 개간지 둘레에서 곤충 채집하고 집으로 돌아오자 알리를 만났다:

> 숙소에 막 돌아오자마자 나는 허리띠에 새 몇 마리를 매단 채 사냥에서 돌아오는 알리를 보았다. 그는 매우 흐뭇해 보였으며, "여기 좀 보세요, 나리, 신기한 새예요"라고 말했다. 나는 그가 내민 새를 보고 처음에는 어리둥절하였다. 한 마리는 가슴에 화려한 초록색 깃털이 풍성히 나 있고 깃털이 길어져 두 개의 반짝이는 깃털 다발이 되었는데, 양어깨로부터 쭉 뻗어 나온 한 쌍의 긴 흰 깃털은 도무지 이해가 되지 않았다. 알리는 새가 날개를 퍼덕일 때 스스로 그 긴 깃털을 내밀고 있었으며 그가 그것들을 다치지도 않았는데도 그

| 월리스의 황금비단나비 Wallace's golden birdwing, *Ornithoptera croesus*

긴 깃털들은 쭉 뻗어 나온 채로 있었다고 나에게 말했다. 나는 엄청난 횡재를 한 것이다. 아직까지 알려진 어느 새와도 전혀 다른 완전히 새로운 형태의 극락조였다.

이 새의 표본은 대영박물관에 와서, 월리스의 명예와 이름이 세계에서 가장 장관인 새들 중의 하나인 신종 극락조로 영원히 기억될 수 있도록, 세미오프테라 윌라씨아이 *Semioptera wallacii* 또는 월리스의 흰깃대날개 극락조 Wallace's standardwing bird-of-paradise로 명명되었다. 무엇보다 중요한 것은 모든 다른 극락조 종들이 아루, 와이게오, 파푸아 뉴기니 또는 북 오스트레일리아 산들인 것에 반해 이 종은 말루쿠에서만 사는 유일한 극락조 종이라는 것이다. 월리스의 흰 깃대날개 극락조는 매우 희귀한 종으로 판명되어 그 다음 세기에도 그 새는

월리스의 흰깃대날개 극락조, 쎄미오프테라 월리씨아이, 존 제넨스, 1860

오직 단 한 번 밖에 채집되지 않았다.

월리스는 바찬섬에서 작은 날다람쥐와 모습이 매우 같지만 진정한 유대류인 작은 날주머니쥐 flying opossum를 본 것을 묘사한다. 쿠스쿠스 또는 주머니쥐 형태의 유대류들은 몰루카 제도의 섬들에서는 흔하며 1,500년대에 암본과 트르나테에 도착한 포르투갈인들에 의하여 처음으로 기재되었다. 트르나테(1536~40)에서 포르투갈인 선장에 의하여 기록된 이 종의 묘사는 세르빌의 예수회 도서관에 보관되어 있다:

이 동물은 족제비를 닮았으나 조금 크며, '쿠스쿠스kuskus'라 불린다. 그들은 계속 살고 있는 나무에 매달릴 수 있는 긴 꼬리를 가지고 있으며, 꼬리를 한 번 또는 두 번 나뭇가지를 휘감아 잡는다. 배에는 보육낭을 가지고 있으며 한 마리의 새끼를 낳자마자 보육낭 안에 넣어 새끼는 더 이상 젖을 먹일 필요가 없을 때까지 주머니 안에서 젖꼭지를 빨며 자란다. 어미는 새끼를 낳자마자 보육낭 안에 넣어 수유를 하며, 어미는 바로 다시 임신한다. 사람들은 쿠스쿠스를 잡아 토끼처럼 양념을 하여 먹는다.

파푸아로 가는 월리스의 마지막 항해는 가장 힘든 항해였으며, 그는 그가 고람(세람섬 남동쪽에 있는 고롱Gorong섬)에서 건조하여, 선원 네 명, 암본인 사냥꾼과 그를 포함하여 6명을 수용할 수 있는 작은 프라우선을 타고 갔다. 그의 충직한 조수인 알리는 트르나테에서 최근에 결혼해서 이 탐험에는 월리스와 동행하지 않으려 한 것처럼 보인다. 고람을 떠나서 월리스는 세람섬 북쪽 해안으로 항해하였는데 여기에서 선원 한 명이 무슨 이유에서인지 그를 버리고 달아났다. 새로 선원을 고용한 후에, 강한 바람과 해류를 마주 받으며 매우 힘들게 파푸아의 와이게오섬을 향하여 북쪽으로 항해하였다. 와이게오Waigeo섬에서 2개월을 머무르며 희귀한 붉은 극락조 표본 24개를 수집하였는데, 월리스에 의하면 이 극락조는 어느 곳에도 살지 않고 오직 이 섬에만 산다고 하였다.

    나는 이 아름다운 종을 잡을 수 없으리라고 생각하기 시작했다. 마침내 나의 거처 가까이에 있는 무화과나무 위에 무화과가 익어서 많은 새들이 그것을 먹으러 날아 왔다. 어느 날 아침 커피를 마시고 있는데 극락조 수컷 한 마리가 나무 꼭대기에 앉아 있는 것 보였다…. 뒷머리와 양 어깨에 진한 황색 깃털을 가지고 목에 있는 진한 금속성 초록색은 머리 위로 연장되어 있고, 깃털들은 이마 위로 길어져서 두 개의 작은 일어선 벼슬로 이어졌다. 옆구리의 깃털들은 짧으나 진한 붉은 색이며 끄트머리는 섬세하고 우아한 흰색 깃털로 끝이 나며, 중간 꼬리 깃털은 두 개의 긴 빳빳한 윤이 나는 가늘고 긴 깃이며, 이 깃은 검고 얇으며 반원통형이며 나선형 곡선으로 우아하게 아래로 처진다.

와이게오섬의 월리스의 거처는 그가 '난쟁이' 집이라고 표현한, 8제곱피트 넓이에, 바닥에서 4.5피트 높이의 말뚝들 위에 올려진 작은 오두막이었다. 그는 오두막 아래의 공간을 작업장으로 썼으며 이곳은 신장이 6피트인 월리스가 들어가려면 허리를 구부려야 했으며 머리를 오두막 바닥 바로 아래에 두고 작은 책상에 앉아서 수 시간 동안 표본들을 정리하였다.

| 붉은 극락조, 쟈크스 바라밴드, 발텔 갤러리, 자칼타

와이게오에서 트르나테로 돌아오는 항해도 또 다시 문제들이 있었다. 그들은 강한 바람과 해류를 거슬러서 항해를 시도하여 할마헤라섬의 남쪽 곶을 돌아서 항해하는 동안 큰 고생을 했다. 항해 중에 닻을 하나 잃어 버렸고, 식량도 거의 바닥이 났으나 다행히도 쓰나미를 맞아서 수심이 깊은 곳으로 나오게 되었다. 그들은 아주 강한 돌풍을 만나서, 조각을 기워 만든 돛이 갈가리 찢겼으며, 배의 키잡이 선원은 일어서서 구해 달라고 알라신의 자비를 간청하는 기도를 드리지 않으면 안 되었다. 한마디로 말하면 월리스는 와이게오섬에로의 항해는 그가 한 항해들 중에서 가장 힘들었다고 술회했으며 그는 다음과 같이 썼다:

내가 처음 구했던 선원 한 명은 도망가고, 무인도에서 2개월간에 두 명을 잃었고, 우리는 열 번이나 산호초에 좌초되었으며, 작은 보트는 떠내려갔으며, 12일이면 될 수 있는 항해를 돌아오는데 38일이 걸렸으며, 여러번 식량과 물이 떨어졌으며, 우리가 와이게오 떠날 때는 기름이 한 방울도 없었기 때문에 콤파스 램프를 켜지 못했으며, 게다가 최악인 것은, 전 항해 기간 동안… 모두 78일간… 순풍을 받은 적이 단 하루도 없었다! 우리는 언제나 바람을 안고 있었으며, 늘 바람과 조류와 배가 옆으로 밀리는 것과 싸웠다. 배는 풍향에서 8포인트 이상 편향되면 거의 항해를 못한다. 뱃사람이라면 누구나 내가 내 배를 타고 나간 첫 항해가 아주 운이 없었다는 것을 인정할 것이다.

17

찰스 다윈 – 『종의 기원』
Charles Darwin – 『On the Origin of Species』

찰스 다윈은 대담한 아이디어에 부담을 느끼는 신중한 사람이었다. 1856년 4월 찰스 라이엘은 다윈이 사는 다운 하우스를 방문하여 수일을 묵었으며, 이 때 다윈은 그가 20년간 조용하게 연구해온 학설 – 자연선택설을 내보였다. 라이엘은 그 학설에 대하여 회의적이었으나 다윈이 우선권을 가질 수 있도록 학설을 발표할 것을 다윈에게 강력히 권고하였다. 그래서 다윈은 그의 1844년도 'Essay'를 읽고 이미 그의 생각에 친숙해 있는 그의 친구 조셉 후커와 상의하였다. 그는 학설이 반론의 여지가 없게 될 때까지 기다리라고 충고하였다.

1858년 7월 월리스의 '트르나테에서의 편지'가 다윈에게 도착하였다. 그는 그것을 읽어보고 그가 거의 마비될 것 같았다고 표현한 경악과 절망이 뒤섞인 반응을 보였다. 다윈이 수년간 열심히 연구해온 진화론의 주요 요점들을 월리스는 단지 4,000단어로 요약한 것이다. '나는 이보다 더한 놀랄만한 우연의 일치를 전혀 본 적이 없다. 만약 내가 1842년에 쓴 나의 원고 초안을 월리스가 가지고 있었더라도, 그는 이보다 더 나은 짧은 요약을 쓸 수 없었을 것이다.' 월리스는 그의 짧은 논문에서 다윈의 생물 종에 관한 모든 주요 원리들을 요약하고 있었다. 일단 월리스의 논문이 발표되면 다윈의 수년간의 모든 연구들보다 우선권을 갖게 될 것이었다.

월리스는 그의 아이디어가 다윈에게 새로운 것이기를 바라며 만약 다윈이 그 아이디어를 충분히 중요하다고 생각한다면 찰스 라이엘 경에게 보여 주기 바란다고 편지를 써 보내온 것이다. 다윈이 정확하게 언제 월리스의 편지를 받았는지, 그리고 얼마나 빨리 그것을 라이엘에게 전해줬는지에 대한 논란이 있고, 다윈이 월리스의 아이디어 일부를 그의 1844 '에세이(Essay)'에 포함하기로 결정했을 지도 모른다는 의심도 있다. 당연히 조셉 후커는 이미 이 편지의 사본을 보았으므로, 다윈이 이 편지를 늦게 보냈을 가능성이 아주 없었다.

다윈은 다운 하우스 지역의 남서쪽에 인접한 약 1.5에이커의 조그만 땅을 가지고 있었는데 '샌드워크 우드'라고 이름을 붙였다. 한쪽은 떡갈나무들로 그늘을 드리우고 한쪽은 생 울타리 너머로 아름다운 계곡을 내려다 보고 있었다. 다윈은 다양한 종류의 나무들을 심었으며 땅 둘레를 빙 둘러서 '샌드워크'라는 오솔길을 만들게 하였다. 다윈은 매일 이 오솔길 몇 바퀴를 운동 삼아 걸으며 아무런 방해를 받지 않고 산보를 할 수 있었다. 헝클어진 목초지 비탈은 자연의 생명의 그물과 매우 유사했으며 그의 자연선택의 개념과도 유사하여 이 모든 사색의 결과들이 그의 산보 길에서 나왔다. 그리고 다윈이 『트르나테에서의 편지』를 찰스 라이엘에게 조금이라도 늦게 전했다면 그가 그의 '사색하는 오솔길'에서 서성거리며 많은 시간을 보냈기 때문일 것이다. 여기에서 그는 가끔 멈추어 서서 잠깐동안 식물이나 꽃을 가만히 바라보며 그의 마음속에 있는 의문에 대하여 숙고하고 있었다.

지금 그의 마음에 있는 의문은, 그의 큰 형편없는 위험한 아이디어를 발표하여 얻을 수 있는 명예를 그가 정말로 원하고 있는가? 하는 것이었다. 그 원고가 그의 책상 서랍에 갇혀 있는 한 논문의 발표는 불가능하였다. 그는 발행의 우선권에 수반되는 학계의 인정을 받기 원하였으나, 그렇게 되면 현재 그의 안락한 생활은 절대로 예전 같지 않을 것이었다. 예견되는 논란은 그의 만성적인 좋지 못한 건강 상태를 더욱 악화시킬 것인가? 그는 침묵을 지킬 수 있었으며 비교적 잘 알려지지 않은 월리스가 그 학설을 발표할 수 있도록 하게 할 수도 있었다. 월리스는 기득권층의 일원이 아니었으며, 그것에 그렇게 신경 쓰지 않았다. 그러면 다윈 스스로 '하나의 살인' – 창조주 하느님을 살인– 이라고 묘사한 것을 왜 월리스가 하도록 시키지 못하는가. 월리스를 시켜 창조주를 살해하게 하는 것이다! 그리고 이러한 일들이 어느정도 진정되면 그때에 다윈은 그 문제에 관한 논문 전체를 발표할 수 있었다. 다윈이 어떻게 결정을 하든 간에 그는 월리스의 논문을 라이엘 경에게 보내야 할 의무가 있었으며 그의 첨부 편지(1858년 7월)는:

> 당신은 저에게 수년 전에 『연보』에 투고된 월리스의 논문을 읽어 달라고 권하였습니다. 당신은 그 논문에 흥미를 가지고 계셨으며, 제가 그에게 편지를 쓴 바와 같이, 그 편지가 그를 기쁘게 해 주리라는 것을 알았습니다. 그래서 저는 (월리스에게 두 분이 호평을 하였다고) 썼습니다. 그런데 그가 오늘 원고 하나와 동봉편지를 보내와서 그것들을 교수님에게 전해 달라고 부탁을 하였습니다. 그것은 저에게 읽을 가치가 있어 보입니다. 당신이 했던 말들이 사실이 되어 내가 미연에 방지했어야 했던 것에 대한 대가를 치르게 되었습니다. (제가 생존투쟁에 따른 '자연선택'에 대한 저의 관점을 당신에게 매우 간략하게 설명해드렸을 때 당신은 그것을 말한적이 있습니다.)[81] 저는 이보다 더한 놀랄만한 우연의 일치를 전혀 본 적이 없습니다. 만약 내가 1842년에 쓴 나의 원고 초안을 월리스가 가지

---

[81] 라이엘은 다윈의 학설에 대하여 회의적이었으나 다윈이 우선권을 가질 수 있도록 학설을 발표할 것을 다윈에게 강력히 권고하였다.

고 있었더라도, 그는 이보다 더 나은 짧은 요약을 쓸 수 없었을 것입니다! 심지어 그가 쓴 용어들은 현재 나의 원고의 각 장들의 제목들이기도 합니다.

그는 저에게 이 원고를 발표해달라고 말하지 않았기 때문에, 보신 후 저에게 돌려주십시오. 그러나 물론 저는 편지를 보내서 어떤 학술 저널에든지 투고하라고 제안하겠습니다. 그러면 제 논문의 독창성은 어느 정도였든 간에 훼손되고 말겠지요. 비록 나의 책이 어떤 가치를 가지게 된다면, 학설에 응용하는데에 나의 모든 노력을 쏟기 때문에, 책의 가치가 훼손되지 않을 것입니다. 월리스의 초고를 승인해 주시기 바랍니다. 그러면 교수님의 말씀을 그에게 전하겠습니다.

그래서 라이엘, 후커, 다윈 사이에 편지들이 오고 갔다. 사기가 완전히 저하된 다윈은 그의 어린 아들이 죽어 슬퍼서 그 자신이 어떠한 결정도 할 수 없게 되었다고 한다. 1857년 초에 다윈은 당시 유명한 식물학자인 미국의 동료 아사 그레이Asa Gray[82]에게 편지를 써서 종의 기원에 대한 그의 현재 견해를 정리하고 있는 동안 비밀을 지켜 달라고 부탁하였다:

각종 변종의 자식들은 자연의 물질경제에서 가능한 한 가장 많고 가장 다양한 위치를 차지하려고 할 것이다(단지 소수만이 성공한다). 새로운 변종 또는 새로운 종이 생기면 일반적으로 각자의 위치들을 차지할 것이며 그리하여 잘 적응되지 못한 그들의 어미를 전멸시킨다. 이것을 나는 모든 생물체들의 분류 또는 배열의 근원이라고 믿는다. 이것들은 언제나 공통의 둥치에서 나온

---

[82] Asa Gray(1810-1888), 미국의 식물학자. 그레이는 다윈과 후커와 일생동안 친구이자 동료였으며, 다윈의 진화론을 지지하였다. 1857년 다윈이 아사그레이에게 보낸 편지에 종의 기원설에 관한 내용이 1858년 7월에 월리스의 논문과 공동 발표 되었으나, 월리스가 1858년에 쓴 『트르나테에서의 편지』가 다윈이 아사 그레이에게 쓴 편지보다 1년 늦은 것으로 되어, 다윈은 진화론의 우선권을 가지게 되었다. 결국 1857년에 다윈이 아사 그레이에게 쓴 편지가 다윈이 우선권을 가지게 되는 중요 증거 문서가 되었다.

나무와 같이 나뭇가지와 거기에서 갈라진 작은 가지처럼 보인다. 무성한 가지는 활력이 적은 가지를 말살시키며, 죽어서 떨어진 가지들은 자연 그대로 멸종된 속들과 과들을 나타낸다.

1857년 아사 그레이에게 보낸 편지의 날짜는 월리스의 논문보다 다윈의 논문의 우선권을 인증하는 확증이었다. 샌드워크 오솔길을 좀 더 서성거리고 번민에 차서 심사숙고한 후에, 다윈은 그가 원하는 결과를 결심하고, 라이엘에게 또 다른 편지를 썼다:

> 1844년에 제가 다시 베껴 쓰고 십수 년 전에 후커가 읽어 준 저의 'Essay'보다 월리스의 초고에는 더 상세히 쓰인 것이 아무 것도 없습니다. 나는 약 1년 전에 나의 견해를 쓴 짧은 초고를 아사 그레이에게 보냈기 때문에 내가 월리스로부터 취한 것이 전혀 없음을 진심으로 말할 수 있으며 증명할 수 있습니다. 저는 저의 일반적인 견해를 약 12페이지 정도로 축약하여 초고를 지금 발행하게 되어 매우 기쁩니다. 그러나 내가 아주 명예스럽게 했다고는 확신할 수 없습니다. 월리스는 초고의 발표에 관하여 아무 말도 하지 않고, 그의 편지를 동봉해 보냈습니다. – 그러나 저는 저의 초고를 발표하려 하지 않았으므로, 월리스가 그의 학설의 개요를 저에게 보냈기 때문에, 저는 정말로 명예스럽게 발표할 수 있을까? 하는 생각이 듭니다. – 월리스 또는 다른 사람이 제가 이렇게 비열한 생각을 가지고 행동했다고 생각하게 하는 것보다는 차라리 나의 책 전부를 불살라 버리겠습니다.

라이엘과 후커는 고심한 끝에 두 사람 모두에게 공정하다고 생각하는 타협안을 내놓았다. 그들은 다윈의 'Essay'와 월리스의 논문을 1858년 7월에 개최하는 린네 학회의 특별회의에서 공동 논문으로 발표하도록 주선하였다. 다윈은 발표

날에 마침 그의 어린 아들이 죽어서 장례를 치루어야 했기 때문에 발표에 참석하지 못했다. 후커와 라이엘 경이 참석하여 쓰인 순서대로 그 논문을 소개하였다. 그것은 다윈이 후커에게 보낸 미발표된 '1844년 Essay'의 발췌와 그가 1857년 미국의 자연사학자 아사 그레이에게 보낸 편지의 발췌와 함께 그리고 월리스가 1858년 트르나테에서 보낸 논문「변종이 원형에서 끝없이 멀어지는 경향에 대하여」였다. 그 당시 월리스는 파푸아의 야생의 어디인가에 있었으며, 이 사실에 대하여 전혀 상의될 수 없었다. 그러나 논문들을 쓴 순서에 따라서 발표하는 것으로 다윈은 과학적 우선권을 가지게 되었다. 라이엘과 후커는 그 논문들을 소개한 문서에 서명하였으며, 관례적으로 학회 간사가 그 저자들 이름의 알파벳 순으로 논문들을 낭독하였다.[83] (약 30명의 청중 앞에서 다윈-월리스의 글과 다른 논문 5편이 낭독되었다. 라이엘과 후커는 참석했다. 우연의 일치로 새뮤얼 스티븐스도 그 곳에 와 있었다. 그는 월리스의 논문이 자기의 손을 거치지 않고 어떻게 런던까지 왔는지 매우 의아해 했다.)

친애하는 학회장님,

영광스럽게도 린네 학회와 그간 상의해온, 동일한 주제 즉 변종, 혈통, 종을 만들어 내는데 영향을 미치는 법칙들은 두 명의 불굴의 과학자들인 찰스 다윈과 앨프리드 러셀 월리스가 연구하였으며 결과들을 담고 있는 논문들을 동봉합니다.

이 두 과학자들은, 독자적이며 그리고 서로 모르는 사이로, 지구상의 변종들과 특수 종들의 출현과 영속성을 해명하는 동일한 매우 독창적인 학설을 창안하였으며, 두 분은 이 중요한 질문 체계의 오리지널 저자가 되는 공적을 주

---

[83] 마침내 라이엘과 후커는 다윈과 월리스의 명의로 1958년 7월 1일 린네학회에 다음의 세 논문을 제출하였다. 1) 다윈이 작성한 5쪽짜리 다윈 학설 '1844 Essay'의 요약문. 2) 1857년 다윈이 아사 그레이에게 쓴 그의 이론을 6개 문단으로 요약한 요약문. 3) 1858년 월리스의 논문「변종이 원형에서 끝없이 멀어지는 경향에 대하여」(다윈이 1858.6.18에 받은 12쪽짜리 논문).

장할 수 있습니다. 그러나 둘 중 어느 누구도 그들의 견해를 발표하지 않았으며, 다윈 씨는 지난 수년간 발표할 것을 거듭 종용받았지만, 두 저자들은 그들의 논문을 조금도 거리낌 없이 우리에게 맡겼습니다. 그들 중에서 한 사람만을 선택하도록 린네 학회에 맡기는 것이 과학의 관심을 고양시키는 가장 좋은 방법이라고 저희들은 생각합니다.

조셉 후커는 그 논문들의 발표 후에 발표회와 발표에 대한 반응을 이렇게 말했다:

그 논문들에 대한 흥미는 아주 대단했지만, 주제가 너무나 새롭고 너무나 불길하여 보수적인 학파는 특별한 논리로 무장하지 않고서는 질문자 명부에 올릴 수 없었다. 발표 후에는 숨을 죽이고 이야기를 나누었다: 라이엘이 찬성을 하였으며, 학회 회원들을 위압하기보다는, 이 일에서 나는 그의 이인자로서, 나도 겨우 찬성하였다. 그렇지 않았으면 그들은 새로운 학설을 맹렬히 공격할 수도 있었다.

그해 말, 린네 학회의 회장이며 또한 다윈의 학설을 분명히 반대하였던, 토마스 벨은[84] 회장의 연말 식사에서 다음과 같이 선언하였다: "실제로 지난 일 년간 한 과학 분야에서 말하자면 과학계를 즉각 혁신할 수 있는 놀랄만한 발견들은 전혀 없었습니다."

월리스가 항해에서 파푸아로 돌아온 후에 드디어 우편이 트르나테에 도착했다. 월리스는 찰스 다윈과 조셉 후커 둘로부터 편지를 받았는데 린네 학회에서 공동발표를 하게 된 경위를 설명하고 월리스가 승인해 주기를 바라는 내용이었

---

[84] 토마스 벨(Thomas Bell)은 다윈이 *비글* 호에서 가져온 파충류 표본들의 분류를 맡았던 파충류학자이다.

다. 잘 알려지지 않은 먼 외딴 오지에서 비교적 홀로 지낸 생활을 뒤로하고 와이게오로 가는 항해 동안 수없이 죽을뻔한 고비를 넘기고 트르나테로 돌아온 것은 기적처럼 보였다. 영국에서 무슨 일이 일어났는지에 대하여 자세한 것을 전혀 모르고, 월리스는 그의 어머니에게 편지를 썼다:

> 다윈 씨는 지금 위대한 책을 쓰고 있는데 저는 그의 책의 주제를 다룬 짧은 논문을 써서 그에게 보냈습니다. 그분은 그것을 후커 박사와 찰스 라이엘 경에게 보여 드렸습니다. 두 분은 저의 논문을 아주 높게 평가하여 린네 학회에서 다윈 씨와 제가 공동으로 발표되도록 주선해 주셨습니다. 귀국해 돌아가면 그 유명 인사들과 틀림없이 사귀게 되겠습니다.

그리고 월리스는 다윈의 편지에 답장을 썼으며, 그로부터 답장을 받았다. 그의 지난 20년간의 연구를 총망라하는 필생의 역작인 큰 책을 완성하는 것을 현재 포기했다고 설명하였다:

> 친애하는 월리스 씨
>
> 나에게 보낸 편지와 후커 박사에게로 보낸 귀하의 편지를 3일 전에 받고 정말로 대단히 기뻤습니다. 그 편지들을 쓴 귀하의 아량을 진심으로 존경함을 말씀드립니다. 저명한 라이엘과 후커가 무엇을 하였든 간에 그들이 공정한 행동방침이라고 생각한 것에 대하여 저는 절대 무관합니다. 그러나 저는 당연히(그 사실을 안 후에) 귀하의 느낌이 어떠했는지에 대하여 듣고 싶습니다. 저는 당신과 그 두 분께 간접적으로 매우 감사합니다. 왜냐하면, 라이엘 경의 생각이 옳았었다면 저는 저의 위대한 업적을 완료하지 못했을 것이라고 생각하기 때문입니다 … 제 저서의 요약은 400 또는 500페이지로 작은 책이 될 것입니다. 무엇을 발행하든 물론 한 권을 보내드리겠습니다.

다윈은 가능하면 속히 발행에 착수하기를 원하였으며, 그는 12개월 만에 그의 작은 책의 집필을 완료하고 서둘러 출판사로 가져갔다. 『종의 기원, On the Origin of Species』 또는 완전한 제목으로 『자연선택에 의한 종의 기원에 대하여, 또는 생존투쟁에서 좋은 조건을 가진 혈통의 보전』[85]이라는 제목으로 1859년에 발간되었다. 책은 발간 첫날 매진 되었고, 그 이래로 전혀 절판된 적이 없었다. 그의 학설은 서론에 간략히 언급되었다:

> 각 종의 개체들은 생존 가능한 수보다 더 많은 개체들을 생산한다. 그래서 결과적으로 생존을 위한 투쟁이 빈번히 이러난다. 복잡하고 때로는 변화하는 환경조건 하에서 어떠한 면에서 조금이라도 유리한 변이를 갖춘 개체는 생존 가능성이 커질 것이다. 그럼으로써 자연적으로 선택된다. 이렇게 선택된 변종은, 강력한 유전 원칙에 따라서, 자신의 새롭고 변형된 개체를 생산하는 경향이 있다.

다윈은 그의 책에서 월리스의 현장 연구에 감사를 표했다. 그러나 다윈의 이름은 자연선택에 의한 진화론과 영원히 함께하였다. 다윈은 그의 아이디어를 출판하려고 오랫동안 고심하여 결심하게 되었다고 조심스럽게 언급하였다. 『종의 기원』의 서문은 다음과 같다:

> 나는 박물학자로 영국군함 *비글* 호에 승선하여 조사하는 동안, 남아메리카의 동식물들의 분포와 그 대륙에 과거에 살았던 생물들과 현존하는 생물들의 지질학적 관계에서 볼 수 있었던 특정한 사실들에 대하여 깊이 감명을 받았다. 이러한 사실들은 우리의 가장 위대한 철학자 중의 한 분이 말한 것과 같은 미

---

[85] 『On the Origin of Species by Means of Natural Selection, or the Preservation of Favored Races in the Struggle for Life』.

스터리 중의 미스터리인 – 종의 기원에 대하여 서광을 던져 주는 듯했다. 귀국한 후 1837년, 이 문제와 관련이 있을 수 있는 모든 사실들을 꾸준히 수집하고 검토하면 이 질문에 대한 어떠한 답을 얻을 수 있으리라는 생각이 들었다. 그래서 5년간 열심히 연구한 결과 나는 그 주제에 대하여 추측하여 짧은 글을 써낼 수 있었다. 나는 이것을 1844년 그즈음 내게 그럴듯해 보이는 결론을 담은 하나의 'Essay'로 확대하였다. 그때로부터 지금까지 나는 같은 사항을 꾸준히 연구해 왔다. 내가 이러한 사적인 사항까지 언급하는 것은, 내가 경솔하게 결론을 내린 것이 아니라는 것을 독자들이 알아주기 바라서이며, 이점을 양해해 주기 바란다.[86]

『종의 기원』은 영국교회의 근래의 전통인 자연신학 Natural Theology 을 한 방에 깨버렸다. 자연신학이 창조주의 자애로운 설계라고 설명하는 자연을 아름답고 교묘하게 억지로 짜 맞춘 모든 교리들이 지금은 자연선택의 작용에 의하여 설명될 수 있었다. 그는 조심하여 그 점을 언급하지 않으려 했지만 다윈의 학설은 인간이 모든 다른 생물들과 함께 생명의 나무 전체를 이루는 큰 나무의 일부분에 불과하다는 것을 의미하였다. '적자생존 survival of the fittest'을 종 진화의 메커니즘으로 보는 생각은 이제 아주 분명하고 단순하게 보였다. 왜 아직까지 전에는 아무도 이런 생각을 하지 못했을까? 그러나 교회와 그 당시의 사람들은 모든 생물들은 현재의 형태로 하느님에 의하여 창조되었으며 종들은 불변한다고 믿고 있었기 때문에 그러한 생각은 상상할 수 없었다.

다윈이 예상한 바와 같이 그리고 수년 동안 그의 중병을 나도록 한 것은 영국교회와 사회 기득권층의 반응이 적대적이었기 때문이다. 첫째 문제는 자연선

---

[86] 이 삽입된 부분은 『종의 기원』의 서론의 첫 단락이다.

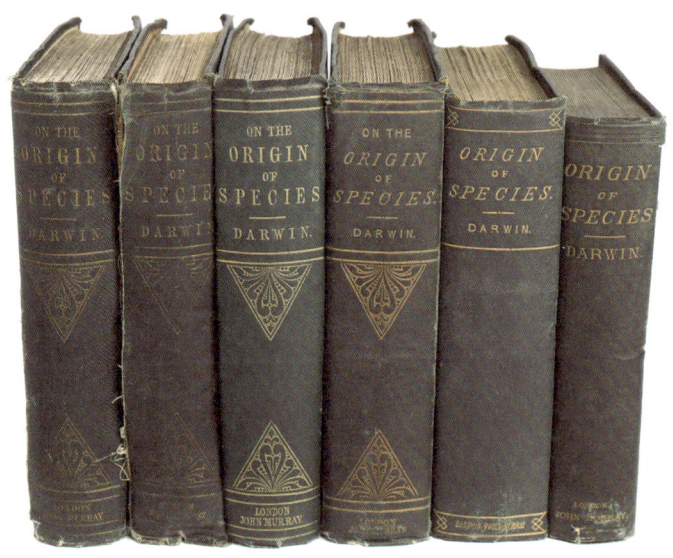

| 『종의 기원』의 여러 판본들

택이 하느님의 뜻과 하느님의 개입이 존재할 수 있는 여지를 없애 버린 것이다. 둘째 문제는 다윈이 애써 그 주제를 피했을 지라도, 열띤 토론들은 끝에 가서는 언제나 사람과 원숭이 간의 관계로 논란이 돌아왔다. 영국 전역의 큰 성당들과 시골의 작은 교회들에서 그의 '학설'은 강하게 비난을 받았다. 베이커 앤드 싼 스사에 의해 발행된 『다윈 학설의 검토』라는 책이 이러한 비난을 극단적으로 만들었다:

> 많은 도덕적인 교구위원들이 다윈의 이름을 말하는 것만으로도 그들 교구의 나이 든 여신도들은 크게 놀란다 … 영국인들의 평화에 거슬리는 그의 음모는 너무도 악랄하여 주교들 마저도 그를 맹렬히 비난하였다. 구시대적으로 생각하는 많은 사람들이 다윈은, 이 세상이나 저 세상에서, 화형 되어야 한다는 유죄 판결을 내렸다.

다윈은 *비글* 호에 승선하여 그와 함께 항해할 수 있도록 기회를 준 로버트 피츠로이 선장에게 답례로 『종의 기원』 한 권을 보냈다. 피츠로이는 결혼 후 수년간 그의 종교적 신념에 있어 한층 더 원리론자가 되어 있었으며, 그가 다윈의 학설이 나올 수 있도록 탐사선 배편을 제공했다는 생각은 그를 종교적으로 파문시킨 것이며 그는 그 책을 증오하여, 답장을 보냈다: 그는 "친애하는 나의 오랜 친우여, 적어도 내가 오래된 원숭이의 자손이라는 생각에 대하여 고귀한점은 하나도 느낄수가 없네"라고 했고, 그리고 그는 기회가 있을 때 마다 『종의 기원』과 그 저자를 비난하였다.

로마에서 다윈은 이단으로 기소되었다. 교황 파이우스 9세는 그 책을 금서 목록에 넣었으며, 가톨릭 신자는 그 책을 읽을 수 없음을 의미하였다. 영국에서는 '신은 없으며 애덤은 원숭이라고 주장하는 새칭 과학'이라는 새로운 주장과 싸우기 위하여 매닝 추기경이 투쟁단체를 결성하였다. 옥스퍼드 교구의 신부는 '자연선택의 개념은 신과 성경의 전능하신 힘을 제한하고 자연을 모독하려는 시도를 하고 있다 – 다윈은 빅토리아 여왕이 원숭이와 친척이라고 제안하고 있는가?'라고 공격하였다. 예전 다윈에게 케임브리지에서 지질학을 가르쳐 주었던 멘토인 애덤 세지위크 주교는 그 학설의 종말을 표현한 글을 『스펙테이터 *Spectator*』지에 실어 다윈을 다음과 같이 통렬하게 비판하였다:

> 나는 자네의 책을 즐겁게 보다는 큰 고통을 느끼며 읽었네. 책의 몇 장들에 나는 대단히 감탄하였으며, 몇 장들은 내가 하도 웃어서 배가 아플 지경이었네. 나는 다른 장들은 몹시 슬퍼하며 읽었네. 왜냐하면, 나는 그것들을 완전한 거짓이며 통탄할 나쁜 짓이라고 생각하기 때문이네. 자네의 논리는 그 견고한 실체적 진리의 궤도에서 시작한 후에는 – 자네는 진실된 귀납과정을 저버리고 말았네… 자연에는 실체적인 부분들뿐만 아니라 도덕적이거나 철학적 부분들이 있네. 이것을 부정하는 사람은 어리석음의 수렁에 깊게 빠지게 되네.

그러나 그를 지지하려는 사람들 중에는 생물학자이자 왕립학회의 금상 수상자인 토머스 헉슬리Thomas Huxley[87]가 있었는데, 그는 스스로『종의 기원』에 놀라움을 금치 못했다고 술회했다.

친애하는 다윈 씨,

9년 전 폰 베어von Baer[88] 씨의 논문을 읽은 이래로 내가 접한 자연사학 논문들은 어느 하나도 나에게 큰 감명을 주지 못하였습니다 … 내 잘못이 아니지만 당신을 위하여 준비되어 있는 많은 욕설과 사실 왜곡에 대하여 당신은 어떤 식으로든 역겨워하거나 속상해하지 않으리라 저는 믿습니다. 틀림없이 당신은 사려 깊은 사람들로부터 계속 찬사를 받아 왔습니다. 그리고 당신에게 쏟아지는 악담들에 대하여 (당신은 그것을 가끔 바르게 반박하였을지라도) 당신에게 큰 도움이 될 수 있는 귀하의 몇몇 친구들은 어쨌든 강한 공격성을 타고나서 당신을 보호할 것이라고 기억하십시오.

헉슬리는 다윈의 믿음직한 옹호자 중의 한 사람이 되었다. 다윈의 진화론을 맹렬히 옹호하는 그는 다윈의 투사의 역할을 맡아서, 비방하는 사람들을 위압하고 다윈의 학설을 고취시켜 곧 '다윈의 불도그'로 알려지게 되었다.『종의 기원』이 출간되고 수개월 후 옥스퍼드에서 열린 영국 과학진흥협회 회의에서 새뮤얼 윌버포스 주교와 토머스 헉슬리 간의 공개 토론이 있었다. 이 분은 옥스퍼드 교구의 신부였을 때, 시골 사람들이 '과학을 겉핥기 식으로 알기'로 배워 하

---

[87] 토머스 헉슬리(Thomas Henry Huxley, 1825-1895): 영국의 동물학자. 다윈의 진화론을 열렬히 지지하여 Darwin's Bulldog으로 불리웠으며, 진화론 보급에 공헌하였다. 다윈주의(Darwinism)와 월리스 라인(Wallace Line)이라는 용어를 만들었다(1860).

[88] 폰 베어(Karl Ernst von Baer, 1792-1876): 에스토니아 의 생물학자, 지질학자, 기상학자. 동물발생학의 아버지로 알려져 있다.

느님이 부여해준 의무를 망각하지 않도록 지방의 대지주들에게 교육을 엄하게 시키라고 충고하였다.

윌버포스 주교는 뻔뻔스럽게 이렇게 물으며 대담을 시작하였다: "어떤 경우에라도 자연선택이 발견된 적이 있습니까? 감연히 주장하건대 하나도 없습니다." 그리고 그는 헉슬리의 할머니 측이나 할아버지 측이 원숭이와 혈연이 있는지를 물으며 조롱하였다. 이에 헉슬리는 "대단한 능력과 영향력을 가진 이가 이러한 능력을 단지 진중한 과학적 토론을 조롱거리로 만들기 위해서만 그 능력을 이용하는 사람이 있다면 나는 차라리 그 사람보다는 비참한 원숭이를 할아버지로 하겠다"고 대꾸하였다. 한 대중지가 설명한 바와 같이 헉슬리는 "나는 주교의 후손이기보다는 차라리 원숭이의 후손이고 싶다"라고 대꾸했다.

그 모임은 혼란에 빠져서 과학자들은 자기들끼리 논쟁을 하였으며, 분노로 얼굴이 일그러진 로버트 피츠로이가 방 한가운데서 다윈과 그의 연구들을 맹렬히 비난하며 머리 위에 성경을 흔들어 대고 있는 모습을 볼 수 있었다.

1860년 4월 『에든버러 리뷰』는 『종의 기원』에 대한 리처드 오언[89]의 익명으로 된 평론을 게재하였다. 그 글에서 그는 창조론자의 관점에서 본 다윈을 원숭이처럼 우스꽝스럽게 묘사한 그림을 보고, 또한 그가 주장한 '생물들은 이미 정해진 서열화가 계속 작용하고 있다'는 학설을 다윈이 무시하고 있음에 크게 노여움을 나타냈다. 또한 그는 다윈의 '추종자들인' 후커와 헉슬리가 '근시안적으로 집착하고 있다'고 공격하였다. 다윈은 오언의 평을 '악의적이며, 극도로 사악하고, 영악하고 그리고 … 상처를 준다'고 생각했으며, 그는 후에 '나의 책은 매우 유명하기 때문에 런던 사람들은 그가 질투가 나서 제정신이 아니라고 말

---

[89] 리처드 오언(Richard Owen, 1804-1892): 영국의 고생물학자, 비교해부학자. 공룡 Dinosauria (무시무시한 파충류)라는 단어를 처음으로 썼으며 생물의 상동개념을 처음으로 제시하였다. 영국 자연사 박물관의 초대 소장. 처음에는 다윈에 호의적이었으나, 후에는 다윈의 진화론을 맹렬히 반대하였다.

하고 있다. 오언이 나를 증오하는 것처럼 심하게 미움을 받는 것은 괴롭다'라고 술회했다.

월리스는 『종의 기원』 한 권을 세람섬을 거쳐 와이게오섬으로 가는 항해 길에 암본에서 받았다. 그는 다윈에게 그 책에 감탄을 표했으며, 그리고 다윈은 친히 답을 하였다:

친애하는 월리스 씨,

나는 귀하가 암본에서 보내 준 편지를 오늘 아침에 받았습니다. 책에 대하여 논평을 해 주셨으며 높이 찬동해 주셨습니다. 귀하의 편지는 저를 매우 기쁘게 해주었으며, 책의 가장 뛰어난 부분과 가장 취약한 부분에 대하여 평해 주신 귀하의 의견에 전적으로 동의합니다…. 그 주제에 대한 견해의 발전과정을 말씀드리기 전에 귀하가 나의 책에 대하여 말하는 너그러운 태도를 제가 얼마나 존경하는지를 말씀드리지 않으면 안 됩니다. 대부분의 사람들은 당신의 입장이 되었다면 어느 정도 질투를 했을 것입니다. 당신은 고매하게도 이런 흔한 인간적 실수를 범하지 않는 것 같습니다. 하지만 당신은 너무 겸손하게 말하고 있습니다. 당신이 저처럼 시간적 여유가 있었다면, 제가 했던 만큼, 어쩌면 그보다 더 잘 해냈을 것입니다.

질투에 대하여 말하자면 오언이 『에든버러 리뷰』에 쓴 글보다 질투심 많고 악의적인 글은 없을 것입니다 … 최근에 그의 공격은 맹렬하고 집요했습니다. 세지위크와 클라크 교수는 케임브리지 철학학회에서 무자비하게 저를 공격했습니다, 그러나 헨스로는 그의 주장이 바꿔지는 않았지만 나를 잘 변호해 주었습니다. 필립스는 그 후로 켐브리지의 한 강의에서 저를 공격했습니다. W. 자르딘 경은 『신철학저널』에서, 월라스톤은 『자연사 연보』에서, A. 머리는 에든버러 왕립학회에서, 호턴은 더블린 지질학회에서, 도슨은 『캐나다 자연과학 잡지』에서, 그리고 많은 사람이 저를 공격했습니다. 그러나 나는 이런 것들에 단련이

| 다윈을 원숭이로 그린 캐리커처, The Hornet, 1871

되었으며 이러한 공격들은 저를 단호하게 그들과 싸울 수 있도록 만들어 주었습니다.

그러한 악의적인 공격들에 그의 말대로 단련이라도 된 것인가? 다윈은 마침내 『종의 기원』을 발행하기로 결심하였다. 사실상 이어지는 논쟁은 다윈으로 하여금 젊음을 되찾도록 한 것처럼 보인다. 가우초들과 함께 야영을 하며 장군들과 혁명 전사들과 함께 어울려 지내며 수개월간 말을 타고 아르헨티나의 팜파스를 달리던 바로 그 용감한 찰스 다윈이었다. 그러나 지금은 맞아야 하는 도전이 있었으며, 노쇠하고 계속 몸이 아픈 다윈은 지금은 싸움에 조금 밀린 것이다. 새롭게 활기를 되찾은 찰스 다윈과 그의 지지자들인 조셉 후커와 토머스 헉슬리는 현실화할 때가 된 학설을 방어하기 위해 싸워야 할 준비가 되어 있었다.

18

앨프리드 러셀 월리스 – 영국으로 귀환
Alfred Russel Wallace – The Return to England

월리스의 노트에 의하면 그는 다윈이 엄청나게 많은 증거들을 모으고 종의 진화를 설명하기 위하여 압도적인 주장을 하고 있는 것을 감탄하며 『종의 기원』을 대여섯 번이나 읽었다. 앙심을 품거나 질투심의 기색이라고는 전혀 없이 그는 이렇게 적고 있다.

> 지구상에서 생명이 서서히 성장해 온 것을 이해하기 위하여 심사숙고하지 않으면 안 되는 천문학의 주기들이나 지질학의 연대들만으로도 우리는 시간의 엄청난 긴 시간의 깊이를 알아차릴 수 있다 … 다윈씨는 새로운 과학을 보여주었으며, 내 생각으로는 그의 이름은 고금의 모든 철학자들보다 높은 위치를 차지해야만 할 것이다. 이보다 더 감탄할 수는 없다.

실제로 월리스는 현재 다윈에게 쏟아지는 인신공격들을 받지 않을 수 있어 마음이 놓일 수도 있었다. 적어도 다윈은 자신이 명망이 있었고 또한 라이엘, 후커, 헉슬리와 같은 친구들과 동료 과학자들의 열렬한 지지를 받은 반면에 비교적 잘 알려지지 않은 윌리스는 그러한 지지를 받지 못했다. 당년 39세의 윌리스는 영국으로 돌아갈 준비가 되어 있었다. 특히 와이게오섬에서 트르나테섬으로 돌아가는 위험한 항해는 그의 에너지를 모두 소진해서 집으로 쓴 편지에 그것을 토로하였다: '나의 건강 역시 나빠져서 피로함과 궁핍함을 처음처럼 잘 견뎌낼 수 없다.'

심한 피로함에도 불구하고 그는 말레이 다도해에 관한 그의 지식의 공백을 메우려는 생각으로 멀리 돌아 귀국하는 길을 택했다. 한 달에 한 번 있는 네덜란드의 우편수송 증기선의 항로를 따라 갔다. 첫째로 티모르와 부루섬에 들린 후, 마나도, 마카사르, 수라바야, 바타비아(자카르타)에 들리기 전에 트르나테로 돌아왔다가 싱가포르로 가는 길에 마지막으로 남 수마트라에 들리는 항로다. 싱가포르에서 윌리스는 그의 충직하고 착실한 하인 알리와 작별했다. 알리는 그가 인도네시아 여러 곳을 여행하는 동안 동행했으며, 새들을 잡아 박제하는 법을 배웠고, 그에게 밥을 해 주었으며, 갖은 병이 났을 때 건강을 회복하도록 간병해 주었다. 또한 그는 듬직한 선원이 되었으며 여러 번 그들 둘의 목숨을 구하였다. 윌리스는 그를 사진관으로 데리고 가서 유럽인의 옷을 입혀 초상화를 찍어 주었다:

> 헤어짐에 있어 전별금뿐만 아니라 나는 이연발식 권총 두 자루와 내가 가지고 있었던 탄약을 다 주었다. 많은 남은 물건들과 함께 … 그것들로 그는 꽤 부자가 되었다. 여기에서 그는 처음으로 유럽식 옷을 입었다. 그 옷은 그의 늘 입는 전통 옷처럼 거의 잘 맞지는 않았으나 그 옷을 입고 그는 멋진 초상화를 찍을 수 있었다. 그러므로 나는 내가 고용했던 가장 훌륭한 토박이 하인이며 극동의 섬들을 탐사한 나의 모든 여정에 충직한 동반자인 그의 초상화를 나의 독자들에게 선사한다.

좌, 싱가포르에서 찍은 알리의 사진
우, 1862년 영국으로 떠나기 전 싱가포르의 월리스

그들이 트르나테에 있을 때 알리는 한 여인을 만나서 결혼했으며 나를 따라 싱가포르까지 왔으나 나와 헤어진 후 아내가 있는 곳으로 돌아갔다. 50년 후 아메리카의 박물학자인 토마스 바부어가 트르나테를 방문하였을 때 자기를 '알리 월리스'라고 소개한 사람을 만났다고 서술하였다. 그때 그는 노인이 되어 정글에서 월리스와 함께 지낸 시간과 그가 감염된 상처나 말라리아에 걸린 후 건강을 회복하도록 간병한 것을 회상하였을 것이다.

싱가포르에서 월리스는 남아 있는 표본들을 짐을 쌌으며, 예전에 브라질에서 돌아올 때의 짐을 잃어버린 경험을 되살려 짐들을 영국으로 가는 각기 다른 두 배편으로 나누어 보내는 예방 조치를 취했다. 월리스는 1862년 귀중품 두 점을 짐에 싣고 싱가포르를 떠났다. 그는 눈부신 작은극락조 두 마리를 구입한 것이다. 자연계의 이 아름다운 새들은 그가 말레이 제도에서 탐사하며 지낸 수년간의 세월과 말루쿠와 파푸아에 있는 가장 먼 동쪽의 섬들을 탐험한 항해의 눈부신 증거가 될 것이었다. 그 극락조들은 오랜만에 영국으로 가는 최초의 극락조가 될 것이며 그는 항해 기간에 그들을 잘 먹이려고 매우 정성을 들였다.

    귀국 길에 항해를 중단하고 봄베이에 일주일간 머물며 작은극락조들에게 줄 신선한 바나나를 사들였다. 그러나 새들에게 곤충먹이를 주는 것이 매우 힘들었다. '반도-동양 증기선Peninsular and Orient Steamer'에는 바퀴벌레가 드물어서, 창고 안에 덫을 놓아 겨우 잡을 수 있었고, 선원 선실에서 수십 마리를 잡을 수 있었으나 – 한 번 먹이기에도 모자랐다.

더 타임스지The Times는 월리스가 영국으로 귀국하는 것을 미리 알렸다. 유명한 여행가이자 박물학자인 앨프리드 러셀 월리스 씨가 8년 만에 살아 있는 극락조 두 마리와 함께 런던으로 귀국한다고 보도했다:

    런던 동물학회는 그들이 소장하고 있는 조류 표본에 새롭고 눈부신 새가 들어오는 것을 매일 기다리고 있었다… 그러나 예전에 극락조 한 마리를 살아 있는 채로 유럽에 들어온 적이 있었다. 그 새는 고인이 된 오거스타 공주[90]의 소유였으며, 윈저성에서 약 50년 전에 죽었다.

런던에 돌아와서 월리스는 그가 그의 개인 소장품으로 영국으로 발송했던 표

---

90 오거스타 공주(Princess Augusta Frederica, 1737-1813): King George II의 손녀이며 King George III의 누님.

본들이든 수송용 상자들을 정리하였다. 가장 중요한 표본들은 기재할 필요가 있었으며, 변이와 지리적 분포의 흥미로운 문제들을 연구해야 했다:

> 나는 1862년 봄에 영국으로 돌아왔다. 내가 쓰려고 때때로 집으로 보냈던 표본들이든 수송용 상자들이 가득 들어찬 방에서 일하고 있었다. 표본들에는 약 1,000종에 달하는 조류 박제 약 3,000개, 약 2만종의 딱정벌레들과 나비 표본 약 7,000점, 그리고 몇 마리의 짐승들 가죽 표본과 육상 복족류 및 패류들이 있었다. 이 표본들의 대부분을 나는 오랫동안 보지 못했으며, 그리고 그 당시 건강 상태가 좋지 않아서 그렇게 많은 표본들의 짐을 풀고 분류하고 정리하는데 오랜 시간이 걸렸다.

건강을 회복한 후에 월리스는 다운 하우스로 방문해 달라는 다윈의 초대를 받아들였다. 그들은 만나서 서로 기뻤으며, 다윈의 서재 아니면 근처의 샌드워크 오솔길을 걸으며 이야기하였다. 월리스는 다윈의 집에서 느낀 가정적 분위기를 매우 좋아했다. 일단 정착하여 아내를 맞으면 생각해 볼 수 있는 가정생활이었다. 서로가 품고 있는 존경심은 진심 어린 것이었으며, 그러한 교분은 편지로 계속 이어졌고, 다윈이 런던에 나올 때에는 가끔 같이 점심을 먹었다. 지금 그들은 동등한 위치에 있을지라도, 월리스의 토대는 빅토리아시대 영국의 사회의 하층에 속해 있었기 때문에 그는 다윈을 사회적으로나 과학적으로 항시 우위에 있다고 생각하였다.

런던에서 처음으로 유명 인사로 인정을 받은 것은 「동물학회 Zoological Society」의 연구원으로 선임된 것이다. 그 후 수년간 그는 *린네 학회 의사록 및 회보 Tansactions and Proceedings of Linnean Society*에 18편의 논문을 발표하였다. 1863년 그는 그의 가장 중요한 논문들 중의 하나인 「말레이 제도의 자연 지리학에 관하여」라는 논문을 왕립 지리학회에서 구두 발표하였다.[91]

| 작은극락조, *Paradisaea minor*, J. Smit, 다양성 도서관

그의 오랜 친구인 헨리 월터 베이츠Henry Walter Bates는 3년 전 1859년에 브라질에서 돌아와 있었으며, 다윈은 그가 아마존에서 11년 간 탐사한 것에 대하여 기행문을 쓰라고 권장하였다. 그의 책은 『아마존 강의 박물학자 ─ 11년간의

---

91 이 발표에서 월리스는 훗날 헉슬리에 의하여 '월리스 라인'으로 명명된 선 하나를 그려 넣은 말레이 제도의 지도를 보여 주었다.

여행에서 본 모험, 동물들의 습관, 브라질리안들과 인디언들의 생활 스케치, 적도 지방 자연의 양상에 대한 보고서 The Naturalist on the River Amazons – A Record of the Adventures, Habits of Animals, Sketches of Brazilian and Indian Life, and Aspects of Nature under the Equator, during Eleven Years of Travel』이라는 제목으로 1863년에 발간되었다. 베이츠의 여행 보고서는 그가 만난 자연과 사람들에 대한 상세한 관찰을 포함하여 그의 책의 대부분을 차지하였다. 그 책은 널리 찬사를 받았으나, 몇몇 논평가들은 그 책이 다윈의 진화론을 지지하고 있는 것을 못마땅해했지만, 그들은 그의 여행과 아름다운 풍경들과 사람들과 자연사에 대한 그의 상세한 설명을 즐거워했다. 그의 주된 과학적 업적은 오늘날 '베이츠 의태 Batesian mimicry'로 불리는 현상을 설명할 수 있도록 해 준 나비류의 색상들을 면밀히 관찰한 것이다. 베이츠 의태는 포식자들이 먹을 수 있는 나비들이 먹을 수 없는 혐오스러운 나비들과 같은 모양을 가져 포식자로부터 자신을 보호하는 것이다. 베이츠는 독을 가지지 않아 쉽게 먹힐 수 있는 나비들이 어떻게 독이 있는 나비들과 같이 숲의 같은 장소에서 날아다니며 그리고 그들과 같이 살고 있는지 관찰하였다. 그래서 개체 수가 적어 쉽게 먹힐 수 있는 나비들은 개체 수가 많은 독 있는 나비의 모습을 모방한다. 베이츠는 포식자들이 독 있는 나비들을 피하는 것을 배우며, 독 없는 나비들을 어느 정도 보호해 준다고 생각하였다. 다윈은 특히 베이츠가 발견한 의태의 증거들에 감명을 받았다. 특히 헬리코니스 Heliconius 속의 나비들은 실제로 진행되고 있는 종 분화의 증거를 보여 주었으며 다윈은 이렇게 적었다:

> 그러므로 지금 전해진 사실들은 어느 정도 과학적 중요성을 가지고 있다. 왜냐하면 그것들은 하나의 생리학적 종이 있을 수 있으며 그것은 자연에서 기존의 아주 가까운 종의 변이들로부터 생겨나는 것을 보여주는 경향이 있기 때문이다. 이것은 드문 사례가 아니다… 그러나 아주 드문 경우 확실히 어버

이로 보이는 종이 분명하게 그것으로부터 유래한 변이종과 공존하는 경우가 있다.

다윈은 베이츠에게 그 책은 '최고의 자연사 책'이며 그가 진화를 지지해 주어서 기쁘다고 편지를 썼다. 다윈은 보수적인 잡지 『아테나에움Athenaeum』지가 베이츠의 책을 '냉담하고 무례하게' 평했다고 생각했으며, 『자연사 리뷰Natural History Review』에 베이츠는 아마존 정글에서 읽을거리가 거의 없었다고 언급하고 그의 글에서는 좀처럼 볼 수 없는 유머감각을 보여 주는 교묘한 재치를 보여 주었다:

> 실제로 베이츠 씨는 지적인 양식에 매우 굶주려 있는 게 틀림없다. 그가 우리들에게 말한 바에 의하면 그는 그 『아테나에움Athenaeum』지를 무려 세 번이나 읽었다. '첫 번째는 재미있는 기사들을 탐독했고 – 두 번째는 나머지 기사 모두를 읽었고 – 세 번째에는 광고들을 처음부터 끝까지 모두 읽었다'.

월리스는 마침내 그의 연구들을 종료하여 여러 과학 저널들에 발표할 30편의 논문을 쓴 후, 극동지역을 여행한 책을 쓸 생각을 하여, 1864년 1월 찰스 다윈에게 글을 썼다:

> 나는 나의 동방 여행에 관하여 작은 책을 쓰려고 합니다. 인내심을 가지고 쓴다면 크리스마스까지는 끝낼 수 있을 것입니다. 나는 말하는 것과 마찬가지로 쓰는 것이 매우 서투릅니다. 나는 논쟁할 것이 있지만 그냥 밀고 나가는 것이 훨씬 수월합니다. 그러므로 나는 베이츠처럼 아주 좋은 책을 쓸 가망이 없습니다. 나의 주제가 베이츠의 주제 보다 훨씬 좋다고 생각하고 있지만 말입니다.

1865년 봄 월리스는 서식스 주의 허스트피어포인트 마을의 미튼 씨 집안을 알게 되었는데 그 집 둘레에 있는 숲에서 자라는 야생화들을 보고 매우 기뻤으며 그 집의 장녀 애니Annie와 함께 식물을 채집하는 것이 즐거웠다. 그의 자서전에 쓴 바와 같이 '취미가 같아서 친밀해져서, 그다음 해 봄에 나는 미튼가의 장녀 애니와 결혼했는데, 그때 그녀의 나이는 약 18세였다'. 1867년 6월 애니는 아들을 낳았는데, 월리스의 동생 허버트와 1864년에 쓴 『생물학 원리Principles of Biology』에서 '적자생존survival of the fittest' 용어를 처음으로 사용한 허버트 스펜서Herbert Spencer[92]를 추모하여 허버트 스펜서 월리스라고 이름을 지었다. 그들은 런던에서 돌아와 허스트피어포인트에 살았으며, 그곳에서는 애니의 친정 식구들이 아기를 돌보아 줄 수 있었고 월리스는 잡다한 일과 멀리하여 그의 여행기를 쓸 수 있는 배려를 받았다. 1868년 월리스는 그의 과학적 공헌이 인정되어 왕립학회에서 수여하는 왕실 훈장을 받았는데 이것은 그의 과학적 공헌에 대한 공식적인 인정이었다. 1869년 1월 딸 바이올렛이 태어났다.

『말레이 제도The Malay Archipelago』는 1869년 3월에 발행되었다. 다행스럽게도 서평들도 호의적이고 판매도 잘 되었으며, 그로 인하여 월리스는 영국으로 돌아온 이래 처음으로 약간의 안정된 수입이 생겼다. 월리스는 서문에서 그가 귀국한 이래 왜 6년간이나 책 쓰기를 미루었는지를 설명하며, 독자들에게 좀 더 흥미롭고 유익한 책을 쓰기 위하여 그의 컬렉션을 연구한 결과들을 기다리느라 늦게 되었다고 말했다. 말레이시아와 인도네시아에 체류한 8년간 적어 온 4권의 야장들에 근거하여 쓴 이 책은 아직도 그 지역에 관한 최고의 여행기이다. 다윈은 그가 보내 준 『말레이 제도』를 받고 '오늘 아침 당신의 책을 받고 매

---

[92] 허버트 스펜서 (Herbert Spencer, 1820-1903): 영국의 철학자, 사회학자. 다윈을 지지하였으며, 'Survival of the fittest'라는 용어를 처음으로 사용함. 자기의 사회이론과 다윈의 진화론을 결합시켜 인간사회에 적용해 사회 다윈주의 'Social Darwinism'이라는 정치 이념을 창안해 냈다.

우 기쁩니다. 전체적인 모양과 화려하게 장식된 삽화들은 정말로 훌륭합니다'라고 쓰고 덧붙여서:

> 병고와 항해의 모든 위험을 무릅쓰고 살아 돌아온 것은 정말 경이로우며, 특히 와이게오에 갔다가 온 항해는 가장 흥미롭습니다. 내가 당신의 책에서 받은 가장 인상 깊은 것은 과학을 위한 당신의 인내심이 영웅적이라는 것입니다.

그의 책 『말레이 제도』 어디에서도 월리스는 종의 기원을 발견한 것이나 그의 논문 「변종이 원형에서 끝없이 멀어지는 경향에 대하여」를 언급하지 않은 것은 주목할 만하다. 그는 모든 영예를 다윈에게 바쳤으며 그 책에 대한 헌사는:

찰스 다윈
『종의 기원』의 저자에게
경의와 우정의 표시로서
또한
그의 천재성과 그의 노고에 깊은 사의를 표하며 이 책을 바칩니다.

두 권으로 된 『말레이 제도』 초판 1,500부는 발행되자 곧 매진되었고 2판 750부도 매진되었다. 독일어와 네덜란드어로 번역되었으며 전혀 절판되지 않았다. 아주 훌륭한 책이며, 여행기와 과학연구 외에도 평이하고 명료하고 놀라운 문학적인 우아함으로 쓰여졌다. 그가 마카사르에 있을 때에 쓴 글에서 그 예를 찾아볼 수 있다:

> 12월 초 마카사르에는 막 우기가 시작되었다. 나는 거의 3개월 동안 매일 종

| 찰스 다윈이 소장했던 『말레이 제도』, 대영박물관 그림

려수 숲 위로 떠오르는 일출을 보았다. 태양은 솟아올라 절정에 달하였다가 불덩이처럼 바다속으로 내려가고 매 순간마다 뚜렷하게 보였다. 짙은 납빛 구름이 온통 하늘 가득히 모여들고 태양을 영원히 보이지 않도록 만들었다. 해가 뜨자마자 그때까지 불어왔던 덥고 건조한 먼지 많은 강한 동풍이 변덕스러운 거센 바람으로 변하고 3일 밤낮을 가끔 계속하여 굉장히 많은 비가 내렸다. 건조한 날에는 마을 주위 사방으로 불려 흩어졌던 바싹 마르고 갈라진 벼 그루터기들만 남은 논은 이미 홍수가 나서 배로만 지나다닐 수 있거나 다른 논들을 구분하고 있는 좁은 둑길 위에 난 미로를 따라서만 겨우 다닐 수 있었다.

인도네시아 제도의 정글에서 있을 때 월리스는 영국으로 돌아가서 '젠틀맨'으로서 커다란 시골집에서 사는 것을 꿈꾸곤 했다. 그는 이상적인 시골의 터를 찾아서 자신의 집을 디자인하고 짓기를 원했다. 그러나 유감스럽게도 이러한 사업을 하기 위한 경비는 언제나 그의 수입을 훨씬 초과하였고, 수년간 그런 집에서 살고난 후에는 어쩔 수 없이 그 집을 팔아야만 했고 다른 어디론가 집을 옮겼다. 월리스는 계속하여 적당한 시골집을 찾고 있었으며 마침내 런던에서 약 20마일 떨어진 템스강과 그레이스 마을 근처에서 4에이커 크기의 대지를 찾아내었다. 그는 손수 집을 지어 그의 둘째 아들 윌리엄이 태어 난지 3개월 후 그리고 린네학회의 연구원으로 선출된 지 수주 후 1872년 3월 가족들이 이사를 했다. 그 후 마지막으로 그는 '황금빛 작은 가시 금작화 덤불이 많고 로도덴드론과 수련들이 정원에서 자랄 수 있기' 때문에 1890년에 구입했던 도싯 주의 브로드스톤에 있는 집에 드디어 정착했다.

월리스는 아버지로부터 경제적으로 철저하지 못한 성격을 물려받은 것처럼 보인다. 늘어난 식구들을 부양하고 투자를 좀 잘 못하여 그는 재정적으로 전혀 넉넉하지 못했다. 다윈, 헉슬리, 후커의 도움으로 드디어 1881년부터 정부 연금을 받게 되어 일생에 처음으로 안정된 수입을 갖게 되었다. 이러한 명성을 얻기까지 긴 여정이었으나 그를 위한 다윈의 부단한 지원이 마침내 성과를 보게 되었다.

앨프리드 러셀 월리스는 58세가 되어서야 그의 생애에 처음으로 정기적인 수입을 가졌으며, 찰스 다윈에게 진심 어린 감사를 드렸다:

저는 당신에게 깊이 감사하지 않을 수 없습니다. 장담하건대 제가 큰 기쁨과 만족함으로 감사함을 느끼고 있는 그러한 자상한 일을 해줄 사람은 당신 밖에 없습니다.

(월리스는 1913년 11월 7일 올드 오챠드의 시골집에서 90세에 사망했다. 『뉴욕 타임스』에서는 그를 "새로운 세기의 생각을 일깨운 진화와 혁명을 이룬 담대한 발견을 이룩한 다윈, 헉슬리, 스펜서, 라이엘, 오언과 함께한 지성인들의 집단에 마지막 거인이었다"라고 불렀다. 그는 도셋, 브로드스톤의 작은 묘지에 묻혔다.)

끝맺음
Epilogue

월리스 라인Wallace Line은 오스트레일리아에 사는 종들이 가장 서쪽까지 분포하는 경계선이다. 그러나 지금은 여러 라인들이 추가되어 있다. 웨버 라인Weber Line은 아시아 종들의 가장 동쪽 분포 경계선이며, 이 두 라인들은 불가사의한 술라웨시섬을 둘러싸고 있다. 라이데커 라인Lydekker Line은 오스트레일리아의 대륙붕에 근접하여 따라가며 오스트레일리아 포유류들의 가장 서쪽 분포 범위이다.

『종의 기원』은 플레밍 젠킨이라는 스코틀랜드의 엔지니어로부터 신랄한 비평을 받았다. 다윈의 학설은 새로운 변이는 개체군 전체로 퍼질 가능성이 없기 때문에 실패라고 젠킨은 지적하였다. 일반적인 유전 학설은 유전적인 혼합을 의미하였으며 자손은 어버이들의 특징을 유전적 혼합체라고 생각하였다. 그러므로 어떤 유익한 새로운 변이든지 식물 또는 동물이 '정상적인' 개체군과 번식을 시작하자마자 그 개체군 안에서 혼합되기 시작하여 결국에는 희석되어 버린다.

다윈은 이것이 그의 학설의 약점이라는 것을 알았으며, 이러한 그의 미흡한 연구는 『종의 기원』 발행을 지연시킨 또 하나의 원인이었다. 그는 자연선택이 일어날 수 있는 안정된 유전될 수 있는 변이가 세대와 세대를 거듭하여 생식할 수 있는 것을 설명할 수 있는 유전적 메커니즘이 필요하였다. 어떻게 유리한 형질이 계속 다음 세대로 전달될 수 있을까? 더욱 중요한 것은 그것은 어떻게 지속되었을까? 이러한 문제를 풀기 위하여 그는 금어초 snapdragons를 길러서 빨간 꽃을 가진 금어초를 흰 꽃을 가진 금어초와 교잡시켰다. 그리고 그는 동식물 육종자들로부터 정보를 수집하였다. 교배육종이 일어나는 메커니즘은 무엇인가? 그는 이러한 육종기술을 가진 그들만의 견해를 알기 위하여 직접 비둘기들을 교배시켜 실험을 하였으며, 몇몇의 비둘기 육종 교배 동호회에도 가입하였다. 동호회는 상하 구별이 없었으며 그곳에서 그는 그의 신분보다 한층 많은 여러 부류의 사람들을 만났다. '나는 동물애호가들과 스피탈필드 면직물 업자들 그리고 비둘기들을 애호하는 모든 부류의 특이한 사람들과 아주 친한 사이다'.

다윈은 『사육되는 동물과 식물의 변이』라는 논문을 발표하였는데, 그는 세포와 조직은 환경에 적응하며 이런 세포들은 '제뮬 gemmules'로서 혈관으로 주입되며, 마침내 생식기관으로 들어가 다음 세대로 전달된다는 범생설 pangenesis이라 부른 유전학설을 제안하였다. 그는 범생설을 뒷받침할 수 있는 실험적 증거를 갖고 있지 않지만 유성생식을 통하여 다음 세대로 전해지는 유전 단위체의 필요성을 느꼈다. 그러나 이것 또한 '혼합 blending'과 세대와 세대를 거듭하여 유전이 계속되는 의문에 대한 궁극적인 해답은 아니었다.

이 의문의 해답은 체코슬로바키아 브르노의 수도원에 사는 무명의 가톨릭 수도사에 있었는데, 그는 특히 식물 교배에 흥미를 가지게 되었다. 1843년 10월 9일 그레고어 멘델 Gregor Mendel은 아우구스티노 수도회에 초급 수사로 들어갔다. 그는 다윈과 월리스의 업적들에 대하여 잘 알고 있었으며, 두드러지게 눈에 띄는 『종의 기원』 한 권이 훗날 그의 서재에서 있었다. 그는 1856년부터 1863년까지 8년간 주름진 완두콩과 매끈한 완두콩 모두를 생산하는 완두콩들을 교배시켜 나오는 여러 모양의 완두콩들을 수를 세어 관찰하였다. 그는 2세대 3세대까지 그들을 추적하여 1865년 그 실험 결과를 발표하였다. 멘델의 실험이 보여준 것은 양 부모로부터 유전된 특징들이 접합 과정에서 혼합되거나 손실되지 않지만, 별개의 소포parcels(또는 유전자) 안에 남겨져서 다음 세대들에게로 전달된다는 것이다. 그의 연구 결과는 1866년 『브론 과학회 회보Proceedings of the Scientific Society of Bron』에 44페이지의 논문으로 발표되었다. 그러나 멘델은 살아 있는 동안에 그 논문은 사실상 거의 무시되었다.

멘델의 힘든 연구는 다윈이 찾고 있었던 결과로 이어졌다. 만약 다윈이 그의 연구를 알고 있었다면 종의 진화에 대한 그의 주장은 완전히 설득력이 있었을 것이다. 놀랍게도 멘델이 발견한 결과는 다윈의 서재에 놓여 있었다. (그러나 그는 그것을 보지 않았다) 멘델의 연구 결과를 인용한 『식물 이종교배Plant Hybridization』라는 빌헬름 포케가 1881년에 쓴 책 한 권이 다윈이 죽은 후 제본 페이지를 자르지도 않은 채로 그의 서재에서 발견되었다. 그 후 영국의 통계학자 로날드 피셔Ronald Fisher가 멘델의 유전학을 자연선택설에 결합시켜 1930년에 『자연선택의 일반적 원리The General Theory of Natural Selection』를 발간하여 자연선택설이 수학적 근거와 폭넓은 과학적 의견 일치를 받도록 해 주었다.

다윈은 74세로 세상을 떠났으며 그의 장례는 1882년 4월 26일 웨스터민스터 대성당에서 거행되었다. 다윈 자신은 다운 하우스 가까운 곳 지역 교회 안에 어려서 죽은 그의 사랑하는 애들이 묻힌 곳 바로 옆에 조촐하게 묻히기를 원하였다. 일생 동안 다윈은 명목상의 기독교인이었으나 토머스 헉슬리가 불가지론자라는 말을 만들어 낸 후에는 다윈은 스스로 불가지론자라고 표현하였다. 헉슬리를 포함하여 많은 지지자들이 다윈이 웨스터민스터 대성당에 묻히는 큰 영광을 가질 수 있도록 줄기차게 캠페인을 펼쳤다. 헉슬리는 '지금으로부터 50년 또는 100년 동안 그가 과학발전에 탁월한 공헌을 한 것을 국가가 인정해주지 않은 것은 전혀 믿어지지 않는다'라고 주장하였다. 다윈은 영국의 가장 유명한 과학자가 되었으며 프랑스와 독일을 포함한 나라들은 그에게 최고의 영예를 수여하였다.

여러 가지 이유로 다윈이 웨스트민스터 대성당에 묻히는 것은 상상도 할 수 없는 일이었다. 바로 20년 전에 영국 국교회는 다윈을 '악마의 제자'라고 말하지 않았는가? 그러나 빅토리시대의 기득권층 전체의 모습을 대표적으로 나타내는 2,000명의 조객들이 웨스트민스터 대성당의 그의 장례식에 참석하였다. 그러나 몇몇 주요 인사들이 장례식에 빠진 것은 의외였다. 빅토리아 여왕은 아들 결혼 준비로 바빴으며, 글래드스톤 수상은 아일랜드 문제로 씨름하고 있었고, 캔터베리 대주교는 유감스럽게도 몸이 불편하였으며, 웨스트민스터 대성당의 주임 사제는 공교롭게도 외국에 있었다.

10명의 운구자들 중에는 두 명의 백작과 외국의 대사들과 다윈의 친지들 그리고 공동 연구자들인 토머스 헉슬리, 조셉 후커와 가장 중요한 사람인 종의 기원설의 공동 연구자인 앨프리드 러셀 월리스가 있었다. 장례식이 끝난 후 요인들 중의 한 사람이 헉슬리에게 "당신은 다윈이 옳다고 생각합니까?" 라고 물었으며, 헉슬리는 "물론이지요. 그는 옳았습니다."라고 대답했다. 그는 옆에 누군가 없나 넓은 대성당 주의를 조심스럽게 둘러본 후 언짢은 표정을 지우며 낮은 어조로 "그는 혼자만 알고 있을 수는 없었을까요?"라고 말했다. 물론이다. 바로 그것이 지난 20년간 그가 그렇게 해온 것이다 – 예기치 않았고 아마도 달갑지 않았던 앨프리드 러셀 월리스가 보낸 『트르나테에서의 편지』가 도착할 때까지 그는 혼자만 알고 있었던 것이다.

1908년 린네 학회는 양면에 다윈과 월리스의 흉상을 금메달로 캐스팅하여 그들의 공동 논문 발표 50주년을 기념하였으며, 그 금메달을 그 당시의 노벨상의 방식으로 앨프리드 러셀 월리스에게 수여하였다. 같은 해에 월리스는 킹 에드워드로부터 메릿 훈장 The Order of Merit 을 받았다. 그 훈장은 과학, 문학, 예술 부분에서 두각을 나타낸 사람들에게 국가가 수여하는 최고의 공로 훈장이었다.

말레이 제도와 인도네시아 제도에서 몸을 바쳐 힘을 소진했음에도 불구하고 그는 90세까지 아주 오래 살았으며 1913년에 사망했다. 몇몇 그의 지인들은 그가 웨스트민스터 대성당에 묻힐 것이라고 시사했으나, 그의 부인은 그의 원에 따라서 솔즈베리 교구의 주교가 장례를 집전한 후 브로드스톤에 있는 그의 집 근처의 작은 묘지에 그를 안장했다. 후에 영국의 과학자 여러 명이 위원회를 구성하여 앨프리드 러셀 월리스의 큰 메달을 만들어서 웨스트민스터 대성당의 다윈이 안장된 근처에서 1915년 11월 1일에 봉헌하였다. 도싯 야생 동호회의 E.R. 사이크스 씨가 쓴 추모사는:

> 앨프리드 러셀 월리스씨가 돌아가셔서 그들의 이름으로 19세기 중반을 장식하였던 진화론의 위대한 연구자들 중 마지막으로 살아 있었던 분을 잃었습니다. 다윈, 후커, 헉슬리 등은 한 분 한 분씩 돌아가셨고 마지막 남은 가장 위대한 과학자의 한분도 지금 우리 곁을 떠났습니다. 도싯 야생 동호회는 월리스 씨에게 특히 관심이 많았습니다. 그분은 수년간 동호회의 정회원이었으며, 1909년 명예 회원 중의 한 분이 되었으며, 많은 사람들과 친했으며, 단순히 추상적 인격을 가진 사람이 아니었습니다… 월리스 씨는 과학적 사고를 하는 지도자로서 정당한 권위를 차지하고 있었습니다. 서서히 그러나 꾸준히 인정을 받고 명예를 얻었으며, 마지막까지 그의 권위를 지켰습니다. 1913년 11월 7일 91세로 그분은 우리 곁을 떠나가셨습니다.

칼 린네, 조셉 뱅크스, 찰스 다윈 그리고 앨프리드 러셀 월리스의 삶은 런던 사우스 켄싱턴에 있는 자연사 박물관의 컬렉션들에 산재해 있다. 자연사 박물관은 세계에서 그 규모나 희귀성 면에서 가장 훌륭한 린네의 컬렉션들을 수장하고 있다. 『자연의 체계 Systema Naturae』(1735)을 발간하여 린네는 자연계를 분류하는 새로운 체계를 소개하였다. 처음에는 11페이지의 책자였으나 린네는 그 책자를 수년간 증보하였다. 1758년에 제10판이 발행되었을 때에는 상당한 분량의 두 권으로 되었다. 자연사 박물관에 있는 린네의 컬렉션은 대략 1만 2,000점이 되며, 이것들을 연구한 책자들은 무려 300년 이상에 걸쳐 발행되었다.

조셉 뱅크스의 컬렉션은 딱정벌레류, 나비류, 나방이류를 포함하여 4,000종의 곤충류들과 뱅크스와 솔랜더가 인데버 호를 타고 세계 일주 항해 기간에 채집한 표본들은 자연사 박물관 평의원회에 의해 역사적 유물로 공식 지정되었다. '조셉 뱅크스 식물 표본 The Joseph Banks Collection'은 원래 린네 학회에 남아 있었으나 1863년 린네 학회는 대영박물관에 증여하였으며, 그 후 1881년에 처음으로 개원한 자연사 박물관으로 이전되었다. 그 당시 그의 동상이 그의 식물 표본관으로 들어가는 2층 화랑의 문 옆에 세워졌다. 육중한 목제 캐비닛들에는 1771년 인데버 호에서 가져온 건조식물표본들이 들어 있으며, 옆에 붙어 있는 도서관에는 1980년대에 박물관이 발행한 지금은 역사적인 『뱅크스의 사화집 Florilegiun』의 일부인 오스트레일리아에서 채집된 식물들의 최상의 그림들과 동판화들이 들어 있는 거대한 금박을 입힌 가죽 포토폴리오들이 있다.

2006년 자연사 박물관은 현존하는 다윈의 작품들과 다윈에 관한 자료들을 대규모로 구입하였다. 그 다윈의 컬렉션에는 많은 외국어로 쓰여진 『종의 기원』 477권을 포함하여 다윈이 쓴 1628점의 글들과 책들이 있었다. 다윈은 자연사 박물관과 공식적인 연관은 없었을지라도 그곳의 과학자들의 주 연구 분야인 진화 생물학의 모든 현대적 연구를 뒷받침해 주었다. 다윈이 죽은 후 국가는 그의 대리석상을 – 그의 경쟁자 리처드 오언의 성역이었던 – 자연사 박물관에 건립하여 그를 진화론의 창시자로 영광을 베풀었다. 오언은 '다윈 혁명 Darwinian revolution'에 맞서 오랫동안 비열한 싸움을 벌였으며 1892년 죽을 때까지 이러한 모욕을 당하며 살아야 했다. 이러한 싸움은 계속되어서 잔존하고 있었던 오언의 추종자들이 자연사 박물관에서 다윈의 석상을 간신히 밀어내고 오언의 석상을 들여세웠다. 그러나 80년 후 2009년 5월 다윈 탄생 200주년과 『종의 기원』

발행 150주년 기념행사 기간에 자연사 박물관은 리처드 오언의 동상 주춧대를 뜯어내고 찰스 다윈의 석상을 전에 있었던 박물관 본관으로 다시 옮겼다.

자연사 박물관은 웰리스의 서한, 노트북, 서류와 브라질, 보르네오, 인도네시아 제도 탐사 중에 수집한 곤충과 다른 표본들을 보관한 28개의 표본장들을 포함하는 월리스 컬렉션 The Wallace Collection 을 보관하고 있다. '당신이 전혀 들어보지 못한 가장 위대한 과학자'로 묘사되는 월리스의 진화설 개념형성에 대한 공헌은 자연사박물관에 의하여 거의 잊혀진 것처럼 보인다. 그러나 열렬한 숭배자인 빌 베일리의 노력 덕분으로 수장고에 수년간 보관되었던 월리스의 초상화가 지금은 중앙 홀의 찰스 다윈의 좌석상 위에 걸려 있다. 그의 사망 100주년 기념일 2013년 11월 7일 앨프리드 러셀 월리스의 동상이 '다윈 센터 II' 입구 밖에서 데이비드 애튼버러 David Attenborough 경에 의하여 제막되었다. 월리스는 나비 채집망을 들고 위를 쳐다보고 있는데 그의 시선을 따라가 보면 건물의 유리로 된 정면 위에 달려 있는 황금 비단나비의 청동 모형을 보게 된다. 그 동상은 월리스가 바칸섬의 우림에서 화려한 황금 비단나비를 처음 본 순간을 나타내는 모습을 보여주고 있다. 그곳에서 그와 그의 조수 알리의 가장 큰 수집물이라고 여긴, 세미오프테라 월라시아이 *Semioptera wallacii* (월리스의 극락조)라는 이름을 붙인 희귀한 극락조를 채집하였다.

저자 후기
Author's Note

내가 2011년에 발행한 『향신료 제도Spice Islands』는 동부 인도네시아 지역에 대한 큰 관심을 불러일으켰다. 그곳에 대하여 많은 문의가 있었다. '향신료 제도는 정확히 어디에 있는가?', '당신은 어떻게 그곳에 가는가?', '향신료 제도로 여행하는 것은 얼마나 어려운가?', '그곳에 가려면 백 팩 차림이 필요한가?', '그곳의 사람들은 위험한가?', '그곳에는 해적들이 있는가?'. 이러한 질문들에 대한 답변으로 나는 19세기 중엽 인도네시아 제도에서 무역하던 서구의 스쿠너선과 부분적으로 닮은 옴박 푸티Ombak Putih, White Wave라는 부기스 범선Bugis pinisi에 사람들을 태우고 매년 향신료 제도 항해에 데리고 가기로 결심하였다.

우리는 암본에서 출항하며 항해의 하이라이트는 반다제도를 방문하는 것이다, 이 제도의 섬들은 시판되는 육두구nutmeg가 본래부터 자라고 있는 세계에서 유일한 곳이며, 육두구 나무들이 정확히 어떻게 이들 외딴 섬들에 들어왔는지 아직도 나에게는 미스터리다. 옴박 푸티가 반다 네이라 섬의 아름다운 자연 항구 안으로 들어갈 때 이국적인 향기가 섬 전체를 덮고 있는 육두구 나무숲으로부터 불어오는 미풍에 실려 왔다. 우리는 시가지 반대편에 정박하여 나는 다양한 열대의 나무들과 그 잎새들의 모양 그리고 마을 위로 어렴풋이 보이는 구눙 아피 화산의 경사면을 덮고 있는 색다른 녹색 음영들을 조심스럽게 관찰하였다.

1621년의 반다 대학살과 반다 섬 주민 거의 전부를 제거한 후 네덜란드의 동인도회사 VOC는 반다제도를 완전히 점령하였으며 수 개의 농장 단위로 분할하였다. 동인도 회사는 이러한 농장들을 네덜란드 육두구 재배 농장주들에게 임대하였으며 그러므로 농장주들은 육두구를 동인도 회사가 정한 값으로 어쩔 수 없이 동인도 회사에 팔지 않으면 안 되었다. 시내를 내려다보는 곳에 육두구 전매사업을 보호하기 위하여 동인도회사가 세운 벨지카 요새가 있다. 원형의 탑들을 가진 육중한 석조 육각형 요새는 아직도 대체로 온전히 남아 있다.

반다제도를 떠나 우리는 암본 섬의 북쪽 해안을 돌아 항해하여 하루쿠Haruku 해협을 거쳐 마니파Manipa 섬으로 갔다. 여기에서 우리는 개펄에 배를 대놓고 언덕들이 있는 곳으로 수 킬로미터를 트레킹하였다. 해안가의 늪지들과 개울들 위로 솟아 있는 언덕들은 억센 풀들과 잎들이 무성히 자라도록 주기적으로 가지를 쳐낸 낮은 멜랄루카melaleuka나무들로 덮여 있었다. 근처에 전통적인 멜랄루카 가공 공장이 있는데, 여기에서는 잎을 부수어 하룻밤 물에 담갔다가 불을 피워 큰 통에 넣어 끓인다. 나오는 증기를 간단한 스틸로 포집하여 식히면 멜랄루카 오일 또는 인도네시아에서 민약 까유 푸티minyak kayu putih로 알려진 오일이 된다. 인도네시아의 모든 가정에는 작은 이 오일 병들이 상비약으로 준비되어 있는데 이 오일을 피부에 문질러 발라서 모든 아픔과 통증을 완화시킨다.

벗겨지는 종이와 같은 나무껍질과 방향성 기름샘이 가득 찬 잎을 가진 멜랄루카는 오스트레일리아 특유의 식물인데 어떻게 이 식물 종들이 이곳에 왔는가? 나는 주민들에게 멜랄루카 나무가 네덜란드인들에 의하여 이곳에 도입되었는지 물어보았다. 그들은 절대 아니라고 대답했다. 멜랄루카 나무들은 이들 섬들의 토착종이며 이 나무는 인근에 있는 더 큰 부루Buru 섬에는 더 많이 자라고 있다고 하였다.

우리는 항해를 계속하여 마치 네 손가락처럼 생긴 큰 섬 할마헤라Harmahera

와 바다에서 바로 솟아 오른듯한 일련의 높은 화산 봉우리들 사이에 있는 파틴티 해협까지 갔다. 인도네시아 전체에서 가장 아름다운 항해였다. 티도레Tidore 섬 위에 있는 완벽한 원추형 화산이 나타났을 때 마치 전설의 영역에 들어온 신비한 느낌이 들었다. 수천 년 동안 트르나테Ternate와 티도레 섬은 세계에서 정향이 생산되는 유일한 곳이었기 때문에 이 지역은 전설과 신비에 쌓여 잘 보호되어 있었다. 트르나테 항은 쌍둥이와 같은 티도레 섬과 마이타라 섬 북쪽의 위용을 자랑하는 가말라마Gamalama 화산 아래 해안에 있었다. 이 화산은 아직도 활화산이며 최근 2013년에 폭발한 적이 있다. 시가지는 항구에서부터 가말라마 산의 낮은 경사지까지 넓게 퍼져 있었다. 정향나무는 유칼립투스의 싹과 같은 모양의 싹들을 가지고 있어 도금양과(family Myrtacea)로 분류되는데, 중요한 것은 도양금과의 식물들은 모두 오스트레일리아 기원의 식물이라는 사실이다.

2013년 우리 일행의 몇몇 사람들이 '월리스 하우스Wallace House'에서 열린 '국제 식물상 동물상Flora and Fauna International'이 주최한 앨프리드 러셀 월리스 서거 100주년을 기리기 위한 기념 강연과 전통무용 행사에 참석하였다. 술탄의 모스크 맞은편에 있으며 술탄의 가족 한 사람이 소유하고 있는 '월리스 하우스'는 앨프리드 러셀 월리스가 『말레이 제도』에서 그의 임시 숙소를 묘사하고 있는 평면배치와 같았다. 그의 본래 임시 숙소는 아마도 오래 전에 없어졌지만 그가 트르나테에서 보낸 기간의 의미가 잘 알려지고 그의 유명한 '트르나테에서의 편지Letter from Ternate'에게 영광을 베풀어 줄 수 있음은 대단히 중요하다.

나는 '다윈 이야기'와 '월리스 이야기'를 이미 잘 알고 있었다. 그러나 이 항해에서 나는 멜랄루카 나무들이 마니파 섬에서 자라고 있음을 관찰하였으며, 이것은 내가 말하고 싶은 '오스트레일리아 이야기'가 세계에서 매혹적인 이 지역에 얼마나 중요한 의미가 있는지를 깨닫게 하였으며 아울러 이 책을 쓰게 된 동기가 되었다.

--- 역자 후기 ---
Translator's Note

이 책은 Ian Burnet가 지은 Where Australia Collides with Asia (The Epic Voyages of Joseph Banks, Charles Darwin, Alfred Russel Wallace and the Origin of *Origin of Species*)를 번역한 것이다. 원서의 부제목이 말해 주듯 이 책은 조셉 뱅크스, 찰스 다윈, 앨프리드 러셀 월리스의 서사시적 항해와 『종의 기원』이라는 책의 탄생 배경에 관한 이야기다.

1768년 죠셉 뱅크스는 제임스 쿡 선장이 지휘하는 *인데버* 호 2차 탐사에 참가하여 오스트레일리아와 뉴질랜드의 식물들을 대규모로 채집하여 표본으로 만들었다. 그 후 찰스 다윈은 *비글* 호 항해를 통해 주로 남미에서 종의 기원의 토대가 되는 많은 생물 표본들과 지질 표본들을 모았다. 죠셉 뱅크스의 탐사가 있고 91년이 지난 1859년 찰스 다윈은 『종의 기원』을 발행하였다. 그 후 앨프리드 월리스는 아마존과 말레이 제도에서 엄청난 양의 동식물을 채집하여 1869년 『말레이 제도』를 출간했다. 『종의 기원』이 발행된 지 10년이 지난 시점이었다. 특히 월리스가 탐사한 '말레이 제도' 지역은 크고 작은 섬들이 많아 동식물상이 다양하고 동식물 분포는 미스터리한 것이 많은데 판구조론에 의하면 이곳이 오스트레일리아 판이 아시아 판에 부딪히는 자리이기 때문이다. 이 책은 뱅크스와 월리스가 '오스트레일리아가 아시아에 부딪히는 곳'에서 100여 년에 걸쳐 탐사한 결과가 다윈의 『종의 기원』 탄생으로 이어지게 된 이야기를 담고 있다.

나는 생물학도로서 찰스 다윈의 진화론에 대한 이해를 나름대로 정리하고 싶은 생각을 오래전부터 가지고 있었다. 게다가 내가 지난 30년간 다녀본 인도네시아의 자연사를 종합적으로 이해할 수 있는 기회를 찾고 있던 중 인도네시아 발리와 롬복 여행 때 우연히 한 작은 서점에서 이 책을 운명처럼 발견하였다. 뱅크스, 다윈, 월리스에 대한 책들은 대단히 많지만 이 책처럼 그들의 업적을 연관시켜 쓴 것은 드물어 영국인들의 해양 탐사와 다윈의 『종의 기원』 탄생 배경에 관한 이야기들을 종합적으로 이해할 수 있었다. 더구나 인도네시아가 앨프리드 러셀 월리스가 탐사한 '오스트레일리아가 아시아에 충돌하는 곳'임을 알게 되었다. 300여 년 전 세 과학자들의 탐험 정신과 과학자로서의 고뇌와 인내가 불후의 연구업적으로 아름답게 승화하여 역사에 빛나는 이야기는 현대를 사는 우리에게 영원한 교훈을 줌과 동시에 경건한 마음을 가지게 해준다. 특히 다윈의 진화론은 오늘날까지 과학계뿐만 아니라 철학적 사상과 문화에도 지대한 영향을 미치고 끊임없이 창의적인 논쟁을 만들어 내면서 마치 생물처럼 진화하고 있다.

어려운 부분의 번역을 도와주신 윤희수 교수님과 책을 출판할 수 있도록 지원해 주신 명선해양산업의 이금주 사장님과 아쿠아인포 김이운 사장님, 이계영 편집장님께 깊이 감사드린다.

참고문헌
Bibliography

Archer, Michael, Suzanne J. hand and Hak Godthelp, *Australia's Lost World: Riversleigh*, Reed New Hooland, 1991

Armstrong, Patrick, *Darwin's Luck: Chance and Fortune in the Life and Work of Charles Darwin*, Continuum, 2009

Aughton, Peter, *Endeavour: The story of Captain Cook's First Great Epic Voyage*, Cassell & Co., 2002

Aydon, Cyril, *Charles Darwin: The Naturalist who Started a Scientific Revolution*, Constable, 2002

Banks, Joseph, *The Endeavour Journal of Joseph Banks, 1768-1771*, The Trustees of the Public Library of new South Wales in association with Angus & Robertson, 1998

Beld, John van den, *Nature of Australia: A Portrait of the Island Continent*, ABC Books, 1988

Berra, Tim M., *A Natural History of Australia*, UNSW Press, 1998

Berry, Andrew, *Infinite Tropics: An Alfred Russel Wallace Anthology*, Verso, 2002

Blair, Lawrence and Lorne, *Ring of Fire: An Indonesia Odyssey*, Editions Didier Millet, 2010

Bonney, T.G., *Charles Lyell and Morden Geology*, Cassell, 1895

Boulter, Michael, *Darwin's Garden: Down House and the Origin of Species*, Constable, 2009

Browne, Janet, *Darwin's Origin of species: A Biography*, Atlantic Monthly Press, 2006

Cameron, Hector Charles, *Sir Joseph Banks*, Angus & Robertson, 1966

Carr, D.J., *Sydney Parkinson: Artist of Cook's Endeavour Voyage*, Australian national University Press, 1983

Collins, Cathy, and Alexander S. George, *Banksias*, Blommings Books, 2008

Darwin, Charles, *The Voyage of the Beagle*, White Star, 2006

Darwin, Charles, *On the Origin of Species*, Oxford University Press, 2008

Darwin, Charles, *The Beagle Letters*, Cambridge University Press, 2008

Darwin, Charles, *Charles Darwin: An Australian Selection*, National Museum of Australia Press, 2008

Duyker, Edward, *Nature's Argonaut: Daniel Solander 1733–1782, Naturalist and Voyager with Cook and Banks*, The Miegunyah Press, 1998

Duyker, Edward and Per Tingbrand, *Daniel Solander: Collected Correspondence, 1753–1782*, The Miegunyah Press, 1995

Edgerton, Louise, and Jiri Lochman, *Wildlife of Australia*, Allen & Uniwin, 2009

Fara, Patricia, *Sex, Botany and Empire: The Story of Carl Linnaeus and Joseph Banks*, Columbia University Press, 2004

Flannery, Tim, *An Explorer's Notebook*, Text Publishing, 2007

Frame, Tom, *Evolution in the Antipodes: Charles Darwin and Australia*, UNSW Press, 2009

Hall, Robert, *Australia–SE Asia Collision: Plate Tectonics and Crustal Flow*, Geological Society of London, 2011

Hamilton, Jill the Duchess of, and Julia Bryce, *The Flower Chain: The Early Discovery of Australian Plants*, Kangaroo Press, 1998

Hay, Ashley, *Gum*, Duffy & Snellgrove, 2002

Hemming, John, *Naturalists in paradise: Wallace, Bates and Spruce in the Amazon*, Thames & Hedson, 2015

Henderson, R.A., and David Johnson, *The Geology of Australia*, Cambridge University

Press, 2009

Henig, Robin Marantz, *A Monk and Two Peas: The Story of Gregor Mendel and the Discover of Genetics*, Weidenfeld & Nicholson, 2000

Keynes, Richard, Fossils, *Finches and Fuegians: Charles Darwin's Adventures and Discoveries on the Beagle, 1832–1836*, Harpercollins, 2002

Knapp, Sandra, *Footsteps in the Forest: Alfred Russel Wallace in the Amazon*, Natural History Museum, 1999

Lines, William J., *Taming the Great South Land: A History of the Conquest of Nature in Australia*, Allen & Unwin, 1991

Low, Tim, *Where Song Began: Australia's Birds and how they Changed the World*, Penguin/Viking, 2014

Mackness, Brian, *Prehistoric Australia: 4000 Million Years of Evolution in Australia*, Golden Press, 1987

Mawer, Simon, *Gregor Mendel: planting the Seeds of Genetics*, Harry N. Abras, 2006

McCalman, Iain, *Darwins's Armada*, Viking, 2009

Moorehead, Alan, *Darwin and the Beagle*, Hamish Hamilton, 1969

Morrison, Reg, *Australia: Land Beyond Time*, New Holland, 2002

Nicholas, F.W. and J.M., *Charles Darwin in Australia*, Cambridge University Press, 2008

O'Brian, Patrick, *Joseph Banks, a Life*, Collis Harvill, 1989

Oosterzee, Penny van, *Where Worlds Collide: The Wallace Line*, Reed Books, 1997

Paul Spencer Sochaczewski, *An Inordinate Fondness for Beetles: Campfire Conversations with Alfred Russell Wallace on People and Nature Based on Common Travel in the Malay Archipelago*, Editions Didier Millet, 2012

Quammen, David, *The Song of the Dodo: island Biogeography in an Age of Extinctions*, Pimlico, 1997

Queiroz, Alan de, *The Monkey's Voyage: How Improbable Journeys Shaped the History of*

Life, Basic Books, 2014

Raby, Peter, *Alfred Russel Wallace, a Life*, Pimlico, 2002

Severin, Tim, *The Spice Islands Voyage: The Quest for Alfred Wallace, the Man who Shared Darwin's Discovery of Evolution*, Carroll & Graf, 1998

Van Wyhe, John, and Kees Rookmaaker, *Alfred Russel Wallace: Letters from the Malay Archipelago*, Oxford University Press, 2013

Wallace, Alfred Russel, *The Malay Archipelago: The land of the Orang-Utan, and the Bird of Paradise*, Oxford University Press, 1989

Wegener, Alfred, *The Origin of Continents and Oceans*(4th ed.) Methuen, 1929

White, Mary E., *The Greening of Gondwana*, Reed Books, 1986

Williams, Glyn, *Naturalists at Sea: Scientific Travellers from Dampier to Darwin*, Yale University Press, 2013

Willians-Ellis, Amabel, *Darwin's Moon: A Biography of Alfred Russel Wallace*, Blackie, 1996

Wills, Christopher, *The Darwinian Tourist: Viewing the World Through Evolutionary Eyes*, Oxford University Press, 2010

Wilson, John, *The Forgotten Naturalist: In Search of Alfred Russel Wallace*, Australian Scholarly Publishing, 2000

Wulf, Andrea, *The Invention of Nature: The Adventures of lexander von Humboldt, the Lost Hero of Science*, John Murray, 2015

Darwin Online, http://darwin-online.org.uk/

Wallace Online, http://wallace-online.org/

찾아보기
Index

ㄱ

가시두더지 23
갈라파고스 제도 119, 145, 146, 182
개미귀신 135
거대 비단나비 232
곤드와나 14, 15, 17
곤드와나랜드 22, 212, 213, 217
구눙 아피 225, 301
굴드, 존 145, 146
그레이, 아사 267
그리니치 145
그리니치 천문대 142, 143
극락조 215
금성 33, 38, 41
금성 통과 40, 43

ㄴ

나무 캥거루 211, 214
나스카 지판 113
네덜란드 동인도회사 226
뉴 사우스 웨일스 22, 25, 63
뉴홀랜드 45

ㄷ

다운 하우스 181, 265, 285
다윈, 로버트 80, 82, 93
다윈, 이래즈머스 80, 81, 191
다윈, 찰스 11, 22, 80, 91, 94, 124, 144, 207, 264, 279, 288, 298, 300
다윈 해협 112
단공류 23
닭벼슬 앵무새 239
대륙이동설 16
대보초 53, 60
대영박물관 78
더스키 덤불월러비 239
덤블칠면조 239
도금양과 247, 303
도레이 255
동인도제도 46

ㄹ

라마르크 105, 182, 190
라이데커 라인 294
라이스, 알렉산더 175
라이엘, 찰스 101, 148, 244
라이엘 266, 267

러셀 월리스, 앨프리드 11, 193, 218
레아 26, 108, 136
로라시아 15, 212
롬복 8, 209, 210
롬복 해협 210
리오 네그로강 169, 171, 172, 174, 175
린네, 칼 298
린네우스, 칼 31, 32, 68
린네우스 32, 71
린네우스 아들 72
린네 학회 72

ㅁ

마니파 217, 302
마오리족 44
마카사르 209, 218, 221, 223
말라카 199
말레이 제도 8, 209, 213, 289, 290, 291, 303
맬서스, 토마스 251
맬서스 183
머더러스만 44
멀가 20
멘델, 그레고어 295
멜라루카 21
멜랄루카 217, 302
명금류 26, 27
몬터규, 존 31
무덤새류 211

ㅂ

바라 169
바르톨로뮤 디아스 246
바비루사 220
바스쿠 다가마 246
바운티 호 42
바운티 호의 반란 43
바찬 257, 258
바타비아 66, 282
반다 대학살 225
반다 열도 216
반다제도 224, 225, 302
반 디멘스 랜드 45
반디쿠트 25, 241
발리 8, 209, 210
방크시아 20, 21, 23, 27, 49, 50, 72
방크시아류 48
방크시아 세라타 72
배서스트 130, 133
밴 디멘스 랜드 138
뱅크스, 조셉 11, 28, 29, 30, 47, 70, 126, 298
뱅크스 39, 42, 49, 299
버스터드 베이 52
베게너, 앨프리드 15, 213, 242
베르데 군도 141
베이츠, 헨리 160, 162, 165, 206, 287
베이츠 의태 287
벨, 토마스 145
벨렝 167
벨렝 도 파라 170, 177
보르네오 197

찾아보기 | **311**

보터니 만 28, 52, 76
부기스 프라우 222, 223
부루 217
부루크 추장의 비단나비 201
부르크, 제임스 196, 199
블루마운틴 131, 132
비글해협 111, 113
비글 호 11, 22, 90, 97, 113, 124, 138, 140
비글 호의 항해 150, 152
빵나무 열매 42

ㅅ

사라왁 197, 200
사라왁 법칙 205, 206, 207, 208
사화집 74, 77, 78, 79
산 살바도르 103
산호초 62
샌드워크 우드 265
샌드위치 백작 31, 35
세람 217, 230
세람섬 213
세지위크, 애덤 88, 275
소순다열도 213
솔랜더, 대니엘 28, 31, 32, 35
솔랜더 42, 77, 299
솔랜더 보터니 만 49
술라웨시 218, 220, 221
스토크스, 프링글 90
스토크스 91
스티븐스, 새뮤얼 164, 194, 269
스티븐스 헨스로, 존 145

스퍼링, 허만 35, 67
시드니 경 127
싱가포르 197, 200, 207, 282, 283

ㅇ

아루섬 21, 218, 221, 230, 241
아카시아 20, 21
아카시아들 20
안경원숭이 221
알렉크토 역사 본 78
알리 282, 283
앨런, 찰스 197, 198
에뮤 26, 134, 136
오랑우탄 202, 203, 204
오리너구리 23, 24, 134
오스트랄라시아 27
오언, 리처드 145, 277
옴박 푸티 301
와이게오 250, 261
와틀 20, 21, 23
왈라시아 11
왕극락조 234
우산새 171
월리스, 허버트 167, 170
월리스 165, 224, 283, 288, 298, 300, 303
월리스 라인 210, 294
베이츠, 헨리 월터 159, 286
웨버 라인 294
웨지우드, 수산나 80, 81
웨지우드, 조시아이아 93
웜뱃 25

윌버포스, 새뮤얼 276
유대류 23
유칼리나무 20, 22, 27
유칼립투스 28, 55, 75, 76, 130, 131, 132
유칼립투스 속 20
육두구 216, 225, 226, 227, 301
인구론 183, 251
인데버 해협 63
인데버 호 11, 28, 34, 36, 38, 42, 43, 52, 53, 60, 67, 299

캥거루 왈라비 25
캥거루쥐 134
케이프 베르데 섬 102
케이프 혼 45
코알라 25
쿠스쿠스 211, 214, 260
쿡, 제임스 28, 34, 36, 63, 64
쿡 49
퀸즐랜드 25
크리스토퍼 콜럼버스 246
큰극락조 236, 240

ㅈ

자연사 박물관 78
자연의 체계 32, 298
작은극락조 284, 286
적자생존 251, 273, 289
정향 217, 246, 247, 248, 303
종의 기원 11, 148, 264, 272, 273, 274, 275, 276, 278, 294, 299
주머니쥐 25, 211, 214
지질학 원리 148, 149

ㅌ

타스만, 아벨 44
타히티 38
테네리페 100
토레스 해협 63
트르나테 245, 246, 248, 250, 282, 283, 303
트르나테에서의 편지 11, 264, 265, 297, 303
티도레 248, 250, 303
티에라 델 푸에고 108

ㅊ

창조의 자연사 흔적 162

ㅍ

파커 킹, 필립 137
파킨슨, 시드니 31, 36, 39, 40, 42, 67
파푸아 뉴기니 215, 254, 255
판게아 15
판구조론 242
페르디난드 마젤란 246
포세션 아일랜드 63, 67

ㅋ

카스키아레 운하 174
카이 제도 228
캥거루 25, 133

프로비덴시알 수로 63
피그미 주머니쥐 19, 25
피츠로이, 로버트 91, 92, 97, 277
피츠로이 89, 103, 149, 150, 151
피츠로이 함장 117
피콕, 조지 89
핀치 145, 147
필립, 아서 126, 127
필립 총독 128

ㅎ

할마헤라 245, 250, 302
해리슨, 존 35, 79, 97
핼리, 에드먼드 33

향신료 제도 245, 246, 257, 301
헉슬리, 토머스 276, 297
헉슬리 296
헨슬로, 존 85, 92
헬렌 호 178
호바트 138, 139
호바트타운 139
화식조 26, 239, 241
화이트, 길버트 74
황금비단나비 258, 259
후커, 조셉 145, 184, 190, 297
후커 267
훔볼트, 알렉산더 폰 85, 153, 160
훔볼트 86, 87, 100
흙무덤새 27